글로벌 감각을 익히는

세계 지도

지도 제작 동아지도

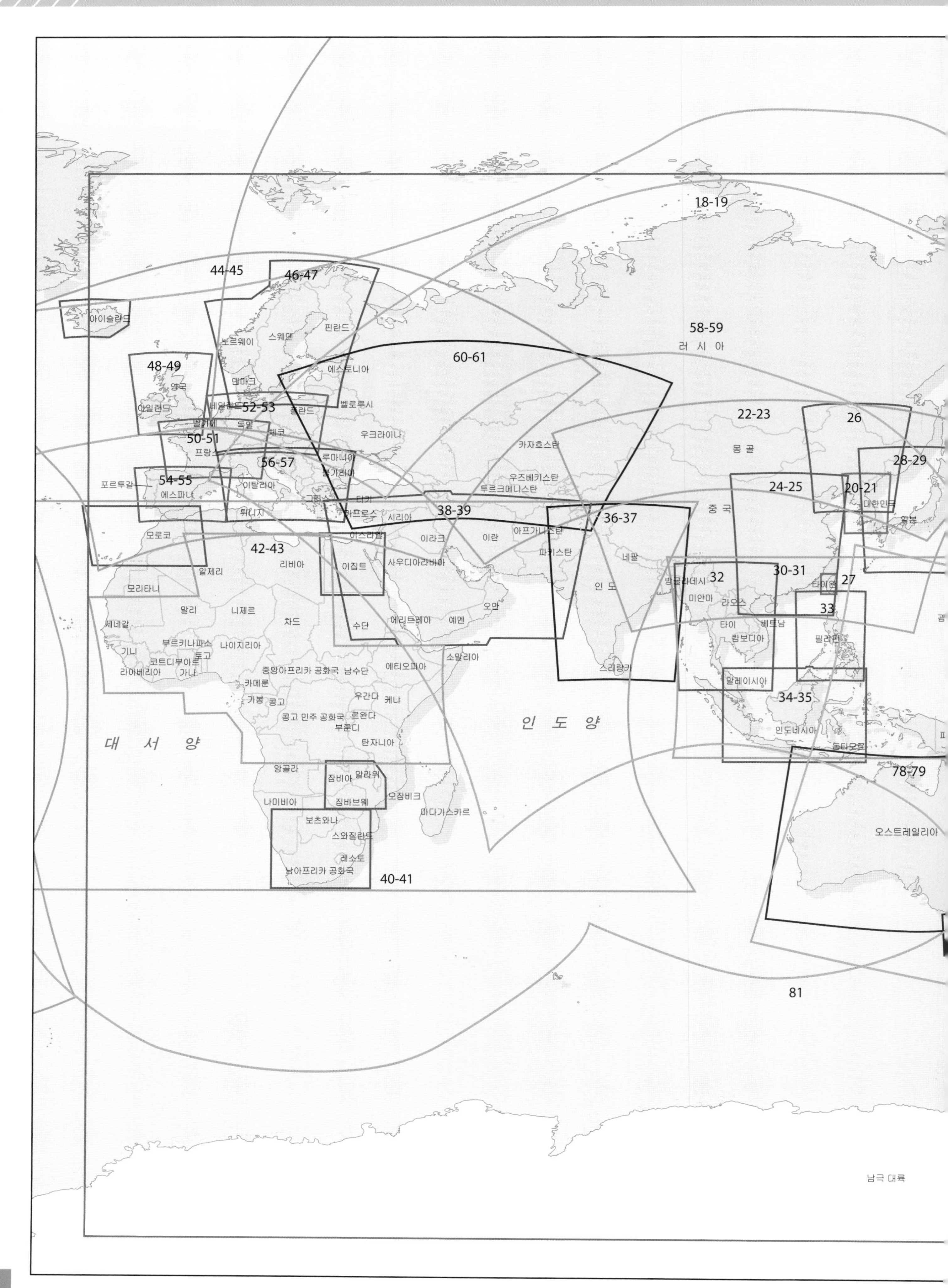
18-19
44-45
46-47
아이슬란드
노르웨이
스웨덴
핀란드
58-59
러시아
60-61
48-49
영국
아일랜드
덴마크
에스토니아
52-53
폴란드
벨로루시
독일
체코
50-51
프랑스
우크라이나
56-57
루마니아
불가리아
카자흐스탄
54-55
포르투갈
에스파냐
이탈리아
우즈베키스탄
투르크메니스탄
튀니지
터키
키프로스
시리아
38-39
모로코
이스라엘
이라크
이란
아프가니스탄
36-37
42-43
리비아
이집트
사우디아라비아
파키스탄
네팔
알제리
모리타니
인도
말리
니제르
차드
수단
에리트레아
예멘
오만
세네갈
부르키나파소
나이지리아
기니
코트디부아르
토고
라이베리아
가나
중앙아프리카 공화국
남수단
에티오피아
소말리아
카메룬
가봉
콩고
우간다
케냐
콩고 민주 공화국
르완다
부룬디
탄자니아
인도양
대서양
앙골라
잠비아
말라위
나미비아
짐바브웨
모잠비크
마다가스카르
보츠와나
스와질란드
레소토
남아프리카 공화국
40-41
스리랑카
22-23
몽골
24-25
중국
26
28-29
20-21
대한민국
일본
방글라데시
32
30-31
타이완
27
미얀마
라오스
33
타이
베트남
캄보디아
필리핀
말레이시아
34-35
인도네시아
동티모르
78-79
오스트레일리아
81
남극 대륙

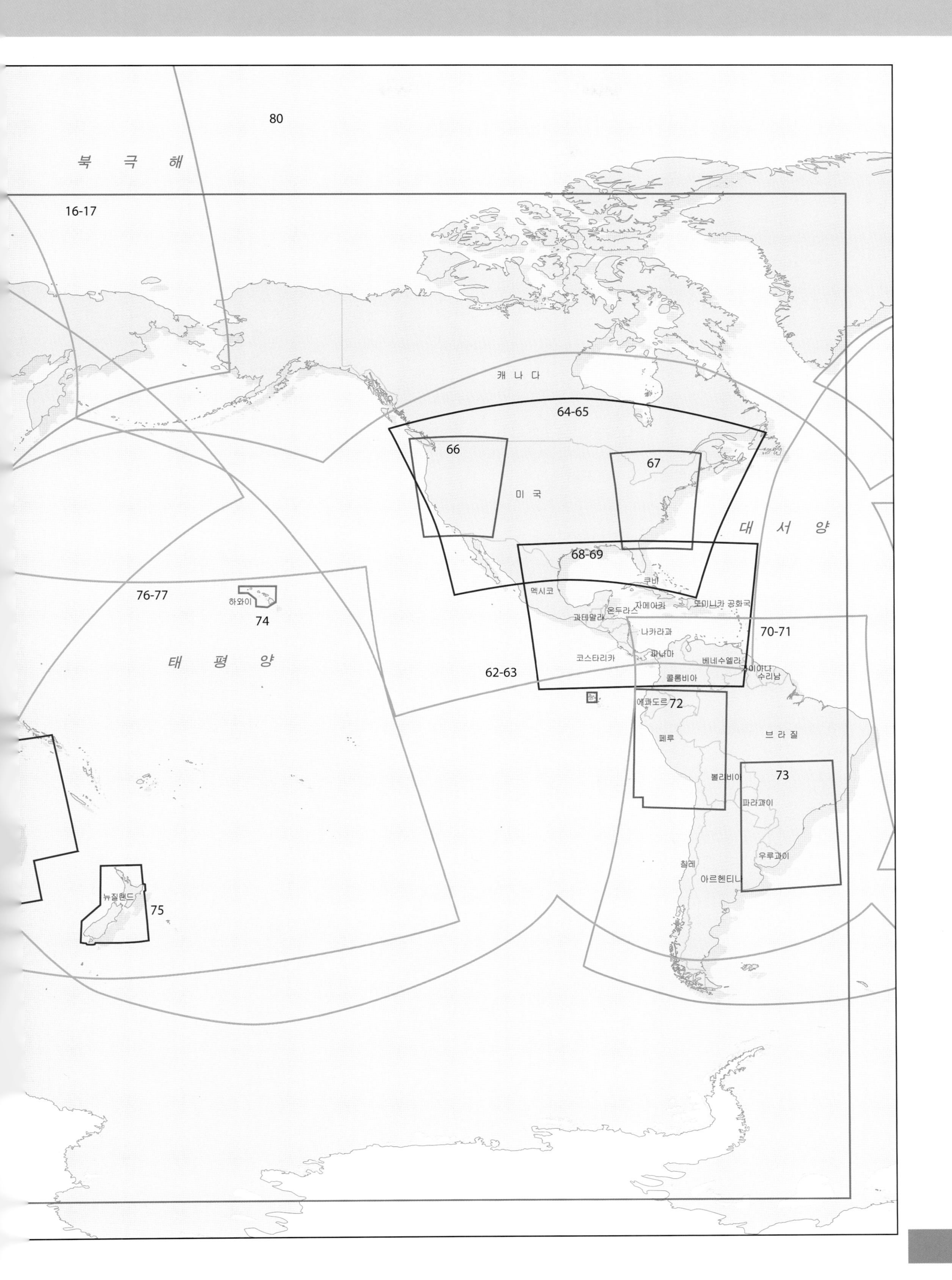

80
북 극 해
16-17
캐 나 다
64-65
66
67
미 국
대 서 양
68-69
쿠바
멕시코
도미니카 공화국
자메이카
온두라스
과테말라
나카라과
70-71
76-77
하와이
74
태 평 양
코스타리카
파나마
베네수엘라
가이아나
수리남
62-63
콜롬비아
에콰도르
72
페루
브 라 질
73
볼리비아
파라과이
칠레
우루과이
아르헨티나
뉴질랜드
75

∴ The World Map Information

1 투영 전개하여 제작한 우리나라 최초의 세계 지도

이 책에 실린 세계 지도는 지도 투영법에 의해 제대로 제작된 우리나라 최초의 세계 지도입니다. 세계 전도는 밀러 도법, 아시아와 아프리카 전도는 상송 도법 그 밖의 지도는 지역에 따라 알베르스 정적 원추 도법과 람베르트 정적 방위 도법을 사용했으며, 지도 상단마다 사용한 투영 도법과 표준 위선, 중앙 경선을 표기했습니다.

2 짜임새 있는 세계 전 지역의 구성

세계 전 지역을 아시아, 아프리카, 유럽, 북아메리카, 남아메리카, 오세아니아 순으로 구성했으며 주요 국가나 지역에 대해서는 확대도를 작성하여 세계 어느 곳이든 세밀하게 찾아볼 수 있도록 제작했습니다.

3 세계 주요 도시의 안내도 첨부

여행의 편의를 위해 세계 주요 도시 30군데의 안내도를 넣었습니다.

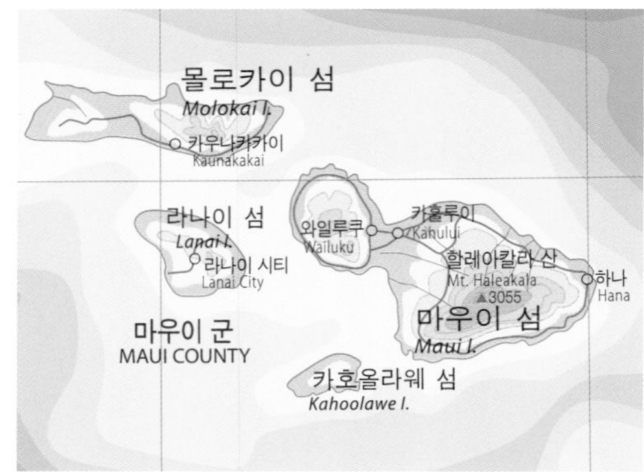

4 《한국 어문 규정집》 표기 원칙에 따른 지명 표기

외국어 지명의 한글 표기는 국립국어원《한국 어문 규정집》 표기 원칙을 따랐으며 산이나 산맥, 강, 호수 등의 자연 지명에는 약어를 사용했습니다. 또한 모든 지명에는 한글 표기 외에 한자나 로마자를 병기했는데 중국의 지명에는 간자체, 타이완은 번자체, 일본은 일본한자를 사용했습니다.

5 6대륙 40개국의 대표 여행지 210곳의 여행 정보

각 대륙별 주요 국가의 꼭 가 봐야 할 여행 명소와 문화유산을 소개했습니다. 또 여행 명소를 소개하지 못한 나라의 기본 데이터를 따로 넣었습니다. 각 나라의 기본 데이터 중 인구는 2021년 기준이며, 1인당 GDP는 국가통계포털의 2021년 자료를 근거로 했습니다. 우리나라와의 시차는 각 나라의 수도를 중심으로 했습니다.

6 인구 10만 명 이상의 도시, 지명 색인

전 세계의 지명을 한글 표기에 따라 가나다순으로 정리했으며 도시명은 인구 10만 명 이상의 도시만 표기했습니다. 한 지명이 여러 지도에 중복 표기되는 경우에는 해당 국가 지도를 기준으로 한 지도의 색인만 표기했습니다.

지도 보기

- 국경계
- 미확정 국경계
- 지방경계
- 날짜 변경선
- 철도
- 고속도로
- 도로
- 성벽
- 영구빙의 한계
- 유빙의 한계
- 하천
- 마른 하천
- 운하
- 호수

- 수도
- 지방청 소재지
- 300만 명 이상 도시
- 100만 명 이상 도시
- 50만 명 이상 도시
- 10만 명 이상 도시
- 10만 명 이하 도시
- 세계문화유산
- 산(표고는 m)
- 화산(표고는 m)
- 도시 지역
- 습지
- 계절 호수
- 산호초
- 사막

영토 기호

(네) 네덜란드
(러) 러시아
(오) 오스트레일리아
(노) 노르웨이
(미) 미국
(인) 인도
(뉴) 뉴질랜드
(에) 에스파냐
(포) 포르투갈
(덴) 덴마크
(영) 영국
(프) 프랑스

영문 약자

약자	원어	한글 표기
R.	River	강, 하천
L.	Lake	호수
Str.	Strait	해협
C.	Cape	곶
Mt.	Mountain	산
Mts.	Mountains	산맥, 산지
I.	Island	섬
Is.	Islands	제도, 군도, 열도
Pen.	Peninsula	반도
Des.	Desert	사막
Plat	Plateau	고원, 대지

캘리포니아 CALIFORNIA 와 같이 지도상의 군청색 지명은 각 국가별 지방 행정 구역(주, 성, 연방 관구, 도, 현 등)을 나타내는 명칭입니다.

∴ 지도 읽는 법

지도 투영법 지도 제작에 사용된 투영도법의 명칭과 투영계산의 근거로 사용한 표준 위선. 지도의 중앙을 지나는 경선을 나타낸다.

날짜 변경선 지구상 각 지역 표준시간의 기선으로 날짜를 변경하기 위해 경도 180°자오선을 기준으로 편의상 설정한 경계선이다. 이 선을 기준으로 서쪽은 동쪽보다 하루가 빠르게 정해져 있어 동쪽에서 서쪽으로 이 선을 지날 경우 날짜를 하루 앞당겨야 한다.

북극권 북위 66°33′의 위도선으로 이 선에서 극까지의 지역을 북극권 지역이라 한다. 지리학 상으로는 한대와 온대를 구분 짓는 경계라 할 수 있다. 남극권은 남위 66。33′선이다.

북회귀선 북위 23°27′의 위도선으로 하지 날 정오에 태양이 이 선에 위치하며 하지선이라 한다. 남회귀선은 남위 23°27′선으로 동지선이라고 한다.

지도 타이틀

아시아 ASIA

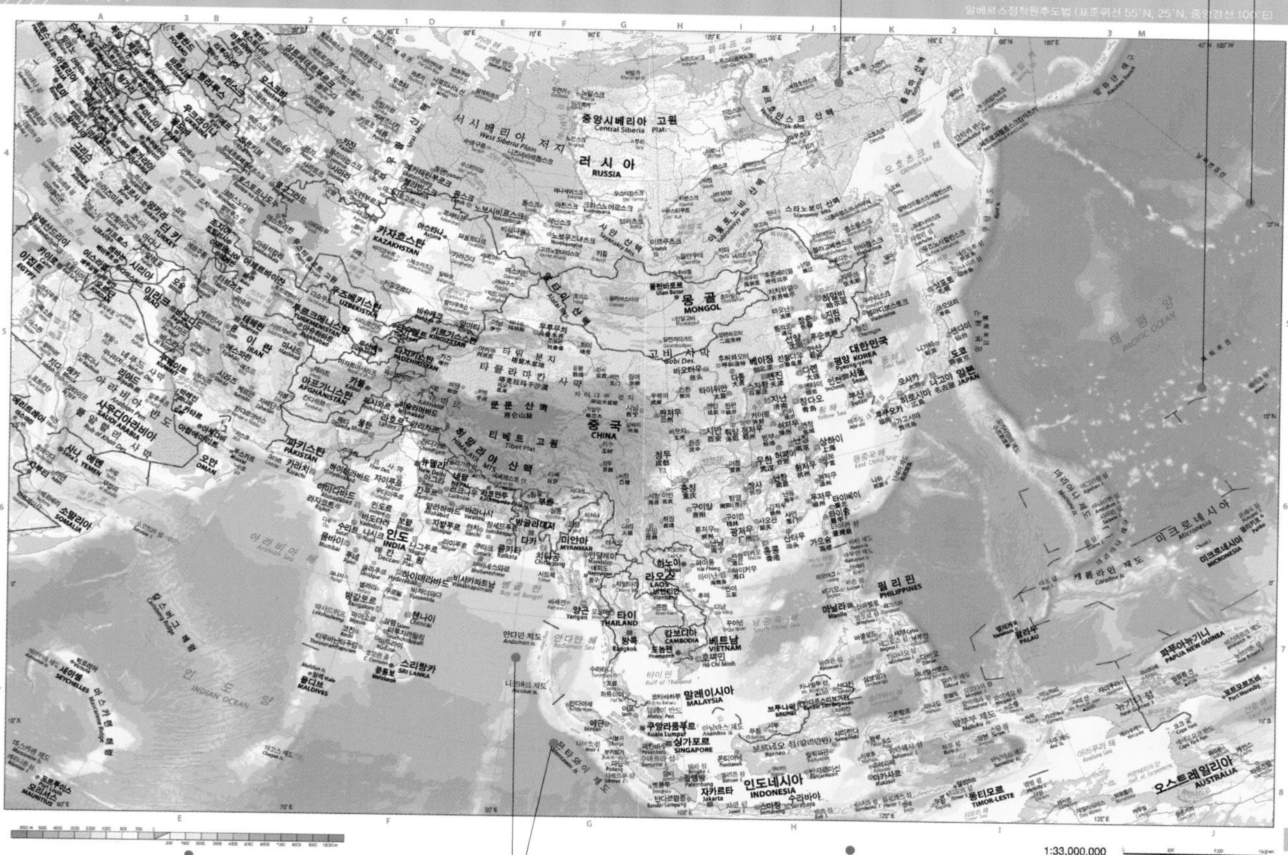

지도쪽수

해면 이하 지대 지구상 평균 해면(0m)보다 표고가 낮은 저지대를 이른다.

경위선 지구상의 위치를 나타내기 위한 경위도 좌표로 경선은 영국 그리니치 본초자오선을 기준으로 동경 180°서경 180°로 구분되고, 위선은 적도를 기준으로 북위 90°, 남위 90°로 구분된다.

축척과 스케일 바 축척은 지구상의 실제 거리를 지도상의 거리로 축소한 비율로 축척 1:33,000,000은 실제 지형을 3300만분의 1로 축소했다는 뜻이다. 이 축소 비율을 알아보기 쉽도록 잣대로 표시한 것이 스케일 바이다.

고도 · 수심 단채표 육지의 높이와 바다의 깊이를 쉽게 알아 볼 수 있도록 등고선과 등심선의 일정한 고도(수심)대를 단계 구분하여 채색을 달리한 단채표로 육지는 최대 9단계, 바다는 최대 12단계로 표시된다.

색인 부호 경위선에 의해 구획된 색인 부호로 가로는 영문 알파벳으로, 세로는 아라비아 숫자로 표시했다. 가나다 순 지명 인덱스에서 찾고 싶은 지명의 색인(예: 19-K4)으로 해당 지도에서 그 지명을 찾을 수 있다.

CONTENTS

색인지도 · · · · · · · · · · · 2
The World Map Information · · · 4
지도 보기 · · · · · · · · · · 4
지도 읽는 법 · · · · · · · · 5
contents · · · · · · · · · · 6
세계 국가 지도 · · · · · · · 8
시사 세계 지도 · · · · · · · 10
세계의 표준 시간대 · · · · · 12

세계 전도 · · · · · · · · · · · · 16

아시아 · · · · · · · · · · · · · · 18
대한민국 · · · · · · · · · · · · 20
동부 아시아 · · · · · · · · · · 22
중국 주요부 · · · · · · · · · · 24
중국 동북부 · · · · · · · · · · 26
타이완 · · · · · · · · · · · · · 27
일본 · · · · · · · · · · · · · · · 28
동남 아시아 · · · · · · · · · · 30
인도차이나 · · · · · · · · · · · 32
필리핀 · · · · · · · · · · · · · 33
말레이시아 · 인도네시아 · · · · 34
남부 아시아 · · · · · · · · · · 36
서부 아시아 · · · · · · · · · · 38

아프리카 · · · · · · · · · · · · 40
아프리카 주요부 · · · · · · · · 42

유럽 · · · · · · · · · · · · · · 44
스칸디나비아 · 발틱 국가 · · · 46
영국 · 아일랜드 · · · · · · · · 48
프랑스 · 스위스 · · · · · · · · 50
유럽 중북부 · · · · · · · · · · 52
스페인 · 포르투갈 · · · · · · · 54
이탈리아 · 발칸 국가 · · · · · · 56
러시아 · · · · · · · · · · · · · 58
러시아 서부 · · · · · · · · · · 60

북아메리카 · · · · · · · · · · · 62
미국 · 캐나다 · · · · · · · · · 64
미국 서부 · · · · · · · · · · · 66
미국 동부 · · · · · · · · · · · 67

중앙 아메리카 · · · · · · · · · 68

남아메리카 · · · · · · · · · · · 70
남아메리카 서부 · · · · · · · · 72
남아메리카 동부 · · · · · · · · 73
하와이 · 괌 · 사이판 · · · · · · 74
뉴질랜드 · · · · · · · · · · · · 75

오세아니아 · · · · · · · · · · · 76
오스트레일리아 · · · · · · · · · 78
북극 · · · · · · · · · · · · · · 80
남극 · · · · · · · · · · · · · · 81

| 세계 30대 도시 가이드 |

서울 · · · · · · · · · · · · · · 84
베이징 · · · · · · · · · · · · · 85
상하이 · · · · · · · · · · · · · 86
홍콩 · · · · · · · · · · · · · · 87

도쿄 · · · · · · · · · · · · · · · · · · 88
오사카 · · · · · · · · · · · · · · · · 89
싱가포르 · · · · · · · · · · · · · · · 90
방콕 · · · · · · · · · · · · · · · · · · 90
푸껫 · · · · · · · · · · · · · · · · · · 91
델리 · · · · · · · · · · · · · · · · · · 92
런던 · · · · · · · · · · · · · · · · · · 93
파리 · · · · · · · · · · · · · · · · · · 94
모스크바 · · · · · · · · · · · · · · · 95
아테네 · · · · · · · · · · · · · · · · 96
베를린 · · · · · · · · · · · · · · · · 97
뮌헨 · · · · · · · · · · · · · · · · · · 97
로마 · · · · · · · · · · · · · · · · · · 98
빈 · · · · · · · · · · · · · · · · · · · 99
프라하 · · · · · · · · · · · · · · · · 99
마드리드 · · · · · · · · · · · · · · 100
워싱턴 · · · · · · · · · · · · · · · 101
뉴욕 · · · · · · · · · · · · · · · · · 102
밴쿠버 · · · · · · · · · · · · · · · 103
산티아고 · · · · · · · · · · · · · · 104
상파울루 · · · · · · · · · · · · · · 104
부에노스아이레스 · · · · · · · · 105
시드니 · · · · · · · · · · · · · · · 106
멜버른 · · · · · · · · · · · · · · · 106
오클랜드 · · · · · · · · · · · · · · 107
케이프타운 · · · · · · · · · · · · 107

월드 트래블 가이드

세계의 역사와 문화를 배우는 대표 여행지 210

• 세계 경제를 이끌 미래의 대륙 아시아

대한민국 • 114 중국 • 115 일본 • 119 태국 • 121 베트남 • 123 필리핀 • 124 말레이시아 • 125 인도네시아 • 126 튀르키예 • 127 인도 • 129

• 천연 자원이 풍부한 아프리카

이집트 • 132 케냐 • 133 탄자니아 • 133 짐바브웨 • 134 남아프리카 공화국 • 134

• 중세의 역사가 살아 숨쉬는 유럽

영국 • 136 노르웨이 • 139 스웨덴 • 140 핀란드 • 141 벨기에 • 142 덴마크 • 143 독일 • 144 체코 • 145 프랑스 • 147 이탈리아 • 150 스페인 • 153 스위스 • 154 오스트리아 • 155 그리스 • 156 러시아 • 158

• 지구촌 사회 · 문화 · 경제의 중심 북아메리카

미국 • 162 캐나다 • 166 멕시코 • 168

• 고대 잉카 문명이 남아 있는 남아메리카

페루 • 169 아르헨티나 • 170 칠레 • 170 브라질 • 171

• 섬으로 이루어진 태평양의 진주 오세아니아

오스트레일리아 • 173 뉴질랜드 • 175

유럽
아프리카
아시아
러시아
RUSSIA
중국
CHINA
카자흐스탄
KAZAKHSTAN
몽골
MONGOL
인도
INDIA
사우디아라비아
SAUDI ARABIA
이란
IRAN
알제리
ALGERIE
리비아
LIBYA
이집트
EGYPT
대서양
Atlantic Ocean
인도양
Indian Ocean
오스트레일리아
AUSTRALIA
인도네시아
INDONESIA
남극 대륙
ANTARCTICA
그린란드 해
Greenland Sea
바렌츠 해
Barents Sea
카라 해
Kara Sea
아라비아 해
Arabian Sea
벵골 만
Bay of Bengal
쇼와 기지
Syowa
데이비스 기지
Davis

1:100,000,000

0 2000 4000 km

핀란드
러시아
노르웨이
영국
덴마크
네덜란드
벨기에
독일
카자흐스탄
몽골
루마니아
프랑스
우즈베키스탄
포르투갈
그리스
튀르키예
이탈리아
스페인
대한민국
일본
이라크
중국
이스라엘
이란
알제리
리비아
이집트
타이완
사우디아라비아
라오스
인도
세네갈
베트남
나이지리아
필리핀
기니
가나
카메룬
말레이시아
인도네시아
인 도 양
탄자니아
대 서 양
앙골라
나미비아
짐바브웨
남아프리카 공화국

북 극 해
캐나다
미국
멕시코
대 서 양
쿠바
도미니카 공화국
태 평 양
파나마
베네수엘라
콜롬비아
브라질
볼리비아
파라과이
우루과이
칠레
아르헨티나
뉴질랜드

15°W
0°
15°E
30°E
45°E
60°E
75°E
90°E
105°E
120°E
135°E
80°N
60°N
40°N
20°N
0°
20°S
40°S
60°S
80°S
그린란드 해
아이슬란드
노르웨이
스웨덴
핀란드
러시아
북 해
영국
아일랜드
런던
덴마크
네덜란드
벨기에
파리
독일
폴란드
프랑스
스페인
포르투갈
이탈리아
에스토니아
라트비아
리투아니아
벨라루스
모스크바
우크라이나
몰도바
루마니아
불가리아
그리스
튀르키예
그루지야
아르메니아
아제르바이잔
카자흐스탄
우즈베키스탄
키르기스스탄
투르크메니스탄
타지키스탄
몽 골
중 국
베이징
대한민국
서울
일본
도쿄
지중해
몰타
튀니지
키프로스
레바논
이스라엘
시리아
이라크
요르단
이란
쿠웨이트
바레인
카타르
아랍에미리트
사우디아라비아
아프가니스탄
파키스탄
뉴델리
네팔
부탄
인 도
방글라데시
미안마
라오스
타이
베트남
캄보디아
마닐라
필리핀
팔라우
모로코
알제리
리비아
이집트
서사하라
모리타니
말리
니제르
차드
수 단
에리트레아
예멘
오만
아라비아 해
벵골 만
스리랑카
몰디브
카보베르데
감비아
세네갈
기니비사우
기니
시에라리온
라이베리아
부르키나파소
코트디부아르
가나
토고
베냉
나이지리아
카메룬
중앙아프리카공화국
남수단
에티오피아
지부티
소말리아
적도기니
상투메프린시페
가봉
콩고
콩고민주공화국
우간다
케냐
르완다
부룬디
탄자니아
적 도
인 도 양
세이셸
말레이시아
브루나이
싱가포르
인도네시아
동티모르
대 서 양
그리니치 본초자오선
앙골라
잠비아
말라위
코모로
짐바브웨
모잠비크
마다가스카르
모리셔스
나미비아
보츠와나
스와질란드
남아프리카공화국
레소토
오스트레일리아
남 극 대 륙
09:00
11:00
12:00
13:00
14:00
15:00
15:30
16:00
16:30
17:00
17:30
17:45
18:00
18:30
19:00
20:00
21:00
21:30
22:00
11:00 -1
12:00 정오 AM PM
13:00 +1
14:00 +2
15:00 +3
16:00 +4
17:00 +5
18:00 +6
19:00 +7
20:00 +8
21:00 +9

북 극 해
그린란드
09:00
24:00
03:00
05:00
06:00
캐나다
02:00
04:00
07:00
08:30
오타와
05:00
미국
워싱턴
06:00
대 서 양
날짜 변경선 (월요일) (일요일)
02:00
멕시코
바하마
쿠바
아이티
도미니카공화국
멕시코 시티
자메이카
벨리즈
과테말라
온두라스
엘살바도르
나카라과
태 평 양
마셜 제도
키리바시
나우루
코스타리카
파나마
볼리바르 베네수엘라
가이아나
수리남
콜롬비아
적도
에콰도르
24:00
23:00
솔로몬
투발루
07:00
08:00
브라질
페루
리마
사모아
03:30
02:00
09:00
바누아투
피지
통가
01:00
브라질리아
볼리비아
파라과이
23:30
22:30
09:00
24:00
우루과이
부에노스 아이레스
칠레
아르헨티나
뉴질랜드
00:45
23:00 +11
24:00 자정 PM AM
01:00 -11
02:00 -10
03:00 -9
04:00 -8
05:00 -7
06:00 -6
07:00 -5
08:00 -4
09:00 -3

1:100,000,000

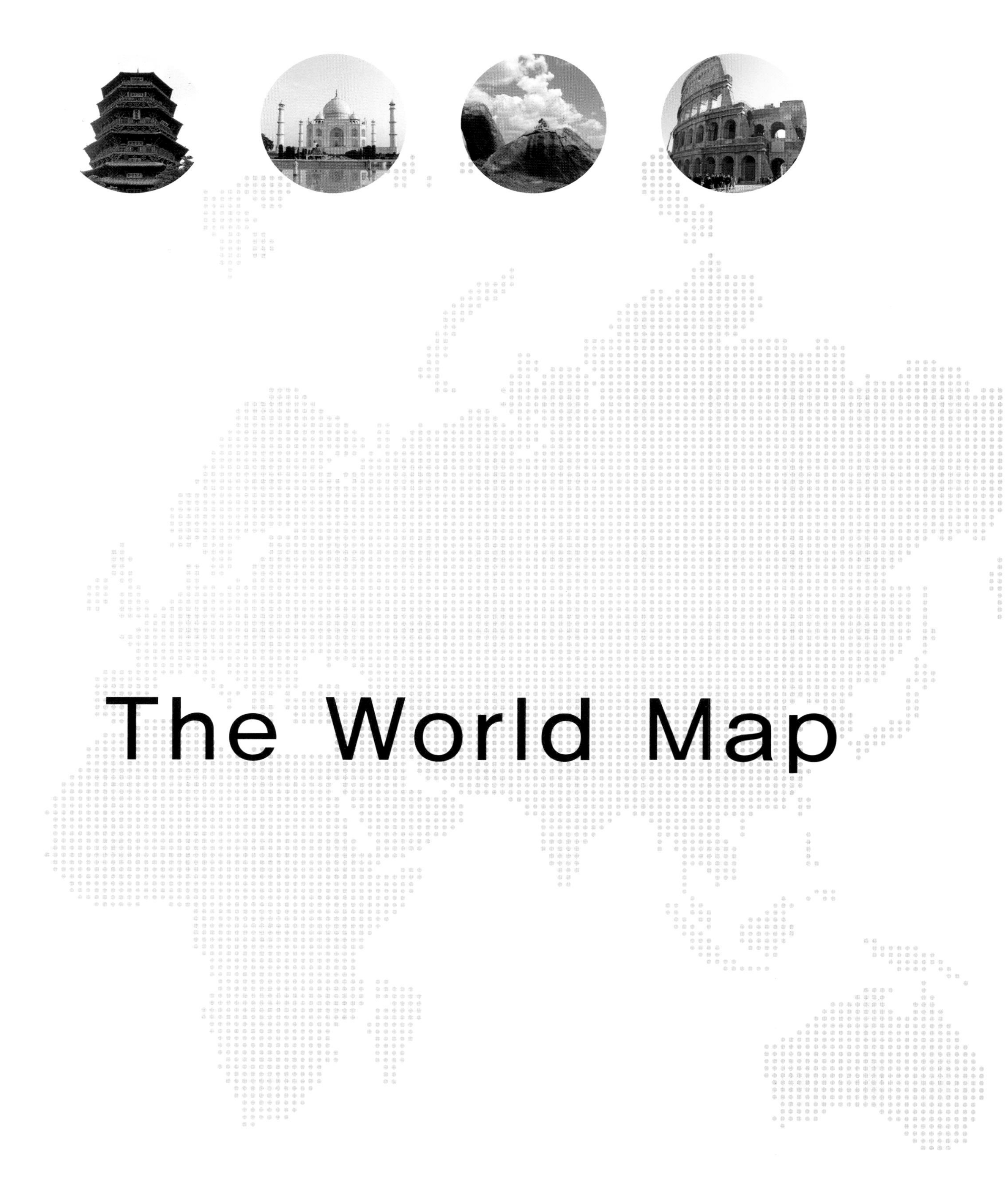

The World Map

세계지도

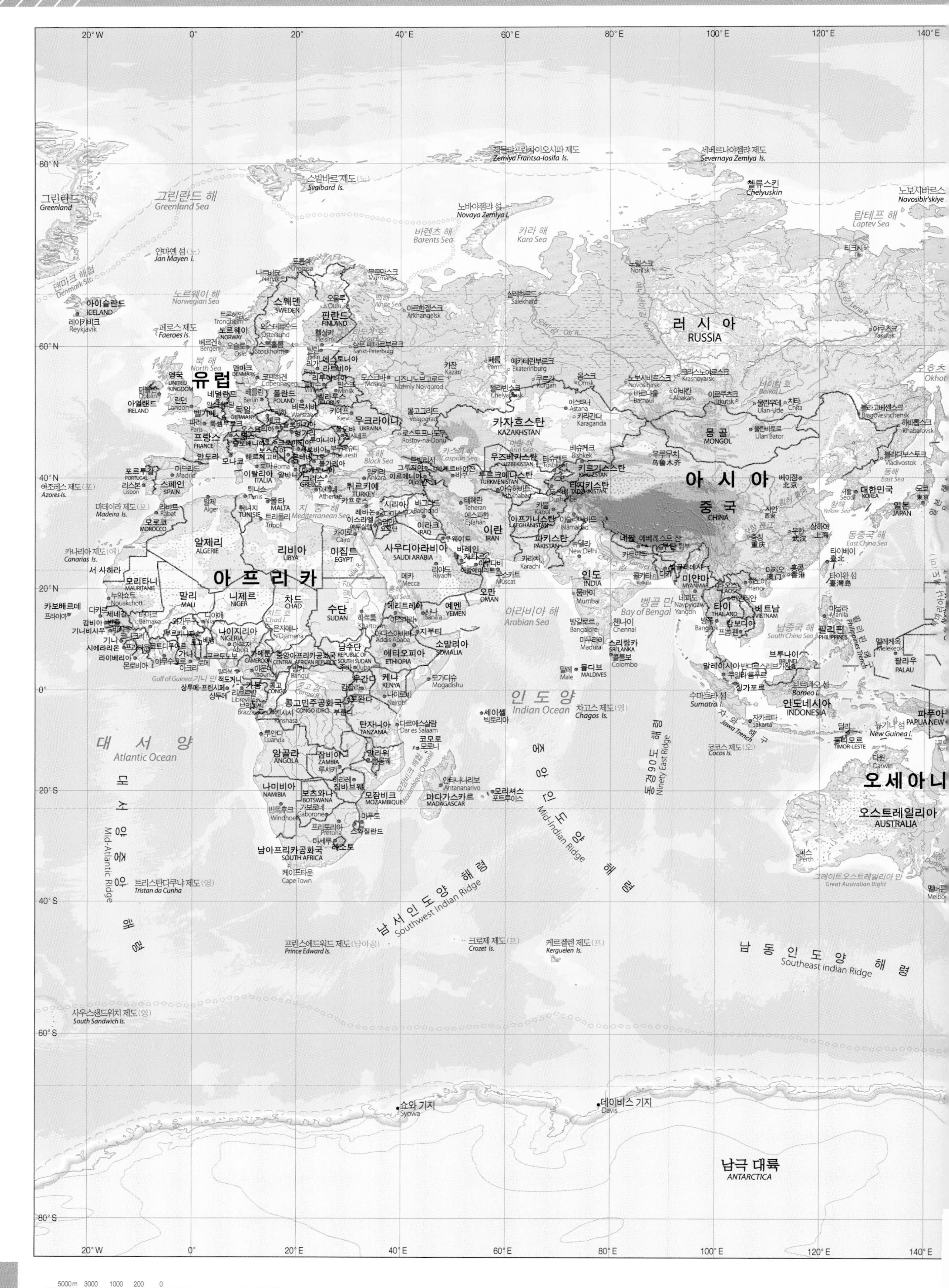
20° W
0°
20°
40° E
60° E
80° E
100° E
120° E
140° E
80° N
60° N
40° N
20° N
0°
20° S
40° S
60° S
80° S
세베르나야젬랴 제도
Severnaya Zemlya Is.
스발바르 제도(노)
Svalbard Is.
첼류스킨
Chelyuskin
노보시비르스
Novosibir'skiye
그린란드
Greenland
그린란드 해
Greenland Sea
노바야젬랴 섬
Novaya Zemlya I.
바렌츠 해
Barents Sea
카라 해
Kara Sea
랍테프 해
Laptev Sea
얀마옌 섬(노)
Jan Mayen I.
덴마크 해협
Denmark Str.
노르웨이 해
Norwegian Sea
아이슬란드
ICELAND
레이캬비크
Reykjavik
페로스 제도
Faeroes Is.
스웨덴
SWEDEN
핀란드
FINLAND
노르웨이
NORWAY
러 시 아
RUSSIA
북 해
North Sea
영국
UNITED KINGDOM
유럽
아일랜드
IRELAND
덴마크
DENMARK
폴란드
POLAND
독일
GERMANY
프랑스
FRANCE
우크라이나
UKRAINA
카자흐스탄
KAZAKHSTAN
몽 골
MONGOL
포르투갈
PORTUGAL
스페인
SPAIN
이탈리아
ITALIA
터키
TURKEY
아 시 아
중 국
CHINA
대한민국
KOREA
일본
JAPAN
아조레스 제도(포)
Azores Is.
마데이라 제도(포)
Madeira Is.
모로코
MOROCCO
알제리
ALGERIE
리비아
LIBYA
이집트
EGYPT
사우디아라비아
SAUDI ARABIA
이란
IRAN
아프가니스탄
AFGHANISTAN
파키스탄
PAKISTAN
인도
INDIA
카나리아 제도(에)
Canarias Is.
서 사하라
모리타니
MAURITANIE
아 프 리 카
말리
MALI
니제르
NIGER
차드
CHAD
수단
SUDAN
예멘
YEMEN
오만
OMAN
아라비아 해
Arabian Sea
벵골 만
Bay of Bengal
미얀마
MYANMAR
타이
THAILAND
베트남
VIETNAM
필리핀
PHILIPPINES
남중국 해
South China Sea
동중국 해
East China Sea
나이지리아
NIGERIA
에티오피아
ETHIOPIA
소말리아
SOMALIA
케냐
KENYA
스리랑카
SRI LANKA
몰디브
MALDIVES
말레이시아
인도네시아
INDONESIA
팔라우
PALAU
인 도 양
Indian Ocean
차고스 제도(영)
Chagos Is.
세이셸
콩고민주공화국
CONGO (DRC.)
탄자니아
TANZANIA
대 서 양
Atlantic Ocean
앙골라
ANGOLA
잠비아
ZAMBIA
나미비아
NAMIBIA
보츠와나
BOTSWANA
모잠비크
MOZAMBIQUE
마다가스카르
MADAGASCAR
모리셔스
동경90도 해령
Ninety East Ridge
코코스 제도(오)
Cocos Is.
뉴기니 섬
New Guinea I.
동티모르
TIMOR-LESTE
오세아니
오스트레일리아
AUSTRALIA
남아프리카공화국
SOUTH AFRICA
케이프타운
Cape Town
대서양 중앙 해령
Mid-Atlantic Ridge
트리스탄다쿠냐 제도(영)
Tristan da Cunha
중앙 인도양 해령
Mid-Indian Ridge
남서인도양 해령
Southwest Indian Ridge
그레이트오스트레일리아 만
Great Australian Bight
프린스에드워드 제도(남아공)
Prince Edward Is.
크로제 제도(프)
Crozet Is.
케르겔렌 제도(프)
Kerguelen Is.
남 동 인 도 양 해 령
Southeast Indian Ridge
사우스샌드위치 제도(영)
South Sandwich Is.
쇼와 기지
Syowa
데이비스 기지
Davis
남극 대륙
ANTARCTICA
5000m 3000 1000 200 0
200 1000 4000 7000m

1:100,000,000 0 2000 4000km

러시아
RUSSIA
카자흐스탄
KAZAKHSTAN
우즈베키스탄
UZBEKISTAN
투르크메니스탄
TURKMENISTAN
키르기스스탄
KIRGIZSTAN
타지키스탄
TADZHIKISTAN
아프가니스탄
AFGHANISTAN
파키스탄
PAKISTAN
인도
INDIA
중국
CHINA
네팔
NEPAL
방글라데시
미얀마
MYANMAR
스리랑카
SRI LANKA
몰디브
MALDIVES
이란
IRAN
이라크
IRAQ
시리아
터키예
TURKEY
사우디아라비아
SAUDI ARABIA
예멘
YEMEN
오만
OMAN
쿠웨이트
KUWAIT
요르단
JORDAN
이집트
EGYPT
소말리아
SOMALIA
세이셸
SEYCHELLES
모리셔스
MAURITIUS
아라비아해
Arabian Sea
벵골만
Bay of Bengal
인도양
INDIAN OCEAN
서시베리아 저지
West Siberia Plain
티베트 고원
Tibet Plat.
히말라야 산맥
HIMALAYA MTS.
데칸 고원
Deccan Plat.
아라비아 반도
Arabian Pen.
쿤룬 산맥
타클라마칸 사막
타림 분지

H
I
J
1
K
2
L
3
M
4
5
6
7
8
120°E
135°E
150°E
165°E
60°N
180°E
45°N 165°W
30°N
15°N
0°
15°S
105°E
120°E
135°E
랍테프 해
Laptev Sea
베링 해
Bering Str.
알류산 해구
Aleutian Trench
베르호얀스크 산맥
Verkhoyansk Mts.
콜리마 산맥
Kolyma Mts.
야쿠츠크
Yakutsk
마가단
Magadan
캄차카 반도
Kamchatka Pen.
페트로파블롭스크캄차츠키
Petropavlovsk-Kamchatskiy
오호츠크 해
Okhotsk Sea
날짜 변경선
스타노보이 산맥
Stanovoy Mts.
야블로노비 산맥
Yablonovyy Mts.
쿠릴 열도
Kuril Is.
하바롭스크
Khabarovsk
사할린 섬
Sakhalin I.
유즈노사할린스크
Yuzhno-Sakhalinsk
블라고베셴스크
Blagoveshchensk
울란우데
Ulan-Ude
울란바토르
몽골
MONGOL
하얼빈
哈尔滨
창춘
長春
지린
吉林
선양
沈阳
블라디보스토크
Vladivostok
삿포로
札幌
센다이
仙台
일본 해구
日本海溝
태평양
PACIFIC OCEAN
북회귀선
웨이크 섬(미)
Wake I.
대한민국
KOREA
평양
Pyeong-yang
서울
Seoul
인천
Incheon
부산
Busan
청진
Cheongjin
동해
East Sea
니가타
新潟
도쿄
東京
일본
JAPAN
오사카
大阪
나고야
名古屋
히로시마
広島
후쿠오카
福岡
가고시마
鹿児島
제주도
Jeju-do
황해
Yellow Sea
베이징
北京
톈진
天津
다롄
大连
칭다오
青岛
지난
济南
시안
西安
난징
南京
상하이
上海
우한
武汉
항저우
杭州
동중국 해
East China Sea
오가사와라 제도
小笠原諸島
난세이 제도
南西諸島
나하
那覇
충칭
重庆
창사
长沙
푸저우
福州
타이베이
臺北
광저우
广州
홍콩
香港
마카오
Macao
가오슝
高雄
하노이
Hà Nội
하이퐁
Hải Phòng
하이난 섬
海南岛
바시 해협
Bashi Str.
바탄 제도
Batan Is.
바부얀 제도
Babuyan Is.
루손 섬
Luzon I.
필리핀
PHILIPPINES
마닐라
Manila
민도로 섬
Mindoro I.
마리아나 제도
Mariana Is.
아그리한 섬
Agrihan I.
아나타한 섬
Anatahan I.
사이판 섬
Saipan I.
괌 섬
Guam I.
마리아나 해구
미크로네시아
Micronesia
폰페이 섬
Pohnpei I.
팔리키르
Palikir
미크로네시아
MICRONESIA
Chuuk I.
캐롤라인 제도
Caroline Is.
야프 섬
Yap I.
다낭
Đà Nẵng
남중국 해
South China Sea
캄보디아
CAMBODIA
베트남
VIETNAM
호찌민
Hồ Chí Minh
세부
Cebu
민다나오 섬
Mindanao I.
다바오
Davao
술루 해
Sulu Sea
팔라완 섬
Palawan I.
멜레케옥
Melekeok
팔라우
PALAU
파푸아뉴기니
PAPUA NEW GUINEA
비스마르크 제도
Bismarck Is.
뉴브리튼 섬
New Britain I.
포트모르즈비
Port Moresby
말레이시아
MALAYSIA
키나발루 산
Mt. Kinabalu
브루나이
BRUNEI
반다르스리브가완
Bandar Seri Begawan
술라웨시 해
Sulawesi Sea
할마헤라 섬
Halmahera I.
말루쿠 제도
Maluku Is.
뉴기니 섬
New Guinea I.
산호 해
Coral Sea
요크 곶
Cape York
케이프요크 반도
Cape York Pen.
쿠알라룸푸르
싱가포르
SINGAPORE
보르네오 섬(칼리만탄)
Borneo I.
술라웨시 섬
Sulawesi I.
반다 해
Banda Sea
아라푸라 해
Arafura Sea
카펀테리아 만
Gulf of Carpentaria
오스트레일리아
AUSTRALIA
팔렘방
Palembang
인도네시아
INDONESIA
자카르타
Jakarta
수라바야
Surabaya
마카사르
Makasar
딜리
Dili
동티모르
TIMOR-LESTE
티모르 해
Timor Sea
다윈
Darwin
자와 섬
Jawa I.
발리 섬
Bali I.

1:33,000,000
0
500
1000
1500 km

러시아
RUSSIA
동해
East Sea
대한민국
KOREA
중국
CHINA
지린성
吉林省
랴오닝성
辽宁省
함경북도
HAMGYEONGBUK-DO
양강도
YANGGANG-DO
함경남도
HAMGYEONGNAM-DO
자강도
JAGANG-DO
평안북도
PYEONGANBUK-DO
평안남도
PYEONGANNAM-DO
강원도
GANGWON-DO
황해북도
HWANGHAEBUK-DO
황해남도
개마고원
Gaema-gowon
낭림산맥
Nangnim-sanmaek
묘향산맥
Myohyang-sanmaek
함경산맥
Hamgyeong-sanmaek
창바이산맥
长白山脉
백두산
Baekdu-san
▲2744
동한만
Donghan-man
서한만
Seohan-man
호도 반도
Hodo bando
원산만
Wonsan-man
평양
Pyeong yang
원산
Wonsan
함흥
Hamheung
청진
Cheongjin
신의주
Sinuiju
단둥 丹东
선양
沈阳
무수단
Musudan
마양도
Mayang-do
대초도
Daecho-do
2000m 1500 1000 500 200 100 0
200 1000 2000 3000m

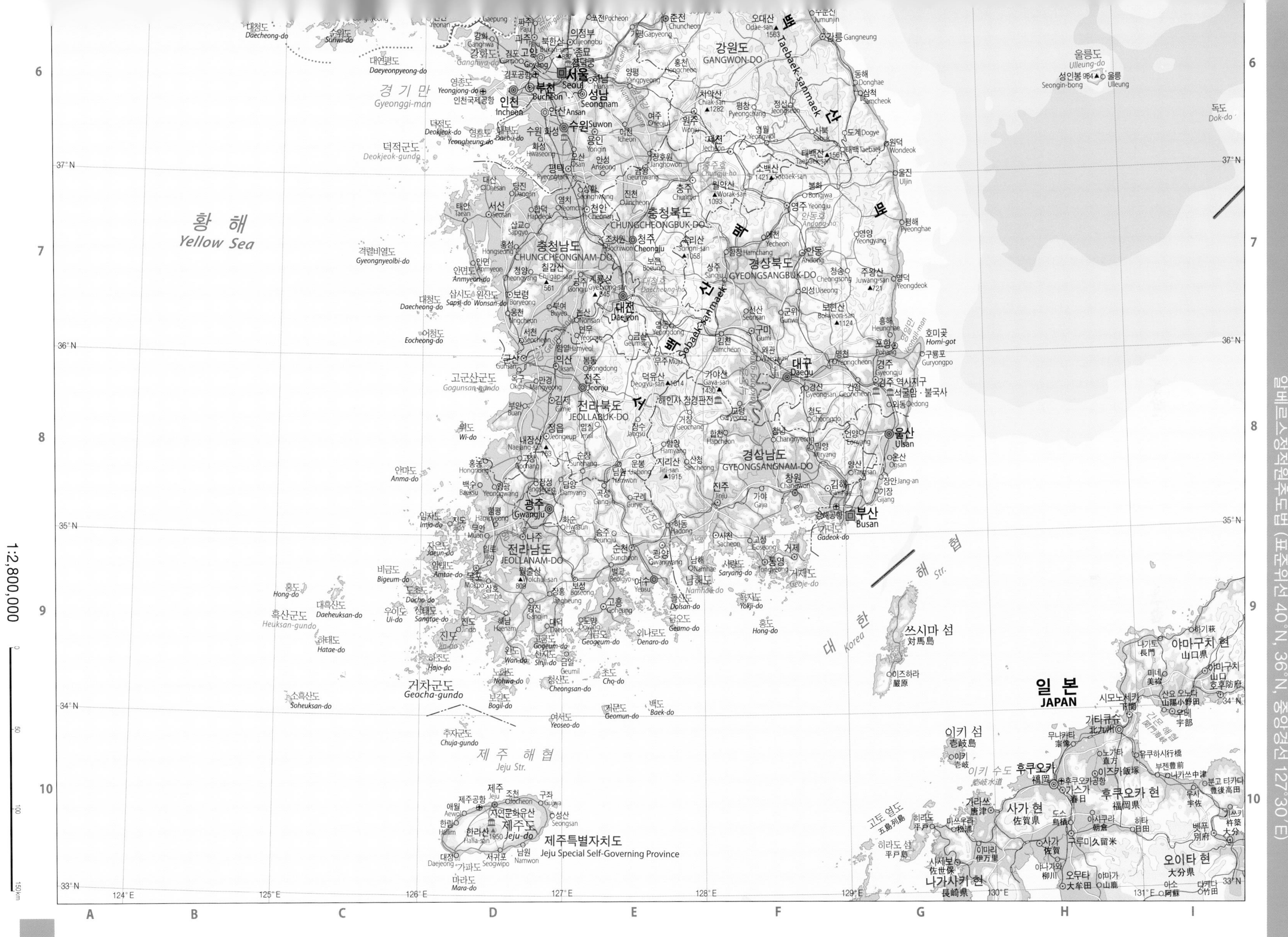

1:2,800,000

0 50 100 150km

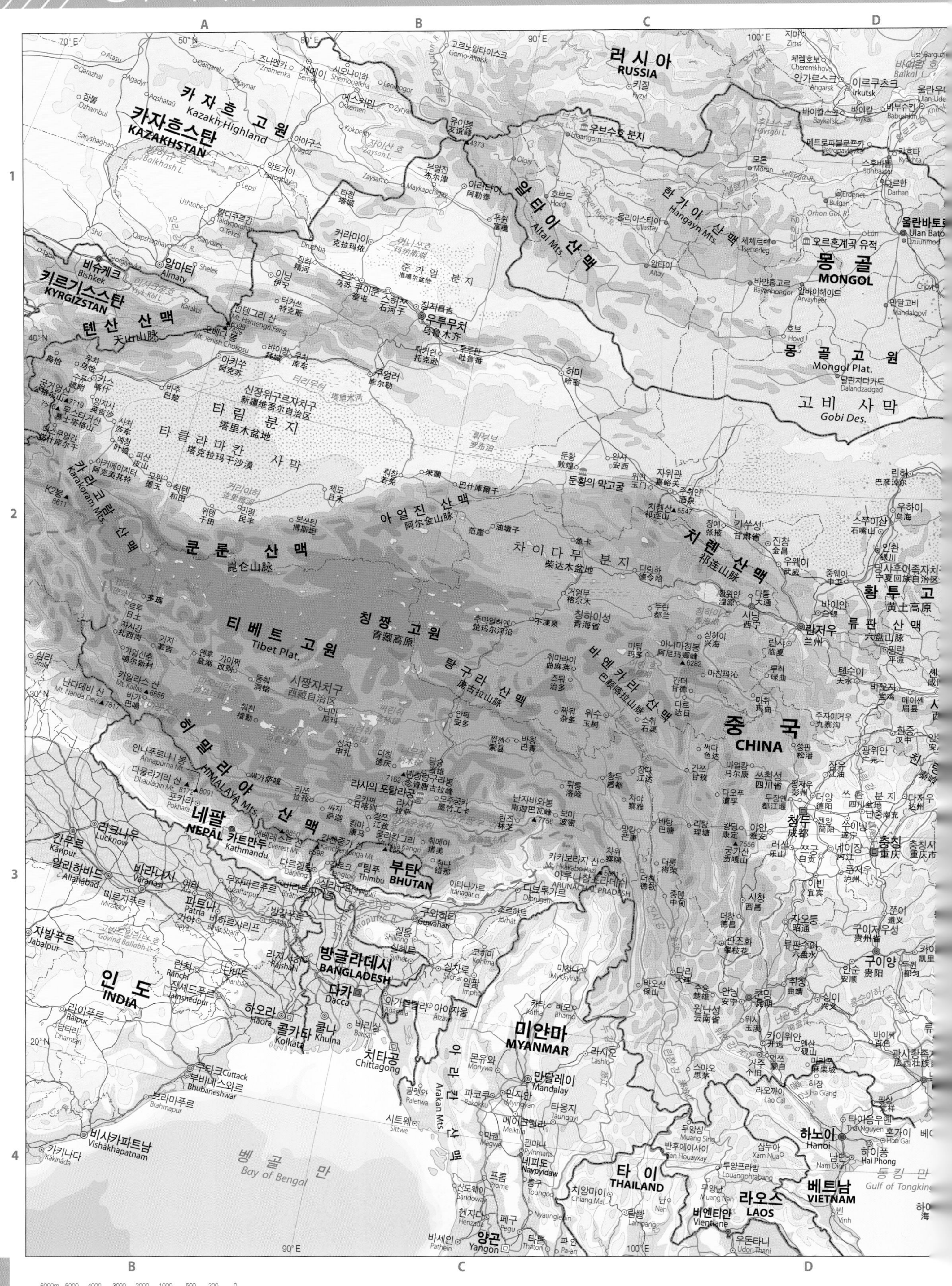

6000m 5000 4000 3000 2000 1000 500 200 0
200 1000 2000 3000 4000 5000 6000 7000 8000 9000 10000m

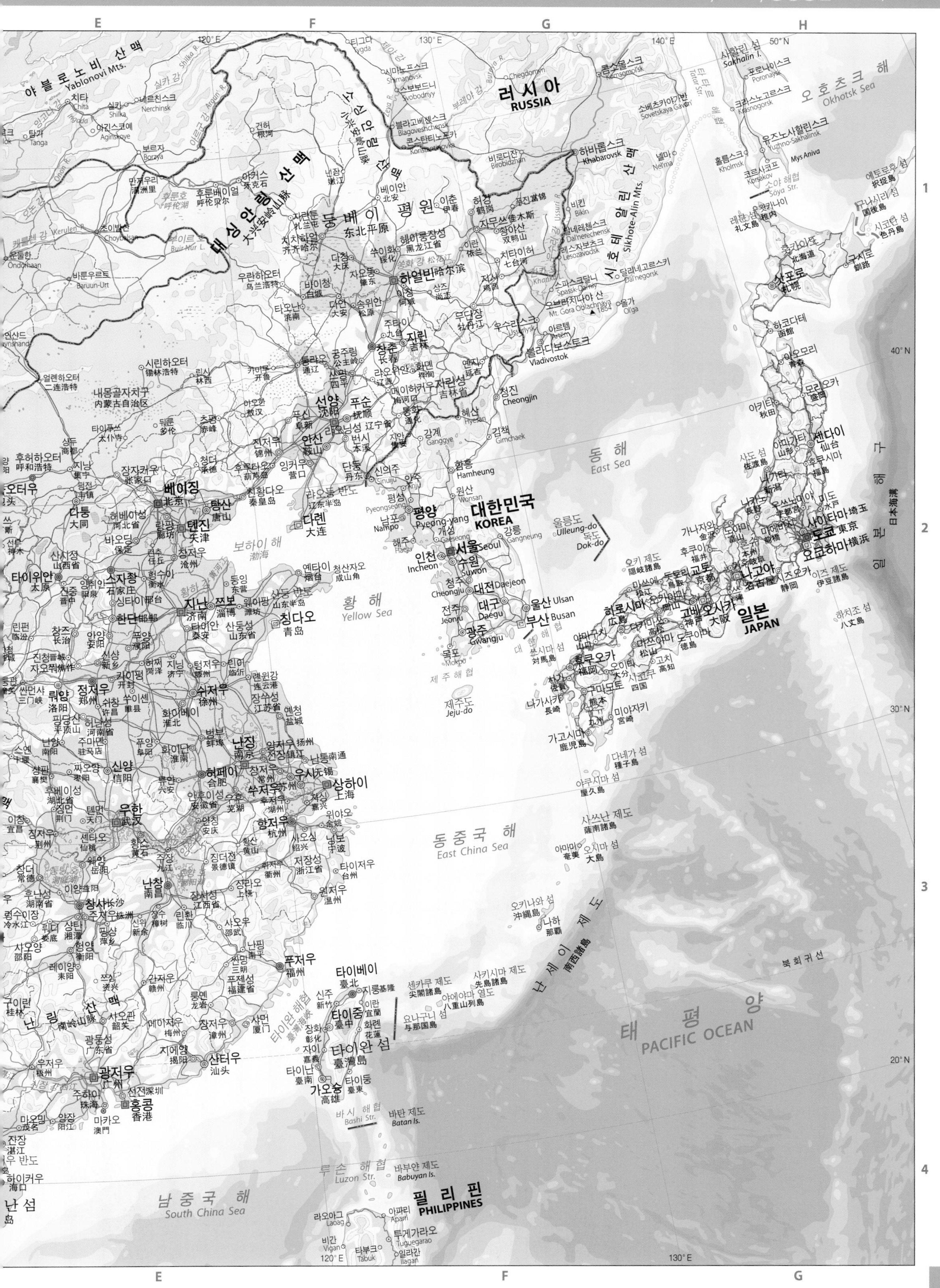

1:15,000,000

0 200 400 600km

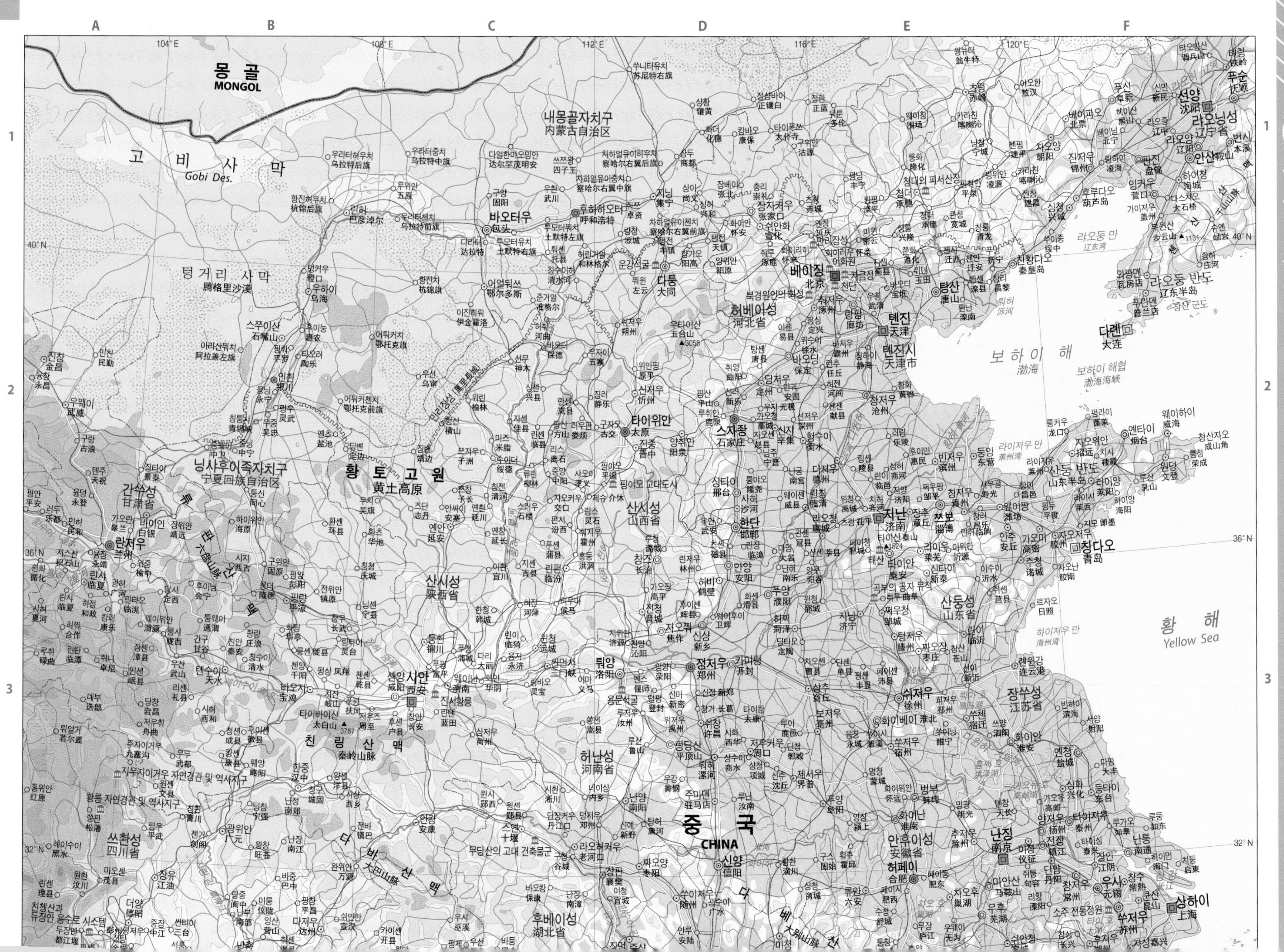
몽골
MONGOL
고비 사막
Gobi Des.
텅거리 사막
騰格里沙漠
내몽골자치구
內蒙古自治區
황해
Yellow Sea
보하이 해
渤海
베이징
北京
톈진
天津
톈진시
天津市
허베이성
河北省
산시성
山西省
산둥성
山东省
산둥 반도
山东半岛
랴오둥 반도
辽东半岛
허난성
河南省
장쑤성
江苏省
안후이성
安徽省
후베이성
湖北省
산시성
陕西省
닝샤후이족자치구
宁夏回族自治区
간쑤성
甘肃省
쓰촨성
四川省
황토고원
黄土高原
중국
CHINA
상하이
上海
난징
南京
정저우
郑州
시안
西安
란저우
兰州
타이위안
太原
스자좡
石家庄
지난
济南
칭다오
青岛
다롄
大连
선양
沈阳
허페이
合肥
인촨
银川
바오터우
包头
후허하오터
呼和浩特
다퉁
大同
친링 산맥
秦岭山脉
다바 산맥
大巴山脉
5000m 4000 3000 2000 1000 500 200 0
200 1000 2000 3000 4000m

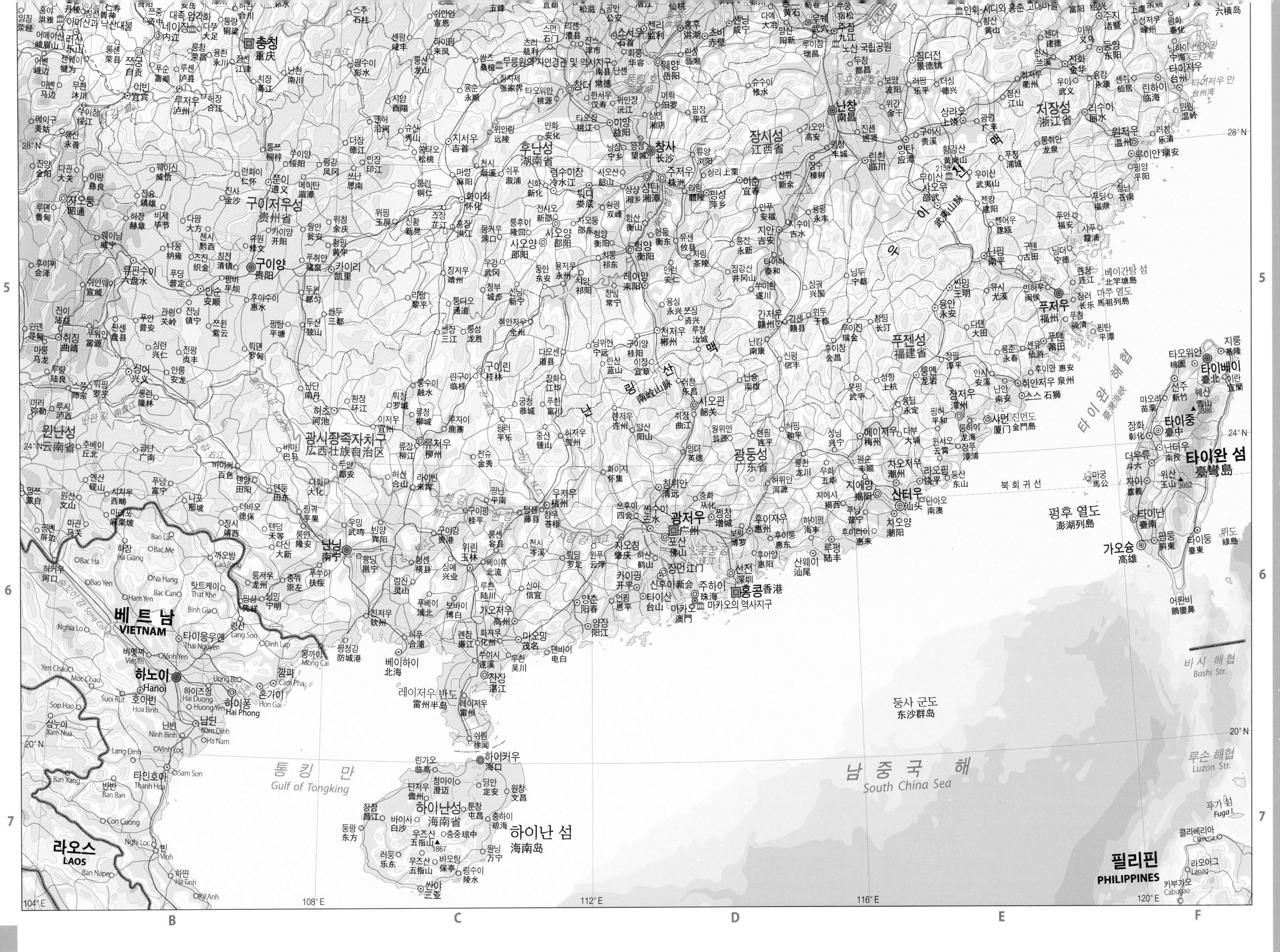

1:7,000,000

0 100 200 300km

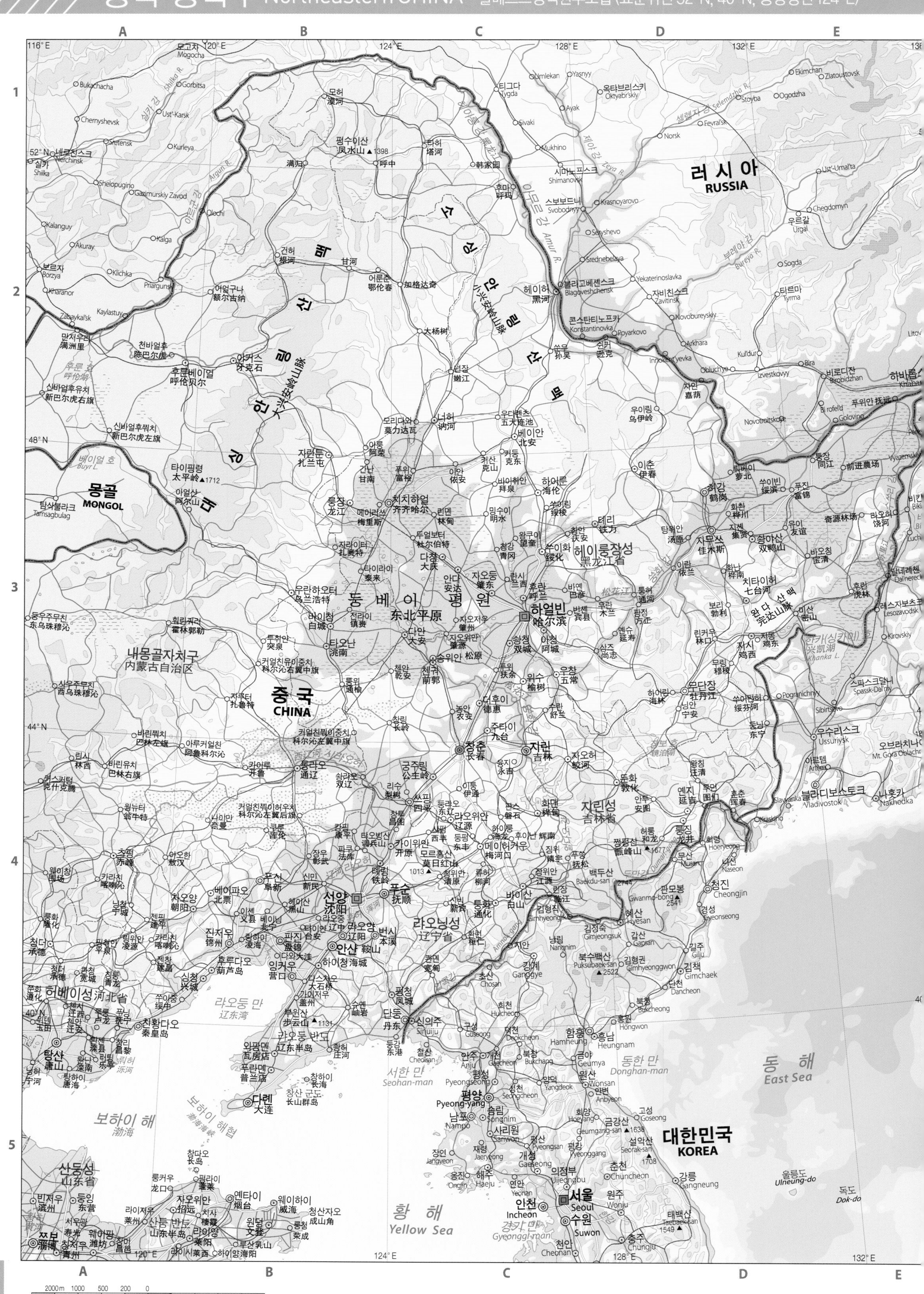
러시아
RUSSIA
몽골
MONGOL
중국
CHINA
대한민국
KOREA
동베이평원
东北平原
내몽골자치구
内蒙古自治区
헤이룽장성
黑龙江省
지린성
吉林省
랴오닝성
辽宁省
허베이성 河北省
산둥성
山东省
하얼빈
哈尔滨
창춘
长春
선양
沈阳
다롄
大连
평양
Pyeong-yang
서울
Seoul
보하이 해
渤海
황해
Yellow Sea
동해
East Sea
라오둥 만
辽东湾
서한 만
Seohan-man
동한 만
Donghan-man
1:7,000,000

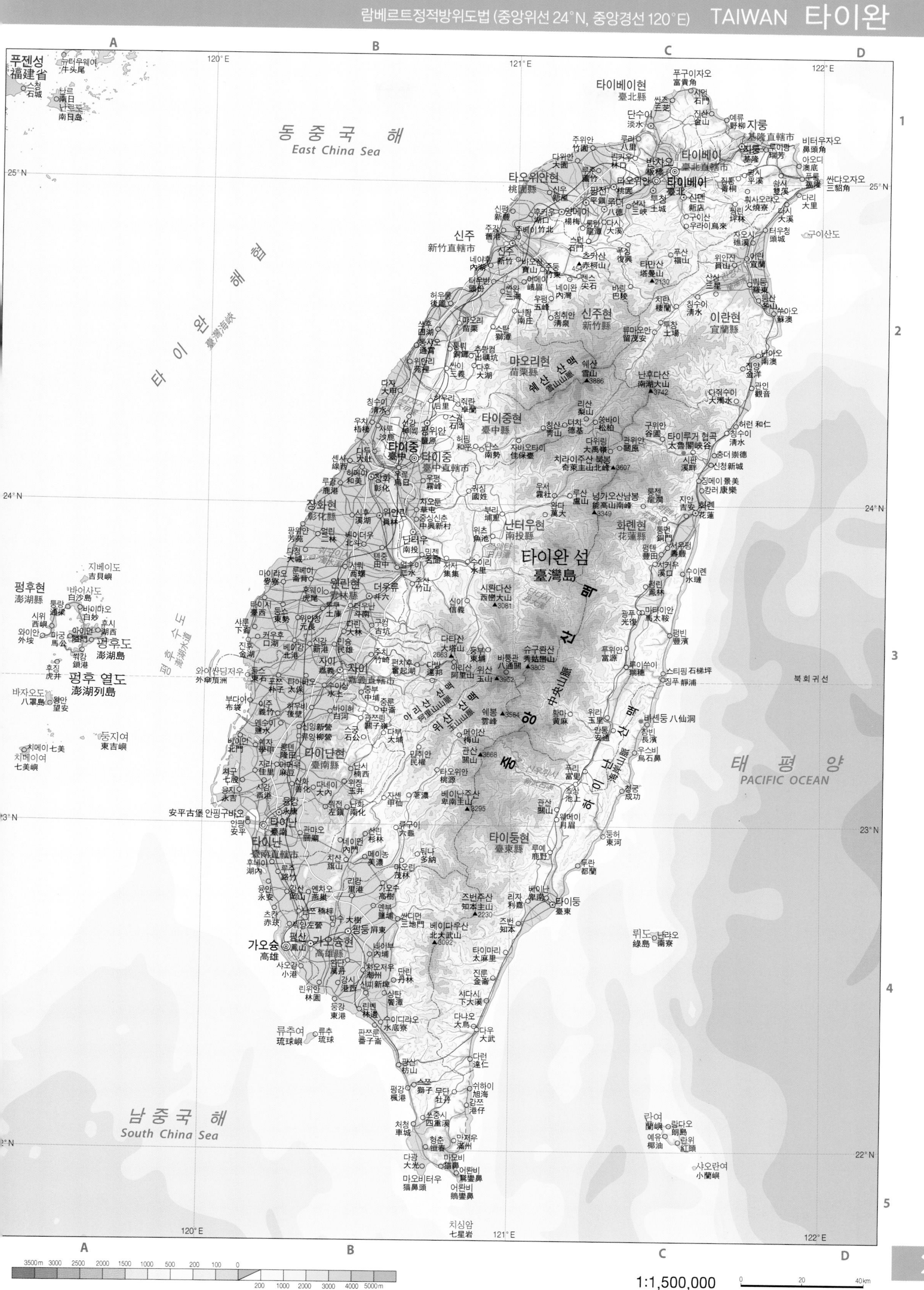

동중국해
East China Sea
타이완 해협
臺灣海峽
남중국해
South China Sea
태평양
PACIFIC OCEAN
타이완 섬
臺灣島
중앙 산맥
中央山脈
설산 산맥
雪山山脈
아리산 산맥
阿里山山脈
위산 산맥
玉山山脈
해안 산맥
海岸山脈
푸젠성
福建省
타이베이현
臺北縣
타이베이
臺北直轄市
지룽
基隆直轄市
타오위안현
桃園縣
신주
新竹直轄市
신주현
新竹縣
이란현
宜蘭縣
마오리현
苗栗縣
타이중현
臺中縣
타이중
臺中直轄市
장화현
彰化縣
난터우현
南投縣
화롄현
花蓮縣
윈린현
雲林縣
자이
嘉義直轄市
타이난현
臺南縣
타이난
臺南直轄市
가오슝
高雄
가오슝현
高雄縣
핑둥현
屏東縣
타이둥현
臺東縣
타이둥
臺東
펑후현
澎湖縣
펑후도
澎湖島
펑후 열도
澎湖列島
펑후 수도
澎湖水道
쉐산
雪山
3886
난후다산
南湖大山
3742
위산
玉山
3952
류추여
琉球嶼
뤼도
綠島
란여
蘭嶼
샤오란여
小蘭嶼
치싱암
七星岩
안핑구바오
安平古堡
북회귀선
120°E
121°E
122°E
25°N
24°N
23°N
22°N
A
B
C
D
1
2
3
4
5
3500m
3000
2500
2000
1500
1000
500
200
100
0
200
1000m
2000
3000
4000
5000m
1:1,500,000
0
20
40km

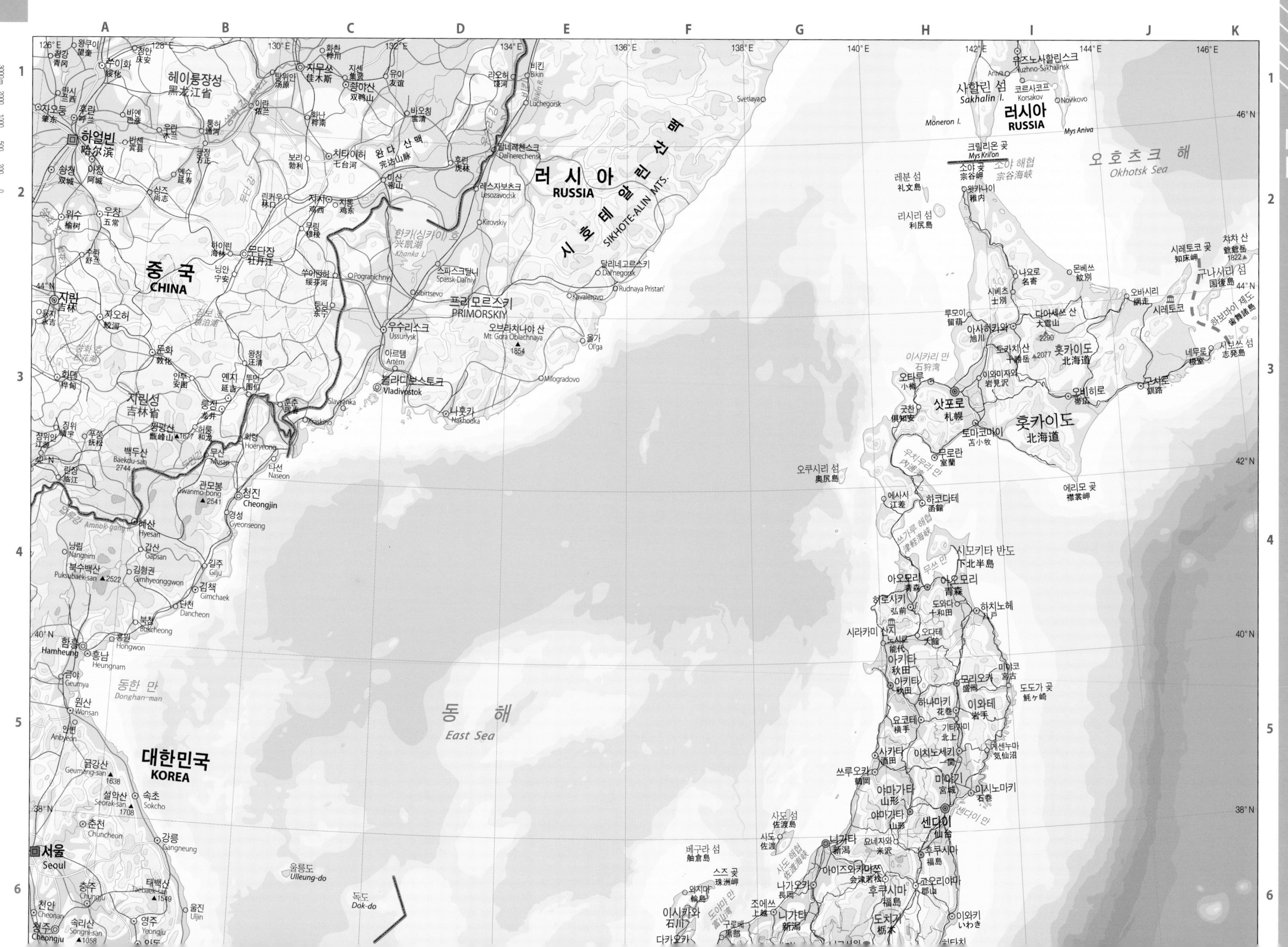
오호츠크 해
Okhotsk Sea
러시아
RUSSIA
사할린 섬
Sakhalin I.
유즈노사할린스크
Yuzhno-Sakhalinsk
코르사코프
Korsakov
Novikovo
Mys Aniva
Moneron I.
크릴리온 곶
Mys Kril'on
소야 해협
宗谷海峡
레분 섬
礼文島
리시리 섬
利尻島
왓카나이
稚内
몬베쓰
紋別
시레토코 곶
知床岬
구나시리 섬
國後島
하보마이 제도
歯舞諸島
시보쓰 섬
志発島
홋카이도
北海道
다이세쓰 산
大雪山
2290
도카치산
十勝岳
2077
아사히카와
旭川
삿포로
札幌
오타루
小樽
이시카리 만
石狩湾
도마코마이
苫小牧
무로란
室蘭
우치우라 만
内浦湾
오비히로
帯広
구시로
釧路
네무로
根室
에리모 곶
襟裳岬
하코다테
函館
에사시
江差
오쿠시리 섬
奥尻島
쓰가루 해협
津軽海峡
시모키타 반도
下北半島
무쓰 만
아오모리
青森
히로사키
弘前
하치노헤
八戸
시라카미 산지
노시로
能代
아키타
秋田
모리오카
盛岡
미야코
宮古
도도가 곶
魹ヶ崎
이와테
岩手
하나마키
花巻
요코테
横手
사카타
酒田
쓰루오카
鶴岡
야마가타
山形
미야기
宮城
이시노마키
石巻
센다이
仙台
센다이 만
사도 섬
佐渡島
니가타
新潟
후쿠시마
福島
고오리야마
郡山
이와키
いわき
러시아
RUSSIA
시호테알린 산맥
SIKHOTE-ALIN MTS.
프리모르스키
PRIMORSKIY
오브라치나야 산
Mt. Gora Oblachnaya
1854
블라디보스토크
Vladivostok
나홋카
Nakhodka
우수리스크
Ussuriysk
아르템
Artem
달네레첸스크
Dal'nerechensk
레소자보드스크
Lesozavodsk
스파스크달니
Spassk-Dal'niy
한카(싱카이) 호
兴凯湖
Khanka L.
달네고르스크
Dal'negorsk
Rudnaya Pristan'
Kavalerovo
올가
Ol'ga
Milogradovo
Svetlaya
Luchegorsk
비킨
Bikin
중국
CHINA
헤이룽장 성
黑龙江省
하얼빈
哈尔滨
자무쓰
佳木斯
무단장
牡丹江
완다 산맥
完达山脉
지린 성
吉林省
지린
吉林
옌지
延吉
훈춘
珲春
백두산
Baekdu-san
2744
관모봉
Gwanmo-bong
2541
두만강
압록강
Amnok-gang R.
청진
Cheongjin
나선
Naseon
회령
Hoeryeong
무산
Musan
혜산
Hyesan
길주
Gilju
김책
Gimchaek
단천
Dancheon
북청
Bukcheong
함흥
Hamheung
흥남
Heungnam
원산
Wonsan
동한 만
Donghan-man
동 해
East Sea
대한민국
KOREA
서울
Seoul
금강산
Geumgang-san
1638
설악산
Seorak-san
1708
속초
Sokcho
춘천
Chuncheon
강릉
Gangneung
태백산
Taebaek-san
1549
울진
Uljin
울릉도
Ulleung-do
독도
Dok-do
3000m 2000 1000 500 200 0
200 1000 2000 3000 4000 5000 6000 7000 8000 9000m

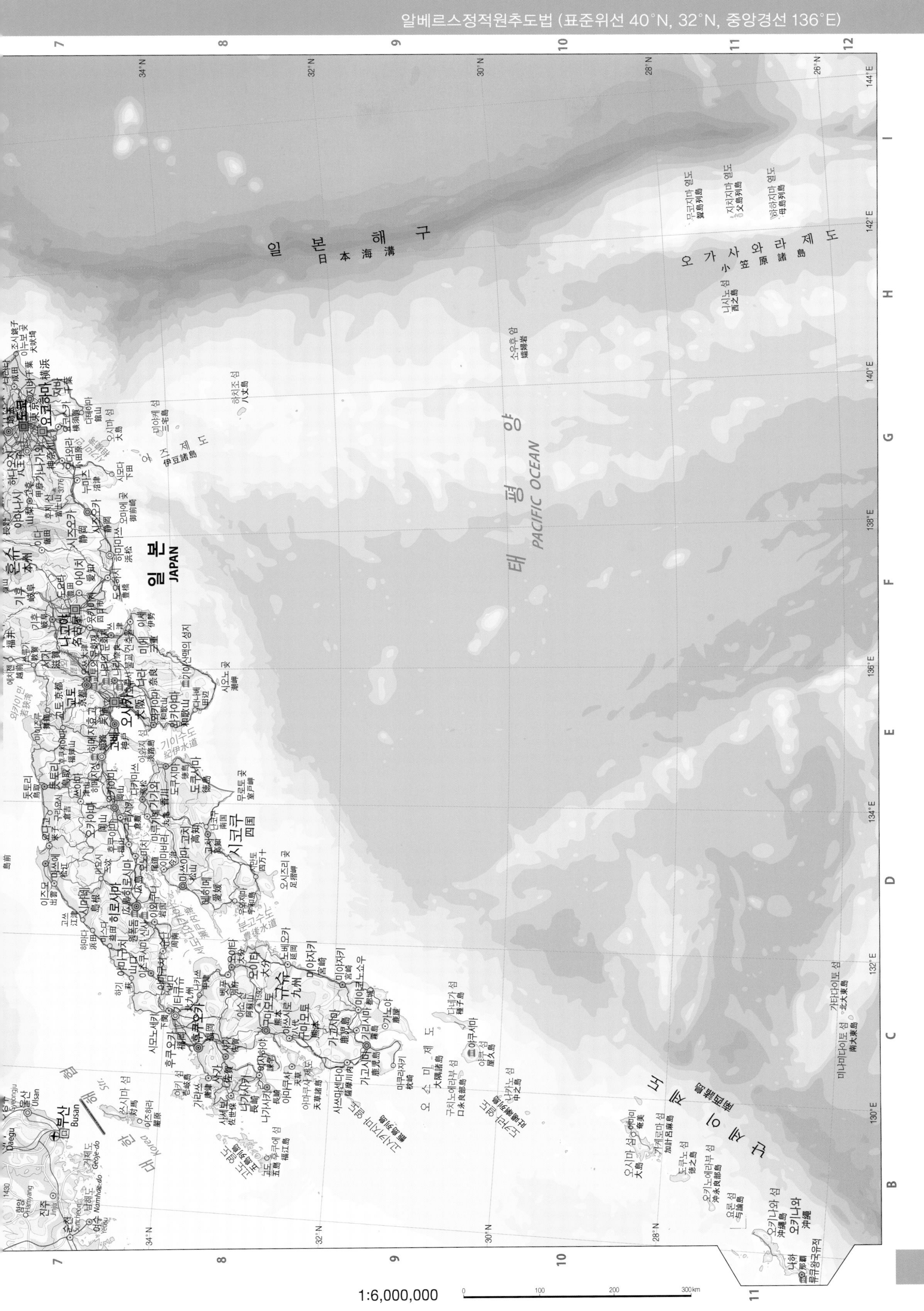
일본 해구
日本海溝
태평양
PACIFIC OCEAN
일본
JAPAN
오가사와라 제도
小笠原諸島
혼슈
本州
시코쿠
四国
규슈
九州
도쿄
오사카
大阪
부산
Busan
대한 해협
Korea
0
100
200
300 km

1:6,000,000

부탄
BHUTAN
인도
INDIA
미얀마
MYANMAR
만달레이
Mandalay
치타공
Chittagong
네피도
Naypyidaw
양곤
Yangon
중국
CHINA
쿤밍
昆明
구이양
贵阳
광저우
홍콩
香港
마카오
澳門
난닝
南宁
하노이
Hanoi
하이퐁
Hai Phòng
통킹 만
Gulf of Tongking
하이난 섬
海南岛
하이커우
海口
라오스
LAOS
비엔티안
Vientiane
타이
THAILAND
방콕
Bangkok
코랏 대지
Khorat Plat.
인도차이나 반도
Indochina Pen.
캄보디아
CAMBODIA
프놈펜
Pnompenh
베트남
VIETNAM
호찌민
Ho Chi Minh
타이 만
Gulf of Thailand
마르타반 만
Gulf of Martaban
안다만 해
Andaman Sea
북안다만 섬
North Andaman I.
중안다만 섬
Middle Andaman I.
남안다만 섬
South Andaman I.
안다만 제도
Andaman Is.
포트블레어
Port Blair
소안다만 섬
Little Andaman I.
메르귀 군도
Mergui Is.
텐디그리 해협
Ten Degree Str.
니코바르 제도
Nicobar Is.
카니코바르 섬
Car Nicobar I.
대니코바르 섬
Great Nicobar I.
푸껫 섬
Phuket I.
남중국해
South China Sea
시샤 군도
西沙群島
난사 군도
南沙群島
스카버러 섬
Scarborough Reef
팔라완 섬
Palawan I.
보르네오 해
Borneo Sea
말레이시아
MALAYSIA
코타키나발루
Kota Kinabalu
브루나이
BRUNEI
반다르스리브가완
Bandar Seri Begawan
말레이 반도
Malay Pen.
쿠알라룸푸르
Kuala Lumpur
조지타운
George Town
메단
Medan
싱가포르 SINGAPORE
조호르바루
Johor Baru
보르네오 섬(칼리만탄)
Borneo I.
나투나 제도
Natuna Is.
아남바스 제도
Anambas Is.
폰티아낙
Pontianak
사마린다
Samarinda
수마트라 섬
Sumatra I.
멘타와이 제도
Mentawai Is.
팔렘방
Palembang
방카 섬
Bangka I.
빌리톤 섬
Billiton I.
자와 해
Java Sea
인도네시아
INDONESIA
자카르타 Jakarta
반둥
Bandung
스마랑
Semarang
자와 섬
Jawa I.
수라바야
Surabaya
발리 섬
Bali I.
롬복 섬
Lombok I.
마카사르
Makasar
순다 해협
Sunda Str.
대순다 열도
Great Sunda Is.
인도양
INDIAN OCEAN
크리스마스 섬(오)
Christmas I.
엥가노 섬
Enggano I.
20° N
10° N
0°
10° S
100° E
110° E
120° E
5000m 4000 3000 2000 1000 500 200 0
200 1000 2000 3000 4000 5000 6000 7000 8000 9000 10000m

일 본
JAPAN
필리핀
PHILIPPINES
태 평 양
PACIFIC OCEAN
필리핀 해
Philippines Sea
마리아나 제도
Mariana Is.
마리아나 해구
Mariana Trench
캐롤라인 제도
Caroline Is.
미크로네시아
MICRO NESIA
팔라우
PALAU
멜레케옥
Melekeok
바벨투아프 섬
Babelthuap I.
야프 섬
Yap I.
괌 섬(미)
Guam I.
사이판 Saipan I.
티니안 섬
Tinian I.
로타 섬
Rota I.
뉴기니 섬
New Guinea I.
파푸아뉴기니
PAPUA NEW GUINEA
포트모르즈비
Port Moresby
동티모르
TIMOR-LESTE
민다나오 섬
Mindanao I.
다바오
Davao
반다 해
Banda Sea
아라푸라 해
Arafura Sea
말루쿠 제도
Maluku Is.
비스마르크 해
Bismarck Sea
마오케 산맥
Maoke Mts.

1:16,000,000

인도
INDIA
중국
CHINA
미얀마
MYANMAR
방글라데시
BANGLADESH
라오스
LAOS
타이
THAILAND
캄보디아
CAMBODIA
베트남
VIETNAM
말레이시아
MALAYSIA
인도네시아
INDONESIA
만달레이
Mandalay
네피도
Naypyidaw
양곤
Yangon
하노이
Hanoi
하이퐁
Haiphong
비엔티안
Vientiane
방콕
Bangkok
프놈펜
Pnompenh
호찌민
Ho Chi Minh
쿠알라룸푸르
Kuala Lumpur
메단
Medan
다낭
Da Nang
치앙마이
Chiang Mai
벵골 만
Bay of Bengal
안다만 해
Andaman Sea
마르타반 만
Gulf of Martaban
타이 만
Gulf of Thailand
통킹 만
Gulf of Tongking
보르네오 해
Borneo Sea
인도차이나 반도
Indochina Pen.
말레이 반도
Malay Pen.
말라카 해협
Melaka Str.
안남 산맥
Annam Mts.
코랏 산맥
Khorat Mts.
아라칸 산맥
Arakan Mts.
안다만 제도
Andaman Is.
니코바르 제도
Nicobar Is.
메르귀 제도
Mergui Is.
수마트라 섬
Sumatra I.
하이난 섬
海南岛
메콩 강
Mekong R.
텐디그리 해협
Ten Degree Str.
95°E
100°E
105°E
25°N
20°N
15°N
10°N
5°N
1:10,000,000

타이완 臺灣
바시 해협 Bashi Str.
이트바야트 섬 Itbayat I.
바탄 제도 Batan Is.
바탄 섬 Batan I.
루손 해협 Luzon Str.
바부얀 제도 Babuyan Is.
태평양 PACIFIC OCEAN
남중국해 South China Sea
필리핀 해 Philippines Sea
루손 섬 Luzon I.
필리핀 PHILIPPINES
스카버러 섬 Scarborough Reef
마닐라 Manila
케손시티 Quezon City
민도로 섬 Mindoro I.
칼라미안 제도 Calamian Group
사마르 섬 Samar I.
파나이 섬 Panay I.
레이테 섬 Leyte I.
네그로스 섬 Negros I.
세부 섬 Cebu I.
보홀 섬 Bohol I.
팔라완 섬 Palawan I.
술루 해 Sulu Sea
민다나오 섬 Mindanao I.
다바오 Davao
삼보앙가 Zamboanga
술루 제도 Sulu Is.
술라웨시 해 Sulawesi Sea
말레이시아 MALAYSIA
보르네오 섬 Borneo I.
필리핀 해구 Philippines Trench
1:7,000,000

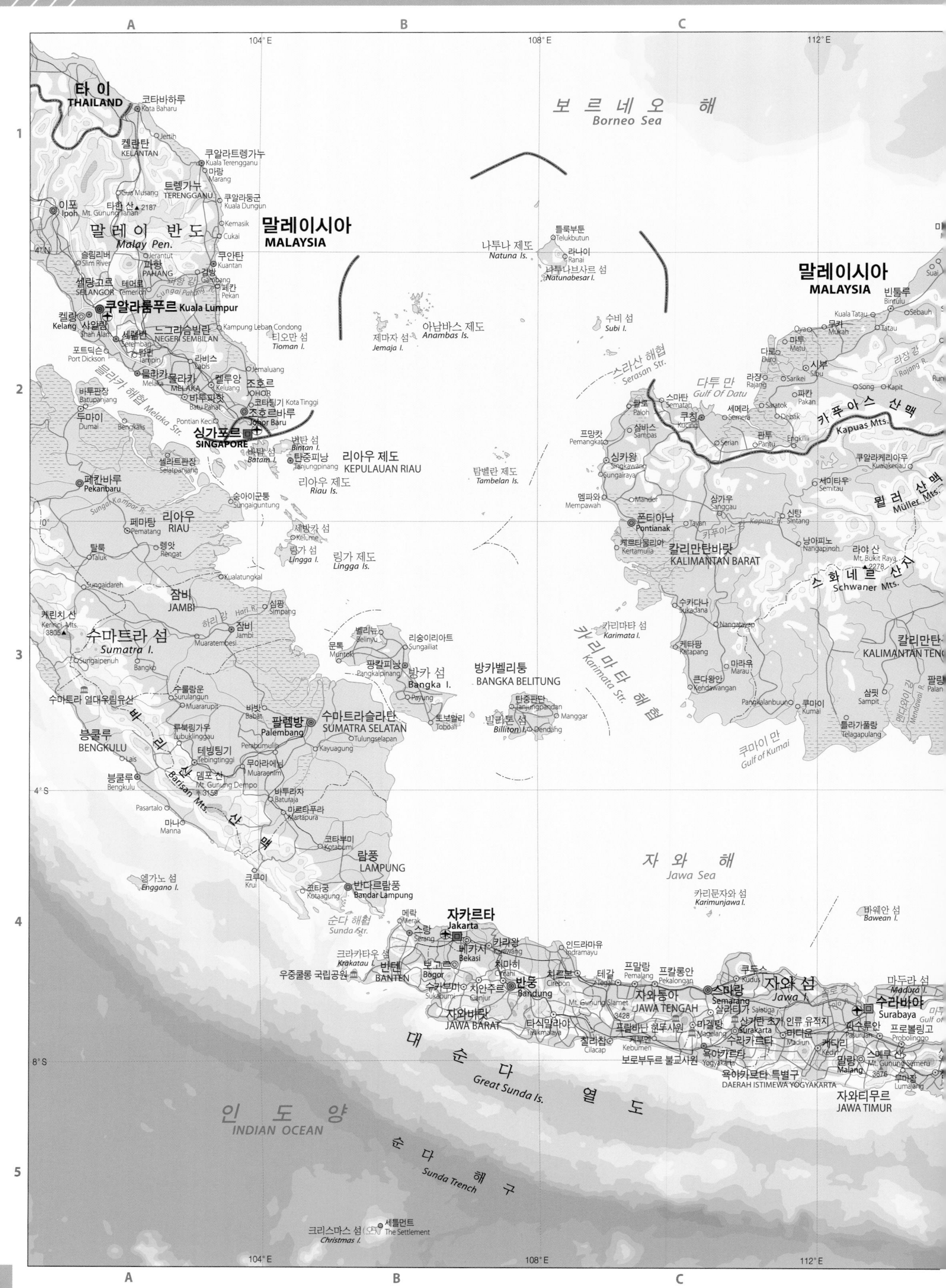

4000m 3000 2000 1000 500 200 0
200 1000 2000 3000 4000 5000 6000 7000 8000 9000 10000m

1:7,500,000

0 100 200 300km

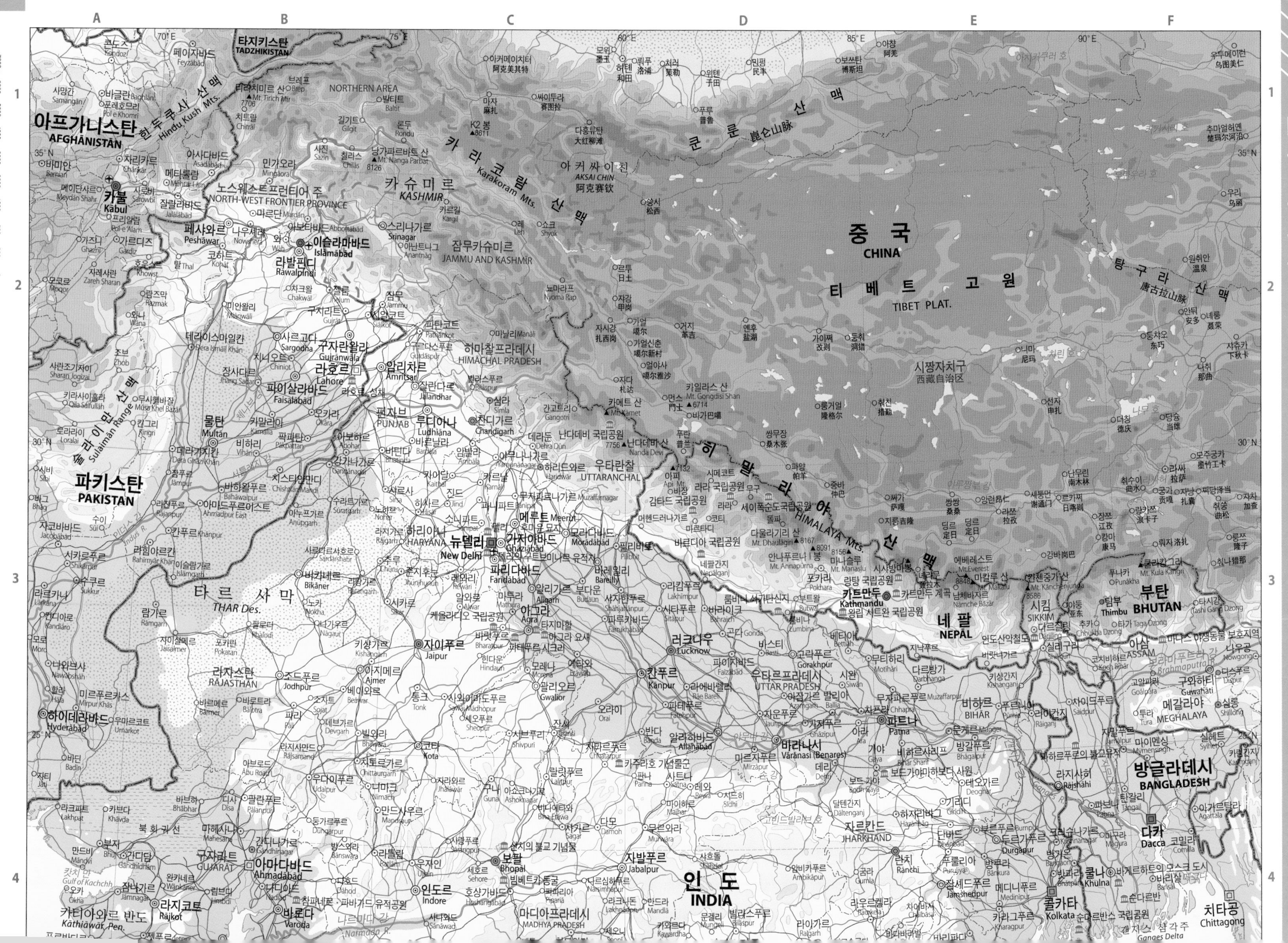
중국
CHINA
티베트 고원
TIBET PLAT.
시짱자치구
西藏自治区
쿤룬 산맥
崑仑山脉
탕구라 산맥
唐古拉山脉
카라코람 산맥
Karakoram Mts.
힌두쿠시 산맥
Hindu Kush Mts.
히말라야 산맥
HIMALAYA Mts.
아커싸이친
AKSAI CHIN
카슈미르
KASHMIR
아프가니스탄
AFGHANISTAN
카불
Kābul
타지키스탄
TADZHIKISTAN
파키스탄
PAKISTAN
이슬라마바드
Islāmābād
라발핀디
Rawalpindi
라호르
Lahore
페샤와르
Peshāwar
물탄
Multān
술라이만 산맥
Sulaiman Range
타르 사막
THAR Des.
인도
INDIA
뉴델리
New Delhi
잠무카슈미르
JAMMU AND KASHMIR
히마찰프라데시
HIMACHAL PRADESH
우타란찰
UTTARANCHAL
우타르프라데시
UTTAR PRADESH
라자스탄
RAJASTHAN
구자라트
GUJARAT
마디아프라데시
MADHYA PRADESH
자르칸드
JHARKHAND
비하르
BIHAR
아삼
ASSAM
메갈라야
MEGHALAYA
시킴
SIKKIM
네팔
NEPAL
카트만두
Kathmandu
부탄
BHUTAN
팀부
Thimbu
방글라데시
BANGLADESH
다카
Dacca
치타공
Chittagong
콜카타
Kolkata
자이푸르
Jaipur
아그라
Agra
러크나우
Lucknow
칸푸르
Kanpur
파트나
Patna
바라나시
Vārānasi (Benares)
보팔
Bhopal
인도르
Indore
아마다바드
Ahmadābād
하이데라바드
Hyderābād
카티아와르 반도
Kāthiāwār Pen.
에베레스트
Mt. Everest
K2 봉
7000m 6000 5000 4000 3000 2000 1000 500 200 0
200 1000 2000 3000 4000 5000m

1:9,000,000

0 200 400km

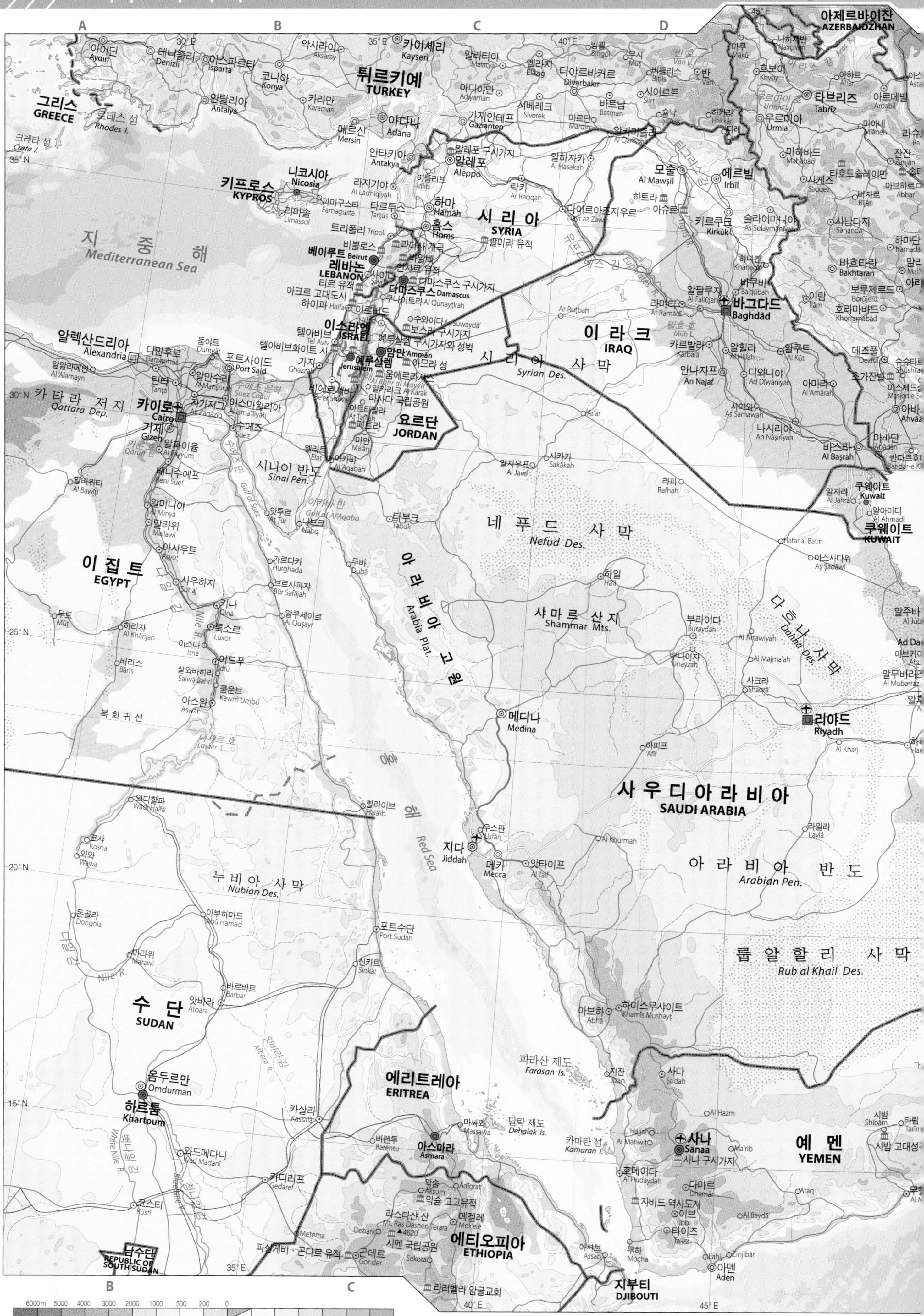

그리스 GREECE
튀르키예 TURKEY
아제르바이잔 AZERBAIDZHAN
키프로스 KYPROS
니코시아 Nicosia
시리아 SYRIA
레바논 LEBANON
베이루트 Beirut
다마스쿠스 Damascus
이스라엘 ISRAEL
예루살렘 Jerusalem
암만 'Amman
요르단 JORDAN
이라크 IRAQ
바그다드 Baghdād
쿠웨이트 KUWAIT
쿠웨이트 Kuwait
이집트 EGYPT
카이로 Cairo
기제 Gizeh
알렉산드리아 Alexandria
포트사이드 Port Said
수에즈 Suez
시나이 반도 Sinai Pen.
카타라 저지 Qattara Dep.
지중해 Mediterranean Sea
시리아 사막 Syrian Des.
네푸드 사막 Nefud Des.
샤마르 산지 Shammar Mts.
아라비아 고원 Arabia Plat.
다흐나 사막 Dahna Des.
사우디아라비아 SAUDI ARABIA
리야드 Riyadh
메디나 Medina
지다 Jiddah
메카 Mecca
아라비아 반도 Arabian Pen.
룹알할리 사막 Rub al Khail Des.
홍해 Red Sea
누비아 사막 Nubian Des.
나세르 호 Lasser L.
북회귀선
수단 SUDAN
옴두르만 Omdurman
하르툼 Khartoum
포트수단 Port Sudan
에리트레아 ERITREA
아스마라 Asmara
에티오피아 ETHIOPIA
예멘 YEMEN
사나 Sanaa
아덴 Aden
지부티 DJIBOUTI
남수단 REPUBLIC OF SOUTH SUDAN
알레포 Aleppo
모술 Al Mawşil
에르빌 Irbil
타브리즈 Tabrīz
안탈리아 Antalya
아다나 Adana
카이세리 Kayseri
바스라 Al Başrah
룩소르 Luxor
아스완 Aswān

6000m 5000 4000 3000 2000 1000 500 200 0
200 1000 2000 3000 4000 5000m

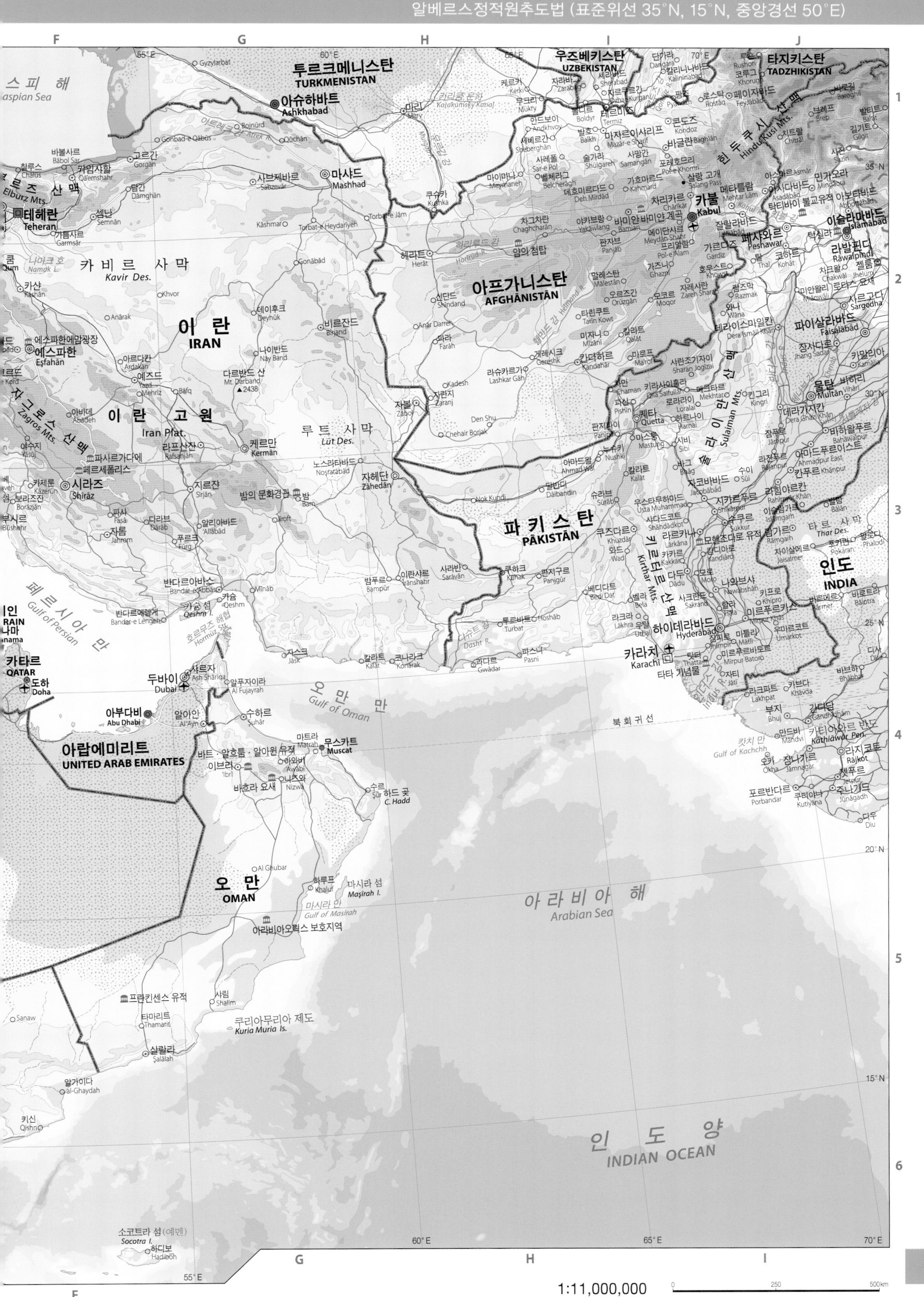
F
G
H
I
J
1
2
3
4
5
6
투르크메니스탄
TURKMENISTAN
우즈베키스탄
UZBEKISTAN
타지키스탄
TADZHIKISTAN
아슈하바트
Ashkhabad
카스피 해
Caspian Sea
엘부르즈 산맥
Elburz Mts.
테헤란
Teheran
마샤드
Mashhad
카비르 사막
Kavir Des.
이 란
IRAN
이란 고원
Iran Plat.
자그로스 산맥
Zagros Mts.
에스파한
Eşfahān
시라즈
Shīrāz
케르만
Kermān
루트 사막
Lūt Des.
자헤단
Zāhedān
헤라트
Herāt
아프가니스탄
AFGHĀNISTĀN
카불
Kabul
힌두쿠시 산맥
Hindu Kush Mts.
이슬라마바드
Islāmābād
페샤와르
Peshawar
라발핀디
Rāwalpindi
파키스탄
PĀKISTĀN
퀘타
Quetta
술라이만 산맥
Sulaiman Mts.
키르타르 산맥
Kirthar Mts.
하이데라바드
Hyderābād
카라치
Karāchi
물탄
Multān
파이살라바드
Faisalābād
타르 사막
Thar Des.
인도
INDIA
카티아와르 반도
Kathiāwār Pen.
캇치 만
Gulf of Kachchh
페르시아 만
Gulf of Persian
호르무즈 해협
Hormuz Str.
카타르
QATAR
도하
Doha
두바이
Dubai
아부다비
Abu Dhabi
아랍에미리트
UNITED ARAB EMIRATES
오만 만
Gulf of Oman
무스카트
Muscat
하드 곶
C. Hadd
오 만
OMAN
마시라 섬
Maşīrah I.
마시라 만
Gulf of Masirah
아라비아오릭스 보호지역
프란킨센스 유적
쿠리아무리아 제도
Kuria Muria Is.
살랄라
Şalālah
북회귀선
아라비아 해
Arabian Sea
인도양
INDIAN OCEAN
소코트라 섬(예멘)
Socotra I.
55°E
60°E
65°E
70°E
35°N
30°N
25°N
20°N
15°N
1:11,000,000
0
250
500km

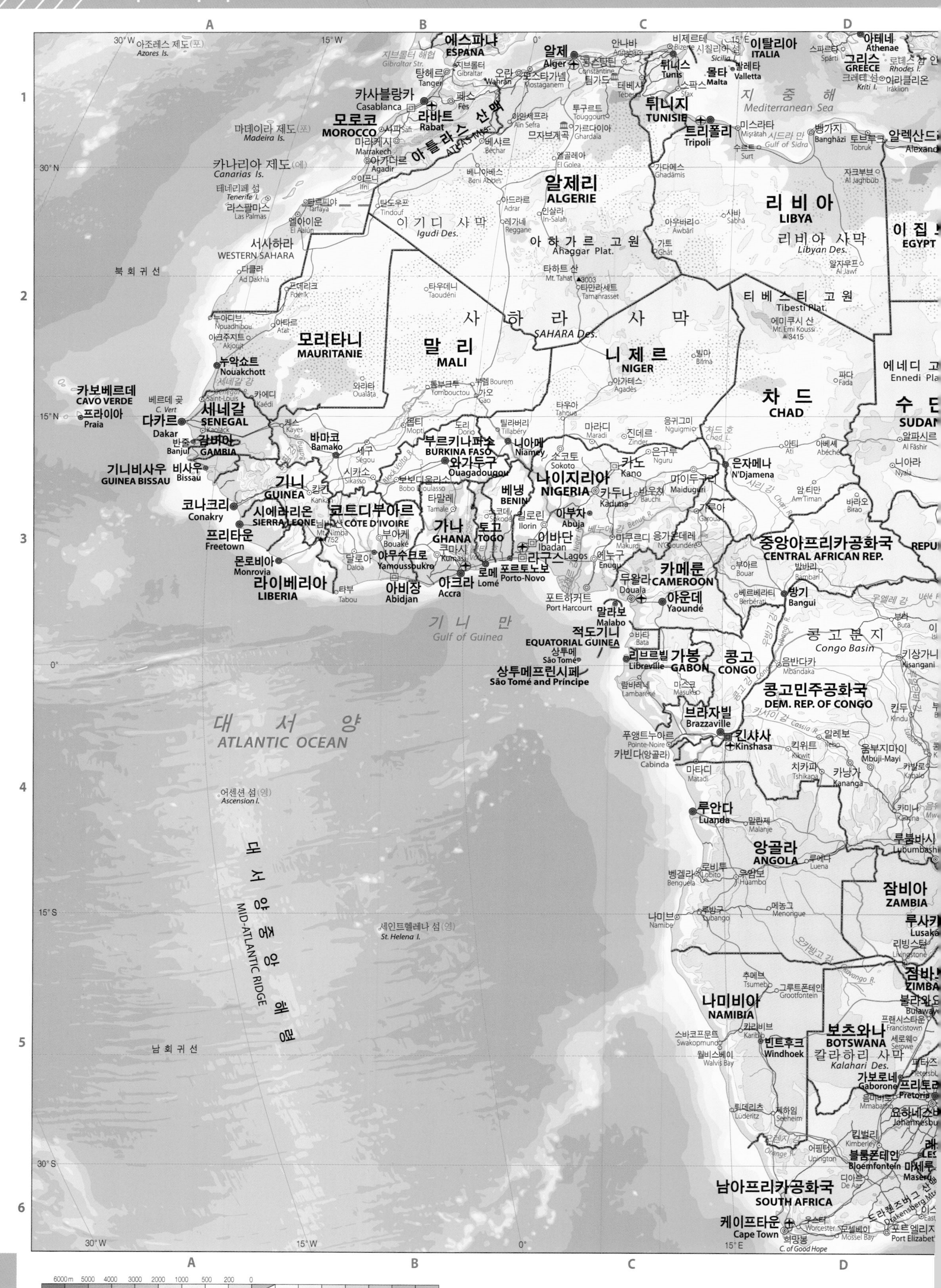

A
B
C
D
1
2
3
4
5
6
아조레스 제도(포)
Azores Is.
에스파냐
ESPAÑA
지브롤터 해협
Gibraltar Str.
지브롤터
Gibraltar
탕헤르
Tanger
오란
Wahran
알제
Alger
콩스탕틴
Constantine
안나바
Annaba
비제르테
Bizerte
시칠리아 섬
Sicilia I.
이탈리아
ITALIA
스파르타
Sparti
아테네
Athenae
그리스
GREECE
로데스 섬
Rhodes I.
크레타 섬
Kriti I.
이라클리온
Iráklion
튀니스
Tunis
몰타
Malta
발레타
Valletta
스팍스
Sfax
지중해
Mediterranean Sea
카사블랑카
Casablanca
라바트
Rabat
페스
Fès
아틀라스 산맥
ATLAS Mts.
모로코
MOROCCO
마라케시
Marrakech
아가디르
Agadir
마데이라 제도(포)
Madeira Is.
카나리아 제도(에)
Canarias Is.
테네리페 섬
Tenerife I.
라스팔마스
Las Palmas
튀니지
TUNISIE
트리폴리
Tripoli
미스라타
Misrātah
시드라 만
Gulf of Sidra
벵가지
Banghāzi
토브루크
Tobruk
알렉산드리아
Alexandria
베샤르
Béchar
가르다이아
Ghardaïa
투구르트
Touggourt
엘골레아
El Golea
알제리
ALGERIE
리비아
LIBYA
이집트
EGYPT
리비아 사막
Libyan Des.
이기디 사막
Igudi Des.
아하가르 고원
Ahaggar Plat.
타하트 산
Mt. Tahat
3003
타만라세트
Tamanrasset
엘아이운
El Aaiún
서사하라
WESTERN SAHARA
북회귀선
다클라
Ad Dakhla
30° N
30° W
15° W
0°
15° E
15° N
0°
15° S
30° S
티베스티 고원
Tibesti Plat.
에미쿠시 산
Mt. Emi Koussi
3415
사하라 사막
SAHARA Des.
모리타니
MAURITANIE
누악쇼트
Nouakchott
말리
MALI
니제르
NIGER
차드
CHAD
수단
SUDAN
에네디 고원
Ennedi Plat.
통부크투
Tombouctou
가오
Gao
아가데스
Agadès
카보베르데
CAVO VERDE
베르데 곶
C. Vert
프라이아
Praia
세네갈
SENEGAL
다카르
Dakar
반줄
Banjul
감비아
GAMBIA
기니비사우
GUINEA BISSAU
비사우
Bissau
기니
GUINEA
코나크리
Conakry
시에라리온
SIERRA LEONE
프리타운
Freetown
몬로비아
Monrovia
라이베리아
LIBERIA
바마코
Bamako
부르키나파소
BURKINA FASO
와가두구
Ouagadougou
니아메
Niamey
코트디부아르
CÔTE D'IVOIRE
야무수크로
Yamoussoukro
아비장
Abidjan
가나
GHANA
아크라
Accra
토고
TOGO
로메
Lomé
베냉
BENIN
포르토노보
Porto-Novo
나이지리아
NIGERIA
아부자
Abuja
라고스
Lagos
이바단
Ibadan
카노
Kano
카두나
Kaduna
은자메나
N'Djamena
차드 호
Chad L.
기니 만
Gulf of Guinea
카메룬
CAMEROON
야운데
Yaoundé
두알라
Douala
포트하커트
Port Harcourt
말라보
Malabo
적도기니
EQUATORIAL GUINEA
상투메
São Tomé
상투메프린시페
São Tomé and Príncipe
중앙아프리카공화국
CENTRAL AFRICAN REP.
방기
Bangui
리브르빌
Libreville
가봉
GABON
콩고
CONGO
콩고 분지
Congo Basin
콩고민주공화국
DEM. REP. OF CONGO
브라자빌
Brazzaville
킨샤사
Kinshasa
푸앵트누아르
Pointe-Noire
카빈다(앙골라)
Cabinda
대서양
ATLANTIC OCEAN
어센션 섬(영)
Ascension I.
대서양 중앙 해령
MID-ATLANTIC RIDGE
세인트헬레나 섬(영)
St. Helena I.
남회귀선
루안다
Luanda
앙골라
ANGOLA
벵겔라
Benguela
나미브
Namibe
잠비아
ZAMBIA
루사카
Lusaka
나미비아
NAMIBIA
빈트후크
Windhoek
왈비스베이
Walvis Bay
보츠와나
BOTSWANA
칼라하리 사막
Kalahari Des.
가보로네
Gaborone
프리토리아
Pretoria
요하네스버그
Johannesburg
블룸폰테인
Bloemfontein
남아프리카공화국
SOUTH AFRICA
케이프타운
Cape Town
희망봉
C. of Good Hope
포트엘리자베스
Port Elizabeth
드라켄즈버그 산맥
Drakensberg Mts.
6000m 5000 4000 3000 2000 1000 500 200 0
200 1000 2000 3000 4000 5000 6000m

1:30,000,000 0 600 1200km

5000m 4000 3000 2000 1000 500 200 0
200 1000 2000 3000 4000 5000m

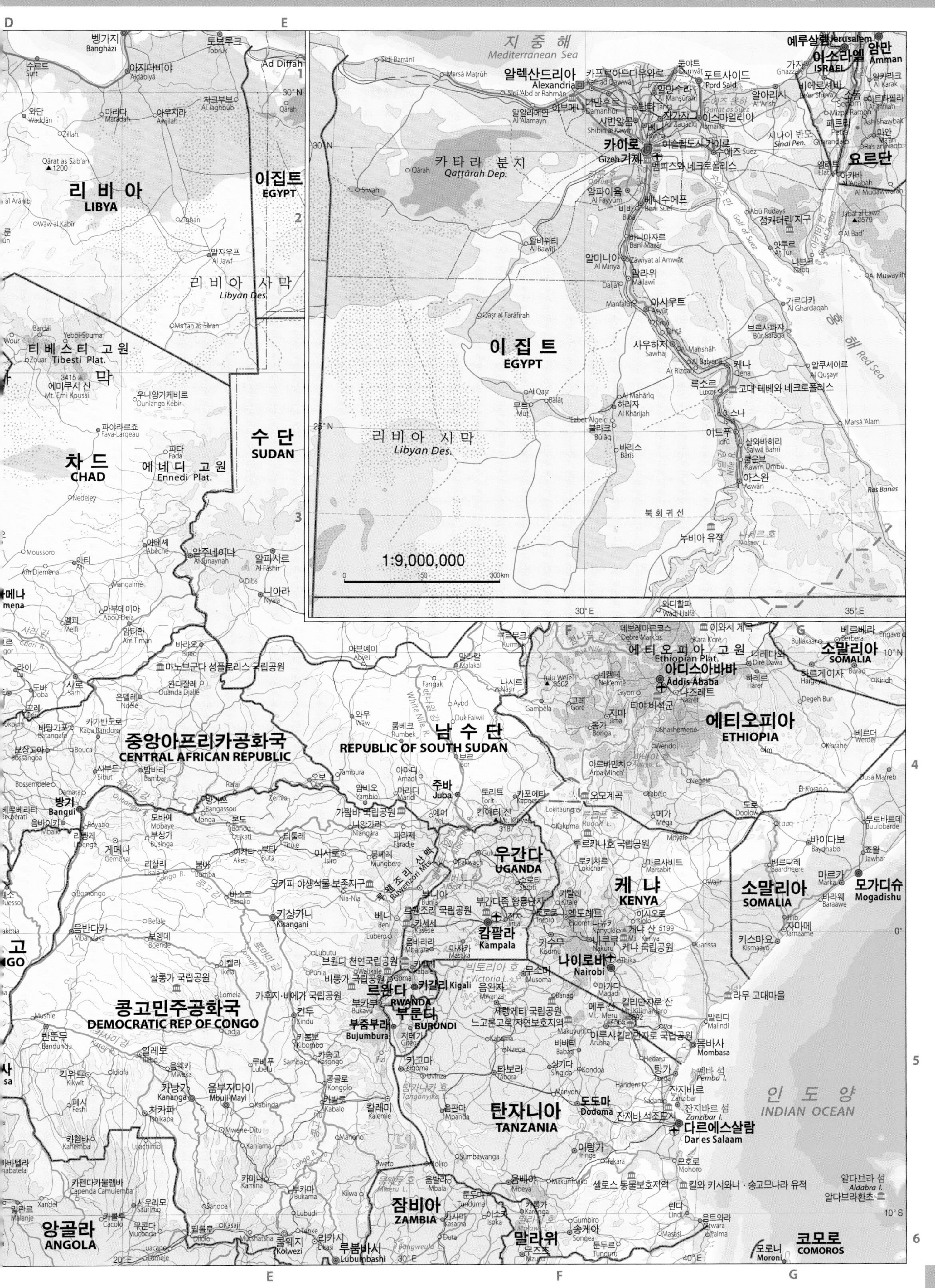
지 중 해
Mediterranean Sea
알렉산드리아
Alexandria
카이로
기제
Gizeh
카타라 분지
Qaţţārah Dep.
이집트
EGYPT
리비아 사막
Libyan Des.
1:9,000,000
룩소르
Luxor
고대 테베와 네크로폴리스
아스완
Aswân
누비아 유적
예루살렘
Jerusalem
암만
Amman
이스라엘
ISRAEL
요르단
포트사이드
Port Said
수에즈
Suez
시나이 반도
Sinai Pen.
홍해
Red Sea
멤피스와 네크로폴리스
리비아
LIBYA
벵가지
Banghāzī
토브루크
Tobruk
티베스티 고원
Tibesti Plat.
에미쿠시 산
Mt. Emi Koussi
차드
CHAD
에네디 고원
Ennedi Plat.
수단
SUDAN
중앙아프리카공화국
CENTRAL AFRICAN REPUBLIC
방기
Bangui
남수단
REPUBLIC OF SOUTH SUDAN
주바
Juba
에티오피아 고원
Ethiopian Plat.
아디스아바바
Addis Ababa
에티오피아
ETHIOPIA
소말리아
SOMALIA
모가디슈
Mogadishu
우간다
UGANDA
캄팔라
Kampala
케냐
KENYA
나이로비
Nairobi
케냐 산
몸바사
Mombasa
킬리만자로 산
르완다
RWANDA
키갈리
Kigali
부룬디
BURUNDI
부줌부라
Bujumbura
탄자니아
TANZANIA
도도마
Dodoma
다르에스살람
Dar es Salaam
잔지바르 섬
Zanzibar I.
인도양
INDIAN OCEAN
콩고민주공화국
DEMOCRATIC REP OF CONGO
키상가니
Kisangani
앙골라
ANGOLA
잠비아
ZAMBIA
말라위
코모로
COMOROS
모로니
Moroni
루붐바시
Lubumbashi
빅토리아 호
Victoria L.
탕가니카 호
Tanganyika L.
세렝게티 국립공원
응고롱고로 자연보호지역
킬와 키시와니 · 송고므나라 유적
셀로스 동물보호지역
알다브라 섬
Aldabra I.

1:18,000,000

A
2
B
C
D
E
60° N
40° W
30° W
20° W
70° N
10° W
0°
10°
3
4
5
6
덴마크 해협
Denmark Str.
아이슬란드 섬
Iceland I.
레이캬비크
Reykjavik
아쿠레이리
Akureyri
헤클라 화산
Mt. Hekla
1491
아이슬란드
ICELAND
북극권
노르웨이 해
Norwegian Sea
노르웨이
NORW
Torshavn
페로스 제도(덴)
Faeroes Is.
트론헤임
Trondheim
가르헤피겐 산
Mt. Galdhøpiggen
2469
셰틀랜드 제도(영)
Shetland Is.
송네 협만
Sogne Fjord
릴레함메르
Lillehammer
베르겐
Bergen
오슬로
Oslo
스타방게르
Stavanger
50° N
루이스 섬
Lewis I.
오크니 제도
Orkney Is.
서소
Thurso
헤브리디스 제도
Hebrides Is.
인버네스
Inverness
1343
벤네비스 산
Mt. Ben Nevis
애버딘
Aberdeen
스카게라크 해협
Skagerrak Str.
런던데리
Londonderry
에든버러
Edinburgh
글래스고
Glasgow
올보르그
Ålborg
덴마크
DENMARK
북해
North Sea
아일랜드 섬
Ireland I.
벨파스트
Belfast
뉴캐슬
Newcastle upon Tyne
영국
UNITED KINGDOM
코펜하겐
Copenhagen
대서양
ATLANTIC OCEAN
아일랜드
IRELAND
더블린
Dublin
리즈
Leeds
킹스턴어펀헐
Kingston upon Hull
오덴세
Odense
리버풀
Liverpool
맨체스터
Manchester
코크
Cork
세인트조지 해협
St. George's Channel
버밍엄
Birmingham
킬
Kiel
함부르크
Hamburg
네덜란드
NETHERLANDS
브레멘
Bremen
Elbe R.
스완지
Swansea
브리스톨
Bristol
런던
London
암스테르담
Amsterdam
하노버
Hannover
베를
플리머스
Plymouth
사우샘프턴
Southampton
도버 해협
Dover Str.
앤트워프
Antwerp
도르트문트
Dortmund
영국해협
English Channel
브뤼셀
Brussel
벨기에
BELGIE
쾰른
Köln
독일
GERMANY
채널 제도
Channel Is.
저지 섬
Jersey I.
루앙
Rouen
르아브르
Le Havre
프랑크푸르트
Frankfurt
브레스트
Brest
Seine R.
파리
Paris
룩셈부르크
LUXEMBURG
뉘른베르크
Nürnberg
슈투트가르트
Stuttgart
스트라스부르
Strasbourg
낭트
Nantes
루아르 강
Loire R.
투르
Tours
오를레앙
Orléans
뮌헨
München
40° N
디종
Dijon
취리히
Zürich
리히텐슈타인
LIECHTENSTEIN
비스케이 만
Biscay Bay
프랑스
FRANCE
베른
Bern
스위스
SWITZERLAND
리모주
Limoges
주네브
Geneva
몽블랑 산
Mt. Blanc
4810
보르도
Bordeaux
생테티엔
St-Étienne
리옹
Lyon
밀라노
Milano
베네치아
Venezia
라코루냐
La Coruña
오비에도
Oviedo
히혼
Gijón
비고
Vigo
토리노
Turin
산탄데르
Santander
빌바오
Bilbao
제노바
Genoa
볼로냐
Bologna
산마리
SAN MA
툴루즈
Toulouse
아비뇽
Avignon
부르고스
Burgos
아네토 산
3404
안도라
ANDORRA
모나코
MONACO
피렌체
Firenze
포르투
Oporto
바야돌리드
Valladolid
Ebro R.
마르세유
Marseille
툴롱
Toulon
리구리아 해
Ligurian Sea
코임브라
Coimbra
안도라베야
Andorra Vella
이탈리
ITALIA
포르투갈
PORTUGAL
마드리드
Madrid
사라고사
Saragossa
코르시카 섬
Corsica I.
Tagus R.
바르셀로나
Barcelona
아작시오
Ajaccio
리스본
Lisbon
톨레도
Toledo
스페인
SPAIN
로마
Roma
세투발
Setúbal
바다호스
Badajoz
발렌시아
Valencia
팔마
Palma
마요르카 섬
Majorca I.
세빌라
Seville
코르도바
Córdoba
무르시아
Murcia
알리칸테
Alicante
발레아레스 제도
Balearic Is.
사르데냐 섬
Sardegna I.
카디스
Cádiz
말라가
Málaga
그라나다
Granada
칼리아리
Cagliari
티레니아
Tyrrhenian
지브롤터 해협
Gibraltar Str.
지브롤터(영)
Gibraltar
세우타(에스)
Ceuta
카르타헤나
Cartagena
마데이라 제도(포)
Madeira Is.
탕헤르
Tangier
테투안
Tetouan
팔레르모
Palermo
비제르테
Bizerte
본 곶
C. Bon
알제
Alger
라바트
Rabat
오란
Oran
모스타가넴
Mostaganem
콘스탄틴
Constantine
안나바
Annaba
튀니스
Tunis
카사블랑카
Casablanca
30° N
페스
Fès
우지다
Oujda
메크네스
Meknès
카이라완
Al Qayrawān
테베사
Tébessa
카나리아 제도(에스)
Canary Is.
라팔마 섬
La Palma I.
세부 강
Sebou R.
아틀라스 산맥
Atlas Mts
알제리
ALGERIE
튀니지
TUNISIE
스팍스
Sfax
테네리페 섬
Tenerife I.
모로코
MOROCCO
란사로테 섬
Lanzarote I.
고메라 섬
La Gomera I.
그란카나리아 섬
Gran Canaria I.
투구르트
Touggourt
두즈
Dūz
10° W
0°
10° E
C
D
E
3000m
2000
1000
500
200
0
200
1000
2000
3000
4000
5000m

러 시 아
RUSSIA
핀 란 드
FINLAND
에스토니아
ESTONIA
라트비아
LATVIA
리투아니아
LITHUANIA
러시아
RUSSIA
폴 란 드
POLAND
벨라루스
BELORUS'
우크라이나
UKRAINA
슬로바키아
SLOVAKIA
몰도바
MOLDOVA
헝가리
HUNGARY
루마니아
RUMANIA
크로아티아
CROATIA
세르비아
SERBIA
보스니아 헤르체고비나
BOSNIA HERCEGOVINA
몬테네그로
MONTENEGRO
코소보
KOSOVO
마케도니아
MACEDONIA
알바니아
ALBANIA
불가리아
BULGARIA
그리스
GREECE
튀르키예
TURKEY
조지아
GEORGIA
아르메니아
ARMENIA
아제르바이잔
AZERBAIDZHAN
카자흐스탄
KAZAKHSTAN
이 란
IRAN
이 라 크
IRAQ
시리아
SYRIA
레바논
LEBANON
키프로스
KYPROS
이스라엘
ISRAEL
요르단
JORDAN
사우디아라비아
SAUDI ARABIA
쿠웨이트
KUWAIT
모스크바
Moskva
상트페테르부르크
St. Peterburg
헬싱키
Helsinki
탈린
Tallinn
리가
Riga
빌뉴스
Vilnyus
민스크
Minsk
바르샤바
Warszawa
키예프
Kiev
키시네프
Kishinev
부다페스트
Budapest
부쿠레슈티
Bucuresti
베오그라드
Beograd
소피아
Sofia
티라나
Tirana
아테네
Athenae
이스탄불
Istanbul
앙카라
Ankara
트빌리시
Tbilisi
예레반
Erevan
바쿠
Baku
바그다드
Baghdad
다마스쿠스
Damascus
베이루트
Beirut
니코시아
Nicosia
암만
Amman
예루살렘
Jerusalem
바렌츠 해
Barents Sea
백 해
White Sea
발트 해
Baltic Sea
흑 해
Black Sea
아조프 해
Azov Sea
카스피 해
Caspian Sea
에게 해
Aegean Sea
이오니아 해
Ionian Sea
지 중 해
Mediterranean Sea
우 랄 산 맥
Ural Mts.
캅 카 스 산 맥
Kavkaz Mts.
중 앙 러 시 아 고 지
Central Russia Highland
동 유 럽 평 원
East European Plain
카 스 피 해 연 안 저 지
Prikaspiyskaya Nizmennost
아 나 톨 리 아 고 원
Anatolia Plat.
우스티유르트 고원
Ustyurt Plat.
볼가 강 Volga R.
돈 강 Don R.
드네프르 강 Dnepr R.
다뉴브 강 Danube R.
1:16,000,000
0 200 400 600 800km

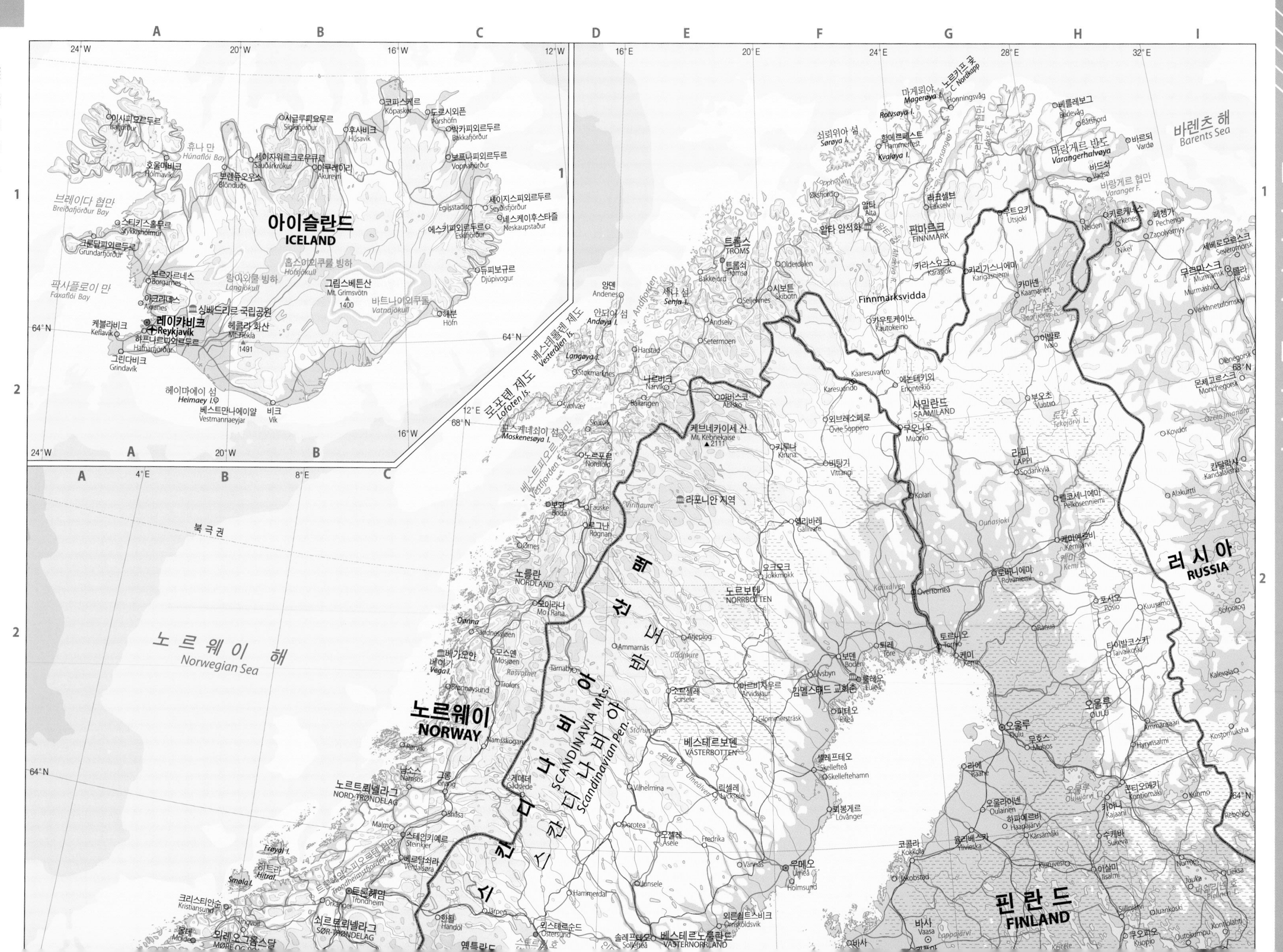
러시아
RUSSIA
핀란드
FINLAND
노르웨이
NORWAY
아이슬란드
ICELAND
노르웨이 해
Norwegian Sea
바렌츠 해
Barents Sea
스칸디나비아 산맥
SCANDINAVIA Mts.
스칸디나비아 반도
Scandinavian Pen.
레이캬비크
Reykjavík
북극권
로포텐 제도
Lofoten Is.
베스테롤렌 제도
Vesterålen Is.
케브네카이세 산
Mt. Kebnekaise
라포니안 지역
Finnmarksvidda
트롬쇠
Tromsø
나르비크
Narvik
키루나
Kiruna
로바니에미
Rovaniemi
오울루
Oulu
우메오
Umeå
트론헤임
Trondheim
2000m 1000 500 200 0
200 1000 2000m

1:5,000,000 0 100 200 km

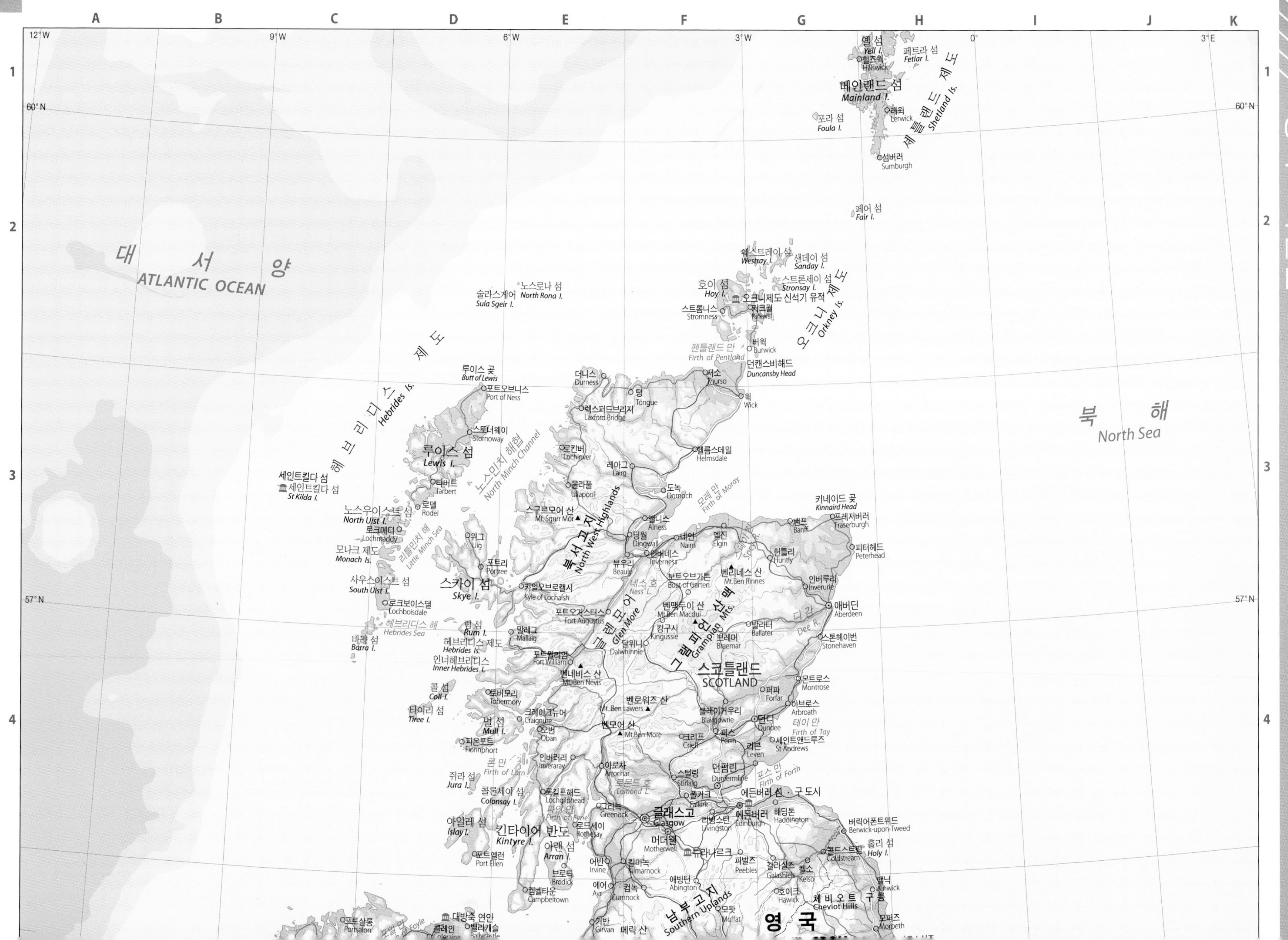

1000m 500 200 100 0
200 1000 2000m

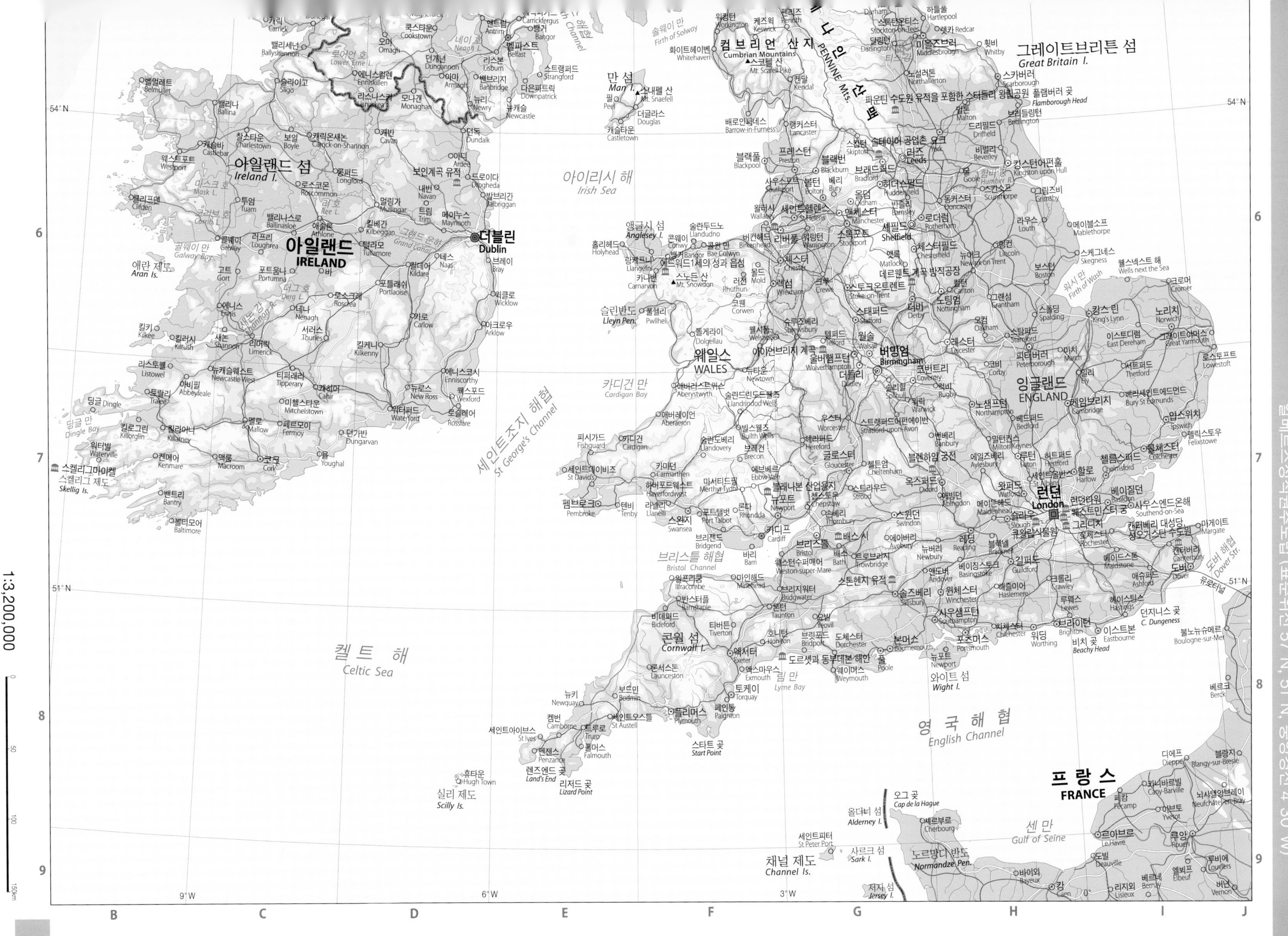
그레이트브리튼 섬
Great Britain I.
아일랜드 섬
Ireland I.
아일랜드
IRELAND
더블린
Dublin
아이리시 해
Irish Sea
만 섬
Man I.
컴브리언 산지
Cumbrian Mountains
PENNINE Mts.
앵글시 섬
Anglesey I.
웨일스
WALES
카디건 만
Cardigan Bay
세인트조지 해협
St George's Channel
버밍엄
Birmingham
잉글랜드
ENGLAND
런던
London
브리스틀 해협
Bristol Channel
카디프
Cardiff
콘월 섬
Cornwall I.
켈트 해
Celtic Sea
실리 제도
Scilly Is.
와이트 섬
Wight I.
영 국 해 협
English Channel
채널 제도
Channel Is.
프랑스
FRANCE
센 만
Gulf of Seine

영 국
UNITED KINGDOM
영 국 해 협
English Channel
콘월 반도
Cornwall Pen.
실리 제도
Scilly Is.
랜즈엔드 곶
Land's End
리저드 곶
Lizard Point
스타트 곶
Start Point
와이트 섬
Wight I.
비치 곶
Beachy Head
던지니스 곶
Dungeness
도버 해협
Dover Str.
채널 제도
Channel Is.
건지 섬
Guernsey I.
저지 섬
Jersey I.
사르크 섬
Sark I.
올더니 섬
Alderney I.
오그 곶
Cap de la Hague
코탕탱 반도
Cotentin Pen.
센 만
Gulf of Seine
생말로 만
Gulf of Saint-Malo
오트노르망디
HAUTE-NORMANDIE
노르파드칼레
NORD-PAS-DE-CALAIS
피카르디
PICARDIE
바스노르망디
BASSE-NORMANDIE
일드프랑스
ÎLE-DE-FRANCE
파리
Paris
브르타뉴 반도
Bretagne pen.
브르타뉴
BRETAGNE
라 곶
Pointe du Raz
벨 섬
Belle-Île I.
페이드라루아르
PAYS DE LA LOIRE
상트르
CENTRE
프 랑 스
FRANCE
레 섬
Île de Ré I.
올레롱 섬
Île d'Oléron I.
비 스 케 이 만
Biscay Bay
푸아투샤랑트
POITOU-CHARENTES
리무쟁
LIMOUSIN
오베르뉴
AUVERGNE
중 앙 고 지
Massif central
아키텐
AQUITAINE
미디피레네
MIDI-PYRÉNÉES
랑그도크
LANGUEDOC
피 레 네 산 맥
Pyrenees Mts.
안도라
ANDORRA
칸타브리아
CANTABRIA
바스크
BASQUE
에스파냐
ESPANA
나바라
NAVARRA
라리오하
LA RIOJA
6° W
4° W
2° W
0
2° E
50° N
48° N
46° N
44° N
A B C D E F
1 2 3 4 5
3000m 2500 2000 1500 1000 500 200 0
200 1000 2000 3000 4000m

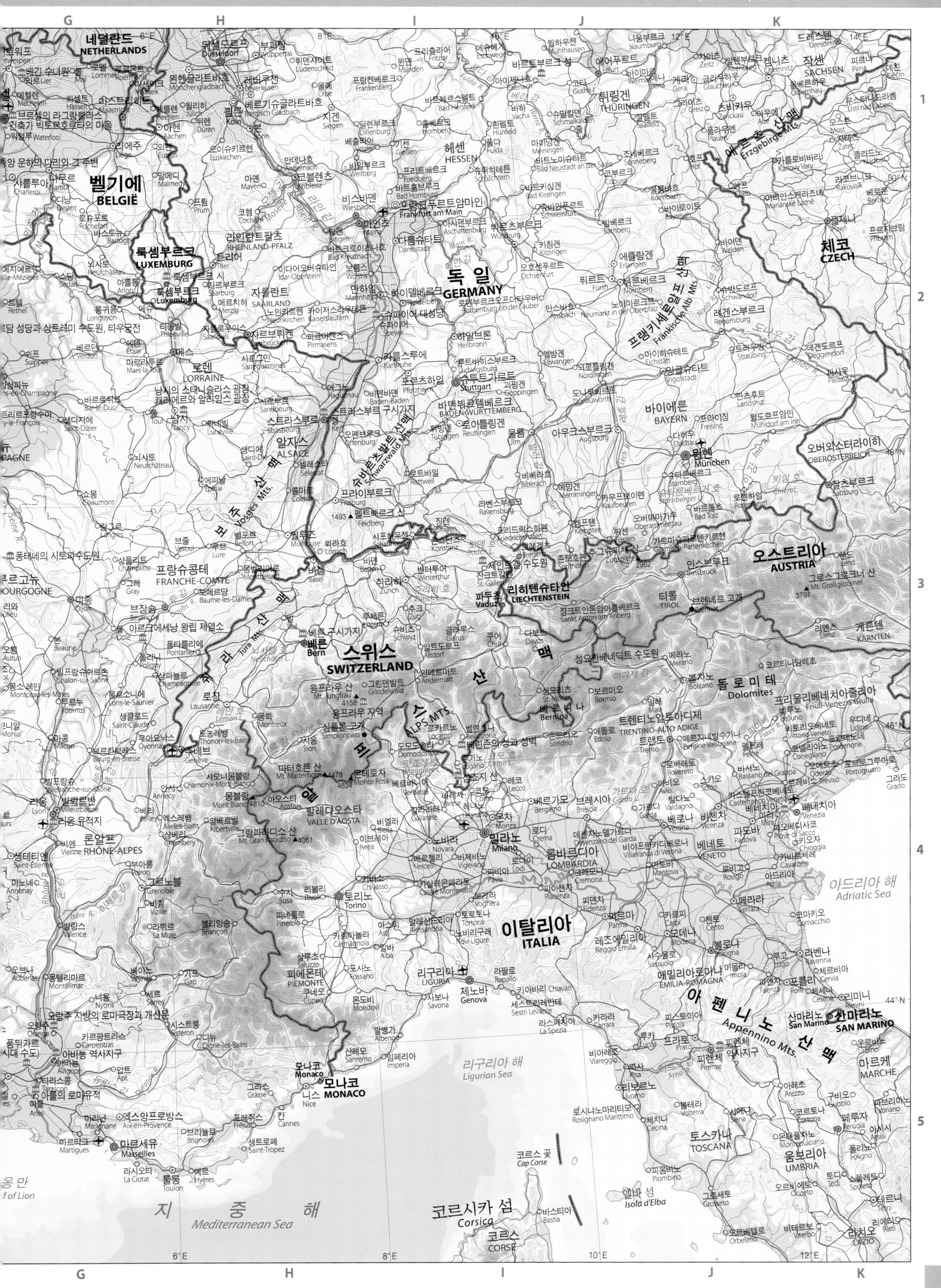

1:3,700,000

0 50 100 150km

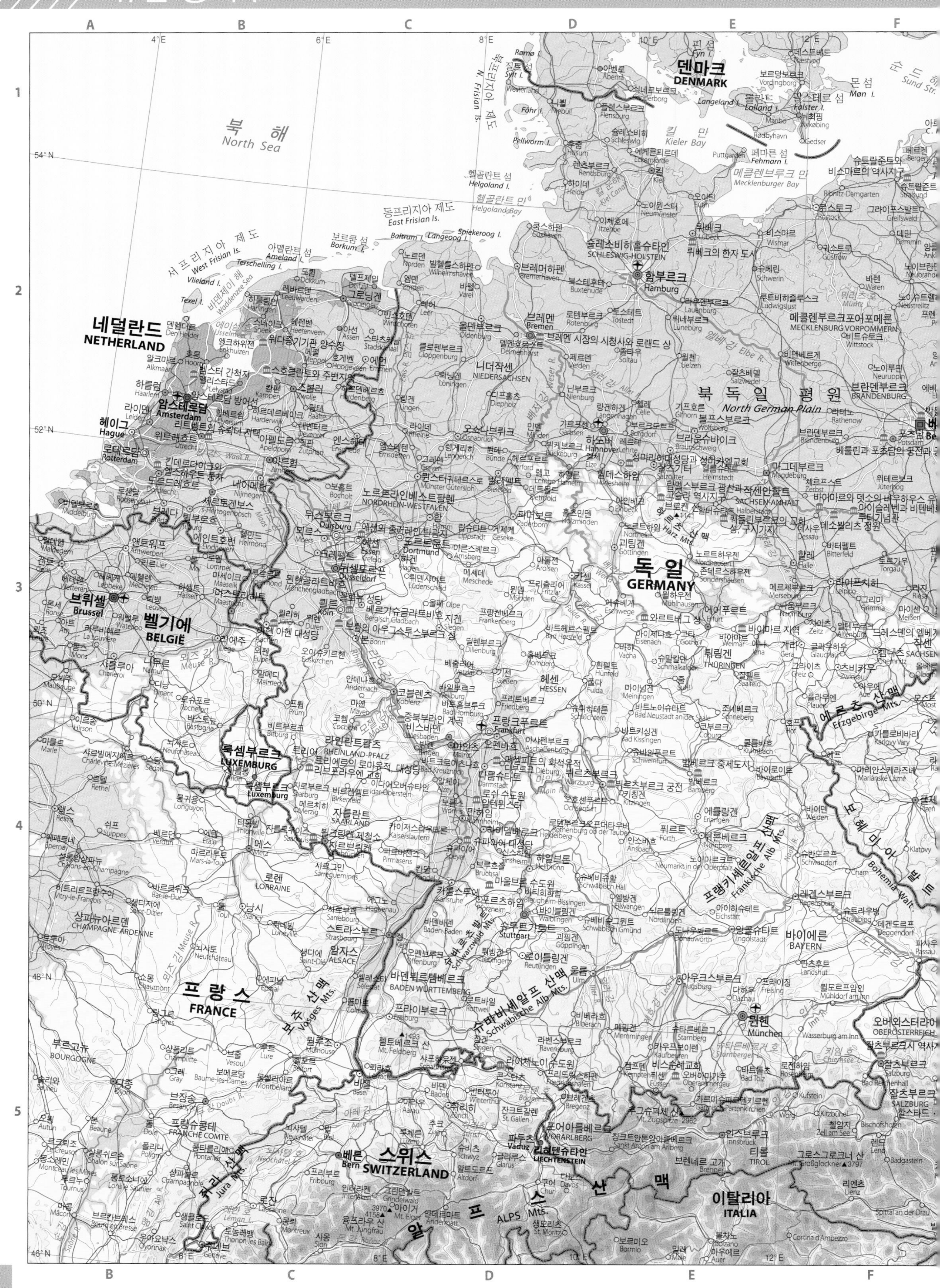

북 해
North Sea
덴마크
DENMARK
네덜란드
NETHERLAND
벨기에
BELGIË
룩셈부르크
LUXEMBURG
독 일
GERMANY
프 랑 스
FRANCE
스위스
SWITZERLAND
이탈리아
ITALIA
리히텐슈타인
LIECHTENSTEIN
북 독 일 평 원
North German Plain
알 프 스 산 맥
ALPS Mts.
보주 산맥
Vosges Mts.
쥐라 산맥
Jura Mts.
에르츠 산맥
Erzgebirge Mts.
슈바벤알프 산맥
Schwäbische Alb Mts.
프랑키셰알브 산맥
Fränkische Alb Mts.
보헤미아 발트
Bohemia Walt.
하르츠 산맥
Harz Mts.
서프리지아 제도
West Frisian Is.
동프리지아 제도
East Frisian Is.
북프리지아 제도
N. Frisian Is.
헬골란트 섬
Helgoland I.
킬 만
Kieler Bay
메클렌브루크 만
Mecklenburger Bay
슈바르츠발트
Schwarzwald Mts.
암스테르담
Amsterdam
브뤼셀
Brussel
함부르크
Hamburg
브레멘
Bremen
하노버
Hannover
프랑크푸르트
Frankfurt
쾰른
Köln
뒤셀도르프
Düsseldorf
슈투트가르트
Stuttgart
뮌헨
München
룩셈부르크
Luxemburg
베른
Bern
파두츠
Vaduz
54° N
52° N
50° N
48° N
46° N
4° E
6° E
8° E
10° E
12° E
A
B
C
D
E
F
1
2
3
4
5
3000m
2500
2000
1500
1000
500
200
0

발트해
Baltic Sea
보른홀름 섬
Bornholm I.
그단스크 만
Gulf of Gdańsk
러시아
RUSSIA
칼리닌그라드
Kaliningrad
리투아니아
LITHUANIA
빌뉴스
Vilnius
카우나스
Kaunas
그단스크
Gdańsk
그디니아
Gdynia
포모르스키에
POMORSKIE
말보르크 성
올슈틴
Olsztyn
바르민스코마주르스키에
WARMIŃSKO-MAZURSKIE
슈체친
Szczecin
자호드뇨포모르스키에
ZACHODNIOPOMORSKIE
비드고슈치
Bydgoszcz
토룬
Toruń
쿠야우스코포모르스키에
KUJAWSKO POMORSKIE
토룬 중세도시
비아위스토크
Białystok
포들라스키에
PODLASKIE
벨라루스
BELORUS
그로드노
Grodno
고조프비엘코폴스키
Gorzów Wielkopolski
비엘코폴스키에
WIELKOPOLSKIE
폴란드
POLAND
포즈나니
Poznań
바르샤바
Warszawa
바르샤바 역사지구
마조비에츠키에
MAZOWIECKIE
루브스키에
LUBUSKIE
지엘로나고라
Zielona Góra
우치
Łódź
브레스트
Brest
무스카우 공원
브로츠와프
Wrocław
돌노시론스키에
DOLNOŚLĄSKIE
루블린
Lublin
루벨스키에
LUBELSKIE
키엘체
Kielce
슈비에토크시스키에
ŚWIĘTOKRZYSKIE
쳉스토호바
Częstochowa
오폴레
OPOLSKIE
실론스키에
ŚLĄSKIE
카토비체
Katowice
크라쿠프
Kraków
크라쿠프 역사지구
비엘리치카 소금광산
아우슈비츠 수용소
말로폴스키에
MAŁOPOLSKIE
포드카르파키에
PODKARPACKIE
제슈프
Rzeszów
르비우
L'viv
자모시치 구시가지
프라하
Praha
프라하 역사지구
체코
CZECH
쿠트나호라 역사자료
올로모우츠
오스트라바
Ostrava
카르파티아 산맥
Carpathian Mts.
슬로바키아
SLOVAKIA
우크라이나
UKRAINA
코시체
Košice
우즈호로드
Uzhhorod
니더외스터라이히
NIEDERÖSTERREICH
빈
Wien
빈 역사지구
쇤브룬 궁전과 정원
브라티슬라바
Bratislava
오스트리아
AUSTRIA
슈타이어마르크 (STYRIA)
STEIERMARK (STYRIA)
부르겐란트
BURGENLAND
그라츠
Graz
그라츠 역사지구
부다페스트
Budapest
헝가리
HUNGARY
호르토바기 국립공원
데브레첸
Debrecen
미슈콜츠
Miskolc
토카이와인 지역
세게드
Szeged
루마니아
RUMANIA
오라데아
Oradea
클루지나포카
Cluj Napoca
슬로베니아
SLOVENIA
1:3,700,000

비스케이
Biscay Bay
오르테갈 곶
C. Ortegal
히혼
Gijón
오비에도
Oviedo
산탄데르
Santander
빌바오
Bilbao
아스투리아스
ASTURIAS
갈리시아
GALICIA
칸타브리아
CANTABRIA
바스크
BASQUE
비토리아
라코루냐
La Coruña
산티아고데콤포스텔라 구시가지
산티아고데콤포스텔라 순례길
칸타브리아 산맥
Cordillera Cantábria Mts.
알타미라 동굴
레온
León
루고
Lugo
오렌세
Ourense
비고
Vigo
부르고스 대성당
부르고스
Burgos
라리오하
LA RIOJA
카스티야레온
CASTILLA Y LEÓN
바야돌리드
Valladolid
사모라
Zamora
살라망카
Salamanca
살라망카 구시가지
세고비아 구시가지와 수로
세고비아
Segovia
아빌라 구시가지
아빌라
Ávila
시에라데과다라마 산맥
Sierra de Guadarrama Mts.
마드리드
Madrid
마드리드의 에스코리알 수도원
알칼라데에나레스 대학
알칼라데에나레스
Alcalá de Henares
아란후에스 문화경관
아란후에스
Aranjuez
톨레도 구시가지
톨레도
Toledo
스페인
SPAIN
카스티야라만차
CASTILLA-LA MANCHA
브라가
Braga
포르투 역사지구
포르투
Porto
기마랑이스 역사지구
기마랑이스
Guimarães
알토도우루와인 산지
도우루 강
Douro R.
코아계곡의 선사시대 암벽화
아베이루
Aveiro
코임브라
Coimbra
포르투갈
PORTUGAL
시에라데가타 산맥
Sierra de Gata Mts.
바탈라 수도원
토마르의 그리스도 수도원
알코바사 수도원
타호 강
Tajo R.
테주 강
Tejo R.
카세레스 구시가지
카세레스
Cáceres
과달루페 왕립수도원
엑스트레마두라
EXTREMADURA
신트라 문화경관
신트라
Sintra
리스본
Lisbon
제로니모스 수도원과 벨렘 탑
호카 곶
C. Roca
세투발
Setúbal
이스피셸 곶
C. Espichel
에보라 역사지구
에보라
Évora
메리다 유적
메리다
Mérida
바다호스
Badajoz
시에라모레나 산맥
Sierra Morena Mts.
과디아나 강
Guadiana R.
코르도바 역사지구
코르도바
Córdoba
하엔
Jaén
우베다와 바에사의 르네상스 기념물
무르시아
MURCIA
세비야 대성당
세비야
Sevilla
과달키비르 강
Guadalquivir R.
도냐나 국립공원
안달루시아
ANDALUCÍA
알람브라, 알바이신, 그라나다
그라나다
Granada
시에라네바다 산맥
Sierra Nevada Mts.
물라센 산
Mt.Mulhacén
▲3477
말라가
Málaga
상비센테 곶
C. São Vicente
파루
Faro
카디스 만
Gulf of Cádiz
카디스
Cádiz
헤레스데라프론테라
Jerez de la Frontera
대서양
ATLANTIC OCEAN
트라팔가 곶
C. Trafalgar
지브롤터(영)
Gibraltar
알헤시라스
Algeciras
지브롤터 해협
Gibraltar Str.
알미나 곶
C. Almina
세우타(에스)
Ceuta
탕헤르
Tanger
테투안
Tétouan
모로코
MOROCCO
알보랑 섬
Alborán I.
멜리야
Melilla
나도르
Nador
10° W
8° W
6° W
4° W
42° N
40° N
38° N
36° N
A
B
C
D
E
1
2
3
4
5
3000m 2500 2000 1500 1000 500 200 0
200 1000 2000 3000 4000 5000m

F
G
H
I
J
1
2
3
4
5
42° N
40° N
38° N
36° N
2° E
4° E
6° E
0°
아키텐
AQUITAINE
몽드마르상
Mont de Marsan
바욘
Bayonne
닥스
Dax
오슈
Auch
미디피레네
MIDI-PYRÉNÉES
툴루즈
Toulouse
카스트르
Castres
랑그도크
LANGUEDOC
몽펠리에
Montpellier
님
Nîmes
타라스콩
Tarascon
아를
Arles
엑스앙프로방스
Aix en Provence
마르세유
Marseilles
툴롱
Toulon
생트로페
Saint Tropez
프레쥐스
Fréjus
그라스
Grasse
베지에
Béziers
세트
Sète
아그드
Agde
나르본
Narbonne
카르카손
Carcassonne
포
Pau
타르브
Tarbes
루르드
Lourdes
비아리츠
Biarritz
오르테즈
Orthez
프랑스
FRANCE
피레네 산맥
PYRÉNÉE Mts.
리옹 만
Gulf of Lion
팜플로나
Pamplona-Iruña
나바라
NAVARRA
하카
Jaca
아네토 산
Mts. Pico de Aneto
3404
안도라
Andorra
안도라라베야
Andorra la Vella
발드보와의 카탈란로마네스크 교회
페르피냥
Perpignan
포르방드르
Port Vendres
피게라스
Figueres
크레우스 곶
C. Creus
리폴
Ripoll
히로나
Girona
카탈루냐
CATALUÑA
우에스카
Huesca
투델라
Tudela
바르바스트로
Barbastro
만레사
Manresa
테라사
Terrassa
사바델
Sabadell
마타로
Mataró
카탈라나 음악당
바르셀로나
Barcelona
레이다
Lleida
사라고사
Zaragoza
포블레 수도원
레우스
Reus
타라코 유적
타라고나
Tarragona
아라곤
ARAGÓN
칼라타유드
Calatayud
몬텔반
Montalbán
몬레알델캄포
Monreal del Campo
토르토사
Tortosa
모렐리아
Morella
비나로스
Vinaròs
아라곤의 무데하르 건축
테루엘
Teruel
알칼라데치베르트
Alcalá de Chivert
이베리아 반도 지중해 연안 암벽화
카스테욘데라플라나
Castellón de la Plana
발렌시아
VALENCIA
비야레알
Villarreal
사군토
Sagunto
라론야데라세다
발렌시아
Valencia
발렌시아 만
Gulf of Valencia
레케나
Requena
후카르 강
Júcar R.
알바세테
Albacete
간디아
Gandia
데니아
Denia
나오 곶
C. Nao
알만사
Almansa
알코이
Alcoy
알테아
Altea
비야호요사
Villajoyosa
알리칸테
Alicante
엘체
Elche
엘체야자수림
오리우엘라
Orihuela
무르시아
Murcia
산하비에르
San Javier
카르타헤나
Cartagena
팔로스 곶
C. de Palos
아길라스
Águilas
발레아레스 제도
Balears Is.
메노르카 섬
Menorca I.
마온
Mahón
마요르카 섬
Majorca I.
팔마
Palma de Mallorca
마나코르
Manacor
발레아레스
ILLES BALEARS
Cap de ses Salines
카브레라 섬
Cabrera I.
이비사 섬
Ibiza I.
산안토니오아바드
San Antonio Abad
이비사
Ibiza
지중해
Mediterranean Sea
알제의 카스바
알제
Alger
델리스
Dellys
티지우주
Tizi Ouzou
베자이아
Bejaïa
지젤
Jijel
블리다
Blida
티파사
셰르셸
Cherchell
테네스
Ténès
메데아
Médéa
세티프
Sétif
제밀라
울마
El Eulma
보르지부아레리지
Bordj Bou Arreridj
셸리프
Ech Chelif
셸리프 강
Oued Chelif R.
텔아틀라스 산맥
Tell Atlas Mts.
모스타가넴
Mostaganem
오란
Oran
렐리자느
Relizane
티셈실트
Tissemsilt
알제리
ALGERIE
므실라
M'Sila
베니하마드 요새
엘호드나 호
Chott el Hodna L.
바리카
Barika
티아레트
Tiaret
무아스칼
Mouaskar
시디벨아베스
Sidi Bel Abbès
아인테무샹
Ain Temouchent
베니사프
Beni Saf
세르기 염호
Zahrez Chergui L.
부사다
Bou Saâda
1:3,700,000
0
50
100
150 km

A
B
C
D
E
F
G
1
2
3
4
5
6
7
스위스
SWITZERLAND
오스트리아
AUSTRIA
슬로베니아
SLOVENIA
류블랴나
Ljubljana
자그레브
Zagreb
크로아티아
CROATIA
프랑스
FRANCE
모나코
MONACO
산마리노
SAN MARINO
이탈리아
ITALIA
로마
Roma
바티칸
VATICAN
알 프 스 산 맥
Alps Mts.
아 펜 니 노 산 맥
Appennino Mts.
밀라노
Milano
토리노
Torino
제노바
Genova
베네치아
Venezia
볼로냐
Bologna
피렌체
Firenze
나폴리
Napoli
팔레르모
Palermo
리구리아 해
Ligurian Sea
티 레 니 아 해
Tyrrhenian Sea
아 드 리 아 해
Adriatic Sea
코르시카 섬
Corsica I.
사르데냐 섬
Sardegna I.
시칠리아 섬
Sicilia I.
시칠리아 해협
Sicilia Str.
보니파시오 해협
몰타
MALTA
발레타
Valletta
알제리
ALGERIE
튀니지
TUNISIE
튀니스
Tunis
함마메트 만
Hammâmet Bay
몽블랑
Mont Blanc
4810
트리에스테 만
Gulf of Trieste
타란토 만
Gulf of Taranto
스트롬볼리 산
Mt. Stromboli
에트나 산
Mt. Etna
3323
리파리 제도
Lipari I.
에가디 제도
Egadi Is.
우스티카 섬
Ustica I.
판텔레리아 섬
Pantelleria I.
엘바 섬
d'Elba I.
카프리 섬
Capri I.
이스키아 섬
Ischia I.
46° N
44° N
42° N
40° N
38° N
36° N
6° E
8° E
10° E
12° E
14° E
16° E
3000m 2500 2000 1500 1000 500 200 0
200 1000 2000 3000 4000m

1:5,000,000 0 100 200km

6000m 5000 4000 3000 2000 1000 500 200 0
200 1000 2000 3000 4000 5000 6000 7000m

1:20,000,000

0 400 800km

러시아
RUSSIA
동유럽 평원
EAST EUROPEAN PLAIN
중앙 러시아 고지
Central Russia Highland
북우랄 구릉
North Ural Hills
카스피해 연안 저지
Prikaspyskaya Nizmennost
캅카스 산맥
Kavkaz Mts.
아나톨리아 고원
Anatolia Plat.
흑해
Black Sea
카스피해
Caspian Sea
지중해
Mediterranean Sea
발트해
Baltic Sea
모스크바
Moskva
상트페테르부르크
Sankt-Peterburg
우크라이나
UKRAINA
키예프
Kiev
벨라루스
BELORUS
민스크
Minsk
폴란드
POLAND
바르샤바
Warszawa
리투아니아
LITHUANIA
빌뉴스
Vilnius
라트비아
LATVIA
리가
Riga
에스토니아
ESTONIA
탈린
Tallin
몰도바
MOLDOVA
키시네프
Kishinev
루마니아
RUMANIA
부쿠레슈티
Bucureşti
불가리아
BULGARIA
튀르키예
TURKEY
앙카라
Ankara
이스탄불
Istanbul
조지아
GEORGIA
트빌리시
Tbilisi
아르메니아
ARMENIA
예레반
Erevan
아제르바이잔
AZERBAIDZHAN
바쿠
Baku
이란
IRAN
테헤란
Teheran
이라크
IRAQ
시리아
SYRIA
레바논
LEBANON
키프로스
KIPROS
니코시아
Nicosia
북서연방관구
NORTHWEST FEDERAL DISTRICT
중앙연방관구
CENTRAL FEDERAL DISTRICT
북캅카스연방관구
NORTH KAVKAZ FEDERAL DISTRICT
볼가연방관구
VOLGA FEDERAL DI
볼고그라드
Volgograd
로스토프나도누
Rostov na Donu
니즈니노브고로드
Nizhni Novgorod
카잔
Kazan'
사마라
Samara
하르키브
Kharkiv
오데사
Odessa
아스트라한
Astrakhan
6000m 5000 4000 3000 2000 1000 500 200 0
200 1000 2000 3000 4000m

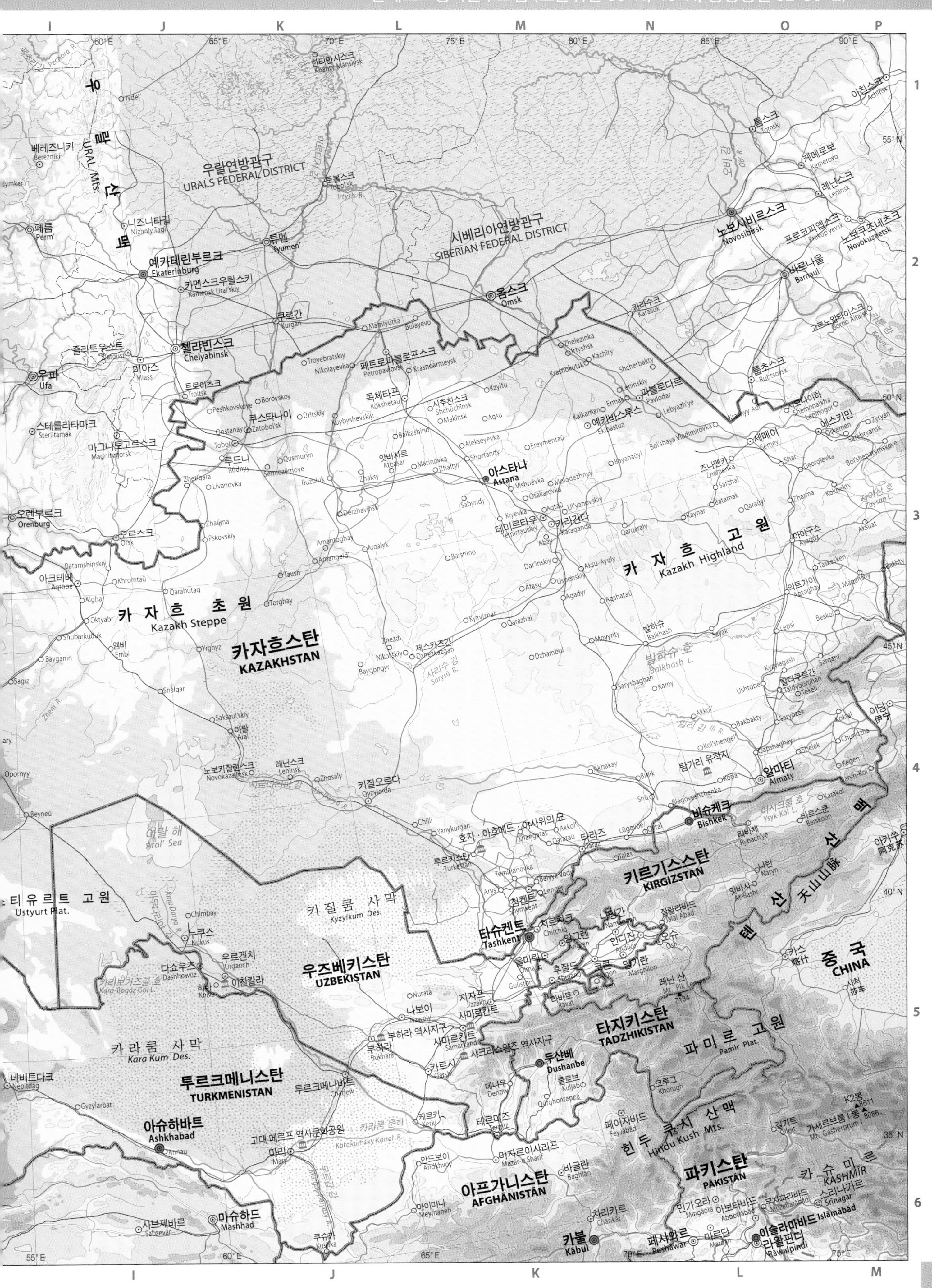

1:11,000,000

0 250 500km

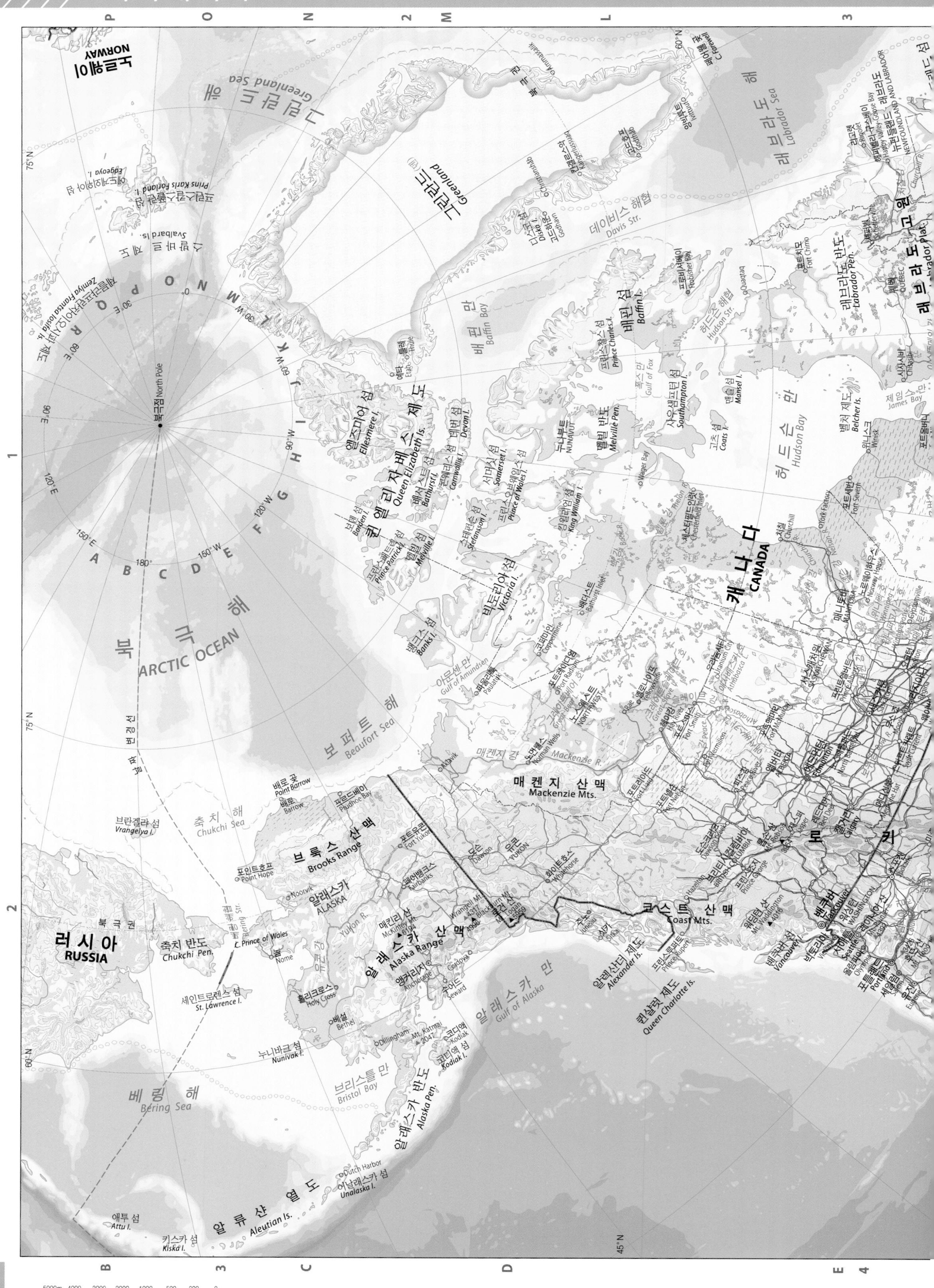

5000m 4000 3000 2000 1000 500 200 0
200 1000 2000 3000 4000 5000 6000 7000 8000m

미국
UNITED STATES OF AMERICA
멕시코
MEXICO
대서양
ATLANTIC OCEAN
태평양
PACIFIC OCEAN
멕시코 만
Gulf of Mexico
카리브 해
Caribbean Sea
서인도 제도
West India Is.
캘리포니아 만
Gulf of California
캘리포니아 반도
California Pen.
캄페체 만
Gulf of Campeche
쿠바
CUBA
아바나
Habana
바하마
BAHAMAS
자메이카
JAMAICA
아이티
HAITI
도미니카공화국
DOMINICA REP.
과테말라
GUATEMALA
벨리즈
BELIZE
온두라스
HONDURAS
엘살바도르
EL SALVADOR
니카라과
NICARAGUA
코스타리카
COSTA RICA
파나마
PANAMA
콜롬비아
COLOMBIA
볼리바르 베네수엘라
BOLIVARIAN VENEZUELA
가이아나
GUYANA
트리니다드토바고
TRINIDAD AND TOBAGO
워싱턴
Washington, D.C.
뉴욕
New York
필라델피아
Philadelphia
시카고
Chicago
댈러스
Dallas
휴스턴
Houston
로스앤젤레스
Los Angeles
샌디에이고
San Diego
샌프란시스코
San Francisco
멕시코시티
Mexico City
몬테레이
Monterrey
토론토
Toronto
오타와
Ottawa
몬트리올
Montreal
카라카스
Caracas
북회귀선
Colorado Plat.
Great Basin
Sierra Nevada Mts.
Mexico Plat.
Panama Canal
Yucatán Str.
Florida Str.
30°N
15°N
0°
120°W
105°W
90°W
45°N

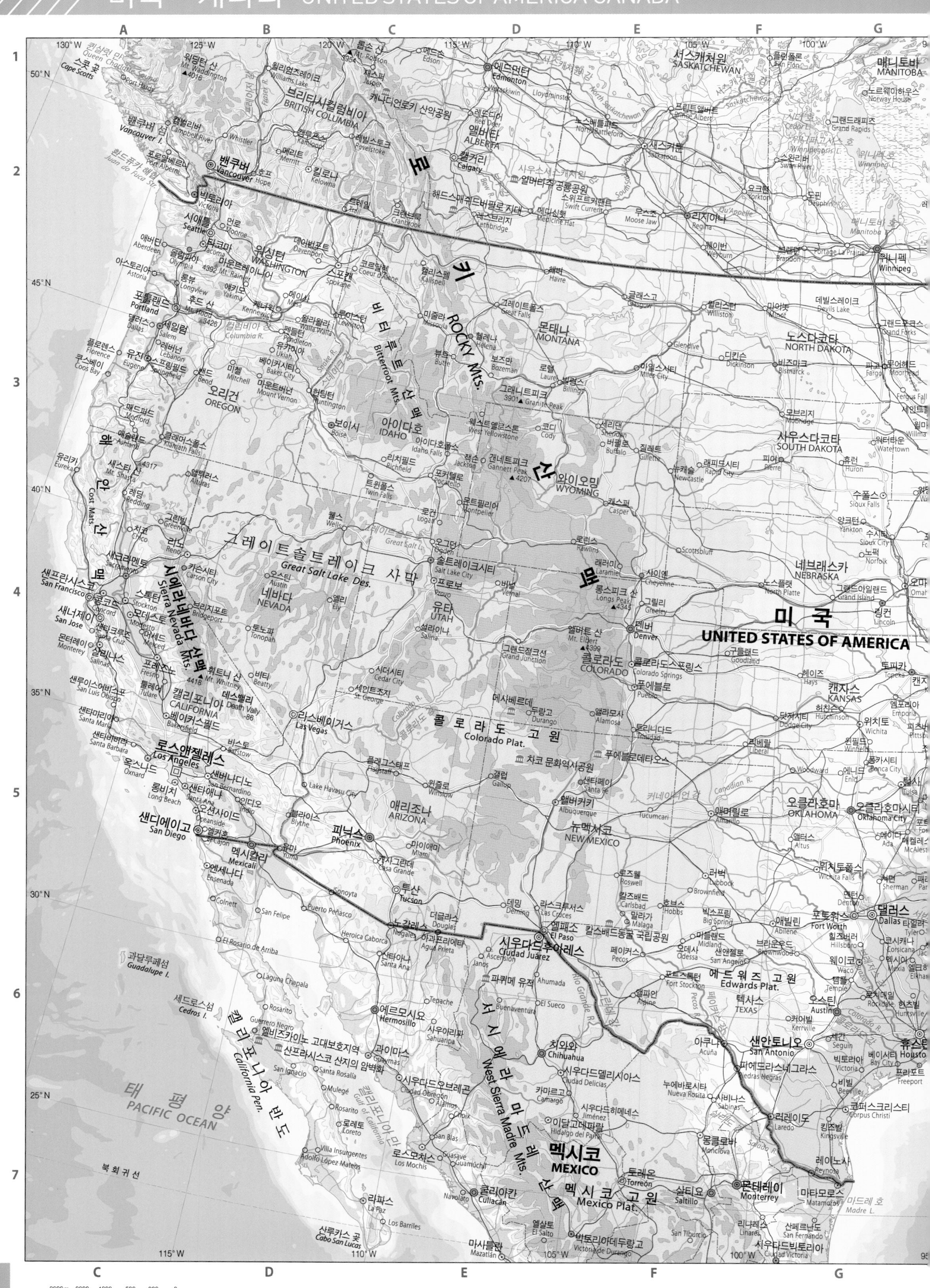
미국
UNITED STATES OF AMERICA
멕시코
MEXICO
로키 산맥
ROCKY Mts.
태평양
PACIFIC OCEAN
캘리포니아 반도
California Pen.
그레이트솔트레이크 사막
Great Salt Lake Des.
콜로라도 고원
Colorado Plat.
멕시코 고원
Mexico Plat.
시에라네바다 산맥
Sierra Nevada Mts.
서시에라마드레 산맥
West Sierra Madre Mts.
해안 산맥
Coast Mts.
비터루트 산맥
Bitterroot Mts.
에드워즈 고원
Edwards Plat.
브리티시컬럼비아
BRITISH COLUMBIA
앨버타
ALBERTA
서스캐처원
SASKATCHEWAN
매니토바
MANITOBA
워싱턴
WASHINGTON
오리건
OREGON
아이다호
IDAHO
몬태나
MONTANA
와이오밍
WYOMING
네바다
NEVADA
유타
UTAH
콜로라도
COLORADO
캘리포니아
CALIFORNIA
애리조나
ARIZONA
뉴멕시코
NEW MEXICO
텍사스
TEXAS
오클라호마
OKLAHOMA
캔자스
KANSAS
네브래스카
NEBRASKA
사우스다코타
SOUTH DAKOTA
노스다코타
NORTH DAKOTA
밴쿠버
Vancouver
시애틀
Seattle
포틀랜드
Portland
샌프란시스코
San Francisco
로스앤젤레스
Los Angeles
샌디에이고
San Diego
라스베이거스
Las Vegas
솔트레이크시티
Salt Lake City
덴버
Denver
피닉스
Phoenix
엘패소
El Paso
댈러스
Dallas
샌안토니오
San Antonio
에드먼턴
Edmonton
캘거리
Calgary
위니펙
Winnipeg
몬테레이
Monterrey
치와와
Chihuahua
에르모시요
Hermosillo
북회귀선

캐나다
CANADA
온타리오
ONTARIO
래브라도 고원
Labrador Plat.
로렌시아 대지
Laurentian Plat.
슈피리어 호
Superior L.
휴런 호
Huron L.
미시간 호
Michigan L.
이리 호
Erie L.
온타리오 호
Ontario L.
토론토
Toronto
오타와
Ottawa
몬트리올
Montreal
퀘벡
Québec
뉴욕
New York
필라델피아
Philadelphia
워싱턴
Washington, D.C.
시카고
Chicago
디트로이트
Detroit
애팔래치아 산맥
Appalachian Mts.
대서양
ATLANTIC OCEAN
멕시코 만
Gulf of Mexico
플로리다 반도
Florida Pen.
바하마
BAHAMAS
쿠바
CUBA
아바나
Habana
나소
Nassau
세인트로렌스 만
Gulf of St. Lawrence
뉴펀들랜드래브라도
NEWFOUNDLAND AND LABRADOR
노바스코샤
NOVA SCOTIA
뉴브런즈윅
NEW BRUNSWICK
프린스에드워드아일랜드
PRINCE EDWARD ISLAND
메인
MAINE
버몬트
VERMONT
뉴햄프셔
NEW HAMPSHIRE
매사추세츠
MASSACHUSETTS
코네티컷
CONNECTICUT
로드아일랜드
RHODE ISLAND
뉴저지
NEW JERSEY
펜실베이니아
PENNSYLVANIA
오하이오
OHIO
미시간
MICHIGAN
위스콘신
WISCONSIN
일리노이
ILLINOIS
인디애나
INDIANA
켄터키
KENTUCKY
웨스트버지니아
WEST VIRGINIA
버지니아
VIRGINIA
메릴랜드
MARYLAND
델라웨어
DELAWARE
노스캐롤라이나
NORTH CAROLINA
사우스캐롤라이나
SOUTH CAROLINA
조지아
GEORGIA
플로리다
FLORIDA
앨라배마
ALABAMA
미시시피
MISSISSIPPI
테네시
TENNESSEE
미주리
MISSOURI
아칸소
ARKANSAS
루이지애나
LOUISIANA
북회귀선
1:13,000,000

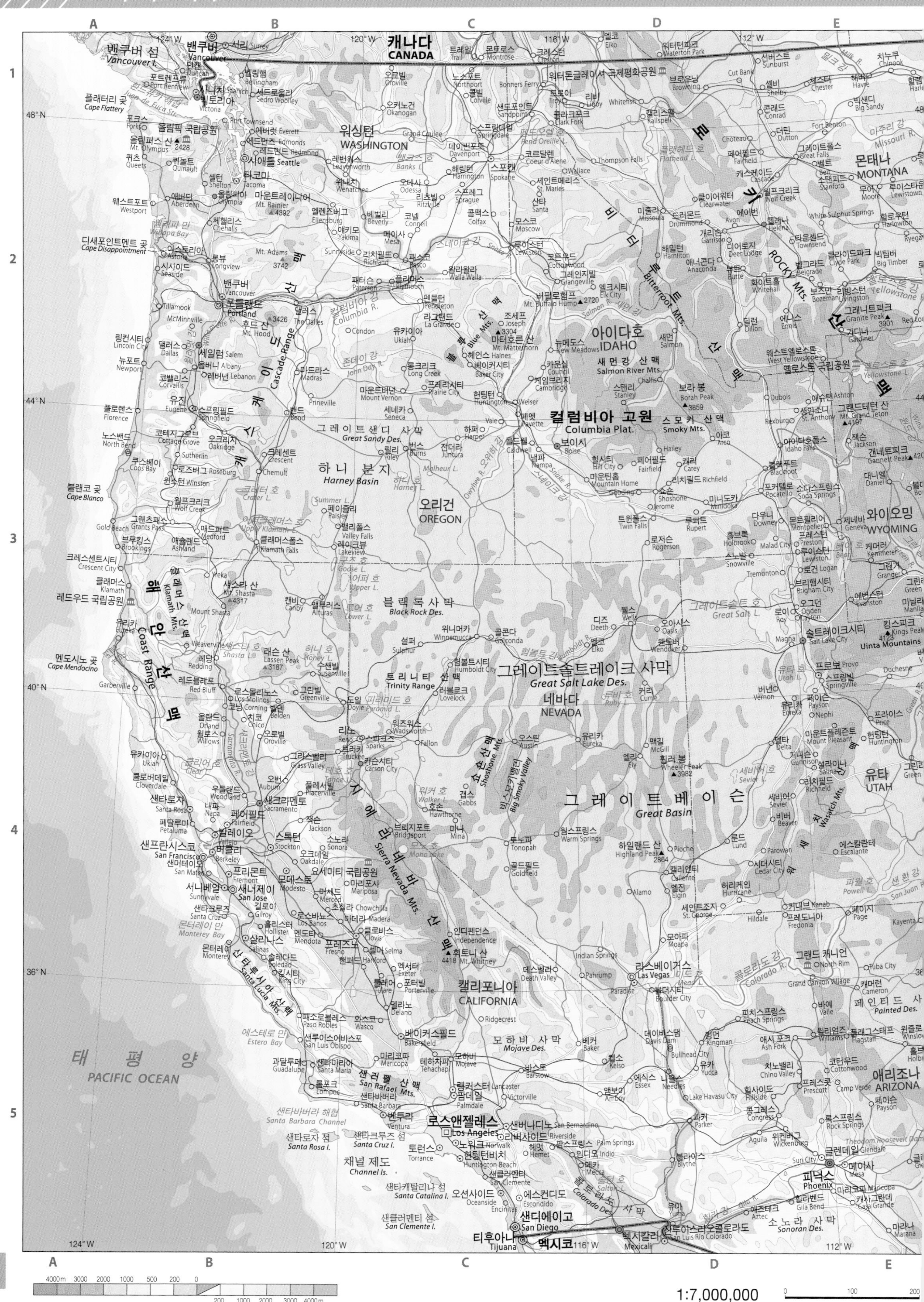

4000m 3000 2000 1000 500 200 0
200 1000 2000 3000 4000m

1:7,000,000

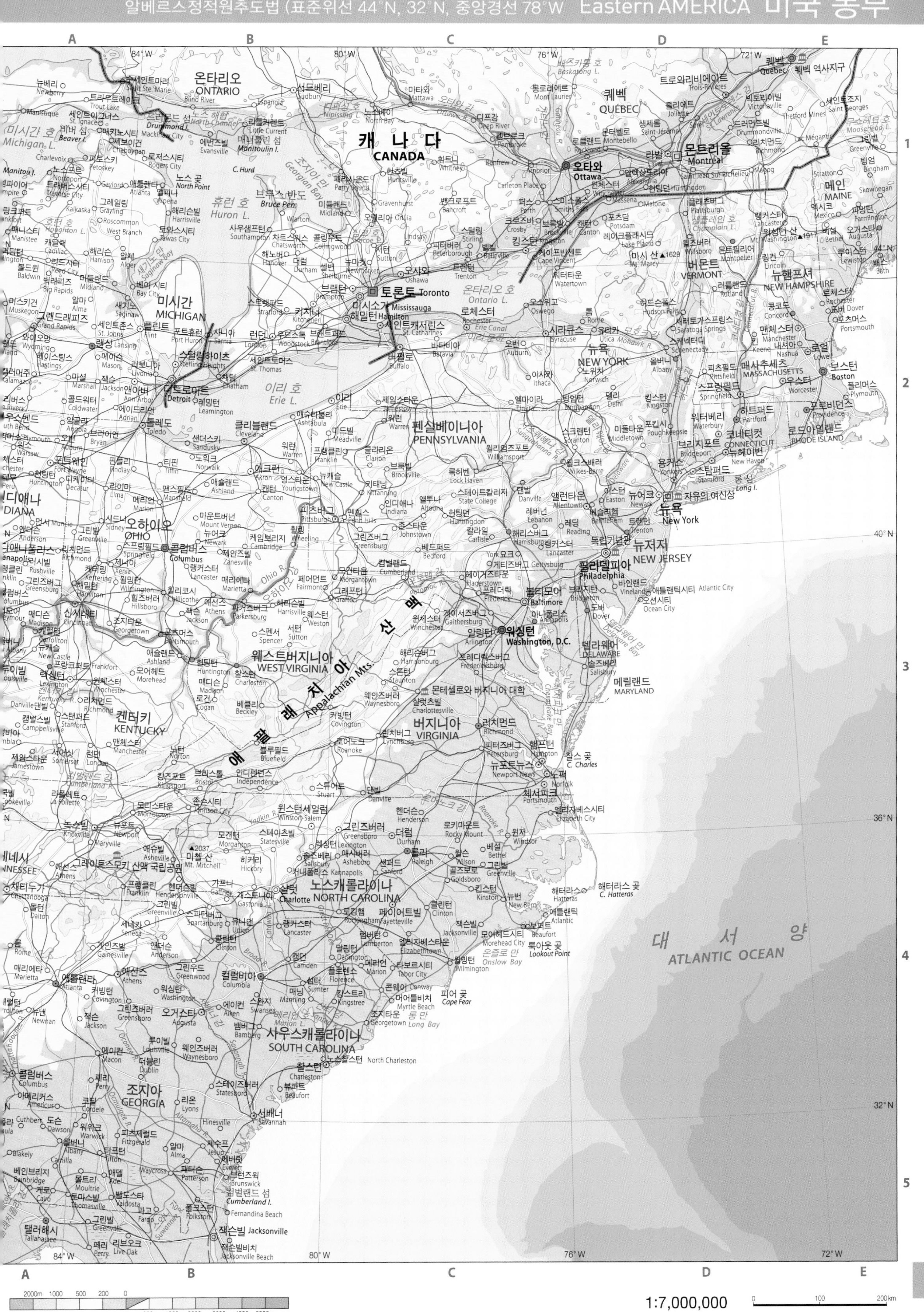
캐나다
CANADA
온타리오
ONTARIO
퀘벡
QUÉBEC
오타와
Ottawa
몬트리올
Montreal
퀘벡
Québec
토론토
Toronto
미시간
MICHIGAN
디트로이트
Detroit
오하이오
OHIO
콜럼버스
Columbus
펜실베이니아
PENNSYLVANIA
뉴욕
NEW YORK
뉴욕
New York
자유의 여신상
뉴저지
NEW JERSEY
필라델피아
Philadelphia
볼티모어
Baltimore
워싱턴
Washington, D.C.
메릴랜드
MARYLAND
델라웨어
DELAWARE
버지니아
VIRGINIA
리치먼드
Richmond
웨스트버지니아
WEST VIRGINIA
켄터키
KENTUCKY
노스캐롤라이나
NORTH CAROLINA
샬럿
Charlotte
사우스캐롤라이나
SOUTH CAROLINA
조지아
GEORGIA
애틀랜타
Atlanta
잭슨빌
Jacksonville
탤러해시
Tallahassee
버몬트
VERMONT
뉴햄프셔
NEW HAMPSHIRE
메인
MAINE
매사추세츠
MASSACHUSETTS
보스턴
Boston
코네티컷
CONNECTICUT
로드아일랜드
RHODE ISLAND
애팔래치아 산맥
Appalachian Mts.
휴런 호
Huron L.
이리 호
Erie L.
온타리오 호
Ontario L.
미시간 호
Michigan L.
대서양
ATLANTIC OCEAN
해터러스 곶
C. Hatteras
피어 곶
Cape Fear
찰스 곶
C. Charles
룩아웃 곶
Lookout Point
84°W
80°W
76°W
72°W
44°N
40°N
36°N
32°N
A
B
C
D
E
1
2
3
4
5

1:7,000,000

미 국
UNITED STATES OF AMERICA
텍사스
TEXAS
루이지애나
LOUISIANA
멕시코
MEXICO
멕시코 고원
Mexico Plat.
동 시에라 마드레 산맥
East Sierra Madre Mts.
남 시에라 마드레 산맥
South Sierra Madre Mts.
멕시코 만
Gulf of Mexico
북 회 귀 선
캄페체 만
Gulf Of Campeche
유카탄 반도
Yucatán Pen.
유카탄 해협
Yucatán Str.
애팔래치 만
Apalachee Bay
테우안테펙 만
Gulf Of Tehuantepec
Istmo de Tehuantepec
중앙 아메리카 해구
Middle America Trench
태 평 양
PACIFIC OCEAN
산안토니오
San Antonio
오스틴
Austin
휴스턴
Houston
코퍼스크리스티
Corpus Christi
뉴올리언스
New Orleans
몬테레이
Monterrey
토레온
Torreon
살티요
Saltillo
산루이스포토시
San Luis Potosí
아과스칼리엔테스
Aguascalientes
레온
León
과달라하라
Guadalajara
멕시코 시티
Mexico City
푸에블라
Puebla
베라크루스
Veracruz
아카풀코데후아레스
Acapulco de Juárez
메리다
Mérida
칸쿤
Cancún
캄페체
Campeche
벨리즈
BELIZE
벨모판
Belmopan
과테말라
GUATEMALA
과테말라
Guatemala
온두라스
HONDURAS
테구시갈파
Tegucigalpa
엘살바도르
EL SALVADOR
산살바도르
San Salvador
니카라과
NICARAGUA
마나과
Managua
니카라과 호
Nicaragua L.
산호세
San José
코스타리카
COSTA RICA
코코스 섬
Cocos I.
코코스섬 국립공원
바이아 제도
Bahía Is.
코수멜 섬
Cozumel I.
105° W
100° W
95° W
90° W
85° W
30° N
25° N
20° N
15° N
10° N
5° N
A
B
C
D
E
F
1
2
3
4
5
6
7
5000m
4000
3000
2000
1000
500
200
0
200
1000
2000
3000
4000
5000
6000m
7000m
8000m

대 서 양
ATLANTIC OCEAN
북 회 귀 선
바하마 제도
Bahama Is.
나소
Nassau
바하마
BAHAMAS
플로리다 해협
Florida Str.
플로리다 반도
Florida Pen.
케이프커내버럴
Cape Canaveral
그랜드바하마 섬
Grand Bahama I.
일루서라 섬
Eleuthera I.
안드로스 섬
Andros I.
산살바도르 섬
San Salvador I.
롱 섬
Long I.
사마나키
Samana Cay
크루키드 섬
Crooked I.
아클린스 섬
Acklins I.
마야과나 섬
Mayaguana Is.
카이코스 제도
Caicos Is.
그레이트이나과 섬
Great Inagua I.
쿠바 섬
Cuba I.
쿠바
CUBA
산티아고데쿠바
Santiago de Cuba
관타나모
Guantánamo
윈드워드 해협
Paso de los Vientos
케이맨 제도
Cayman Is.
케이맨 해구
Cayman Trench
대 앤 틸 리 스 제 도
Greater Antilles Is.
자메이카
JAMAICA
킹스턴
Kingston
블루마운틴 산
Mt. Blue Mountain Peak
2256
몬테고베이
Montego Bay
포르토프랭스
Port-au-Prince
아이티
HAÏTI
아이티 섬
Haiti I.
카프아이시앵
Cap-Haïtien
도미니카공화국
DOMINICA RFP.
산토도밍고
Santo Domingo
라로마나
La Romana
푸에르토리코 해구
Puerto Rico Trench
푸에르토리코 섬
Puerto Rico
산후안
San Juan
폰세
Ponce
버진 제도
Virgin Is.
앙길라 섬
Anguilla I.
세인트마틴 섬
St. Martin I.
세인트크리스토퍼네비스
ST.CHRISTOPHER NEVIS
바스테르
Basseterre
세인트존스
St John's
앤티가바부다
ANTIGUA AND BARBUDA
앤티가 섬
Antigua I.
과달루페 섬
Guadeloupe I.
마리갈랑트 섬
Marie Galante I.
도미니카연방
DOMINICA
로조
Roseau
마르티니크 섬
Martinique I.
포르드프랑스
Fort de France
세인트루시아
ST. LUCIA
캐스트리스
Castries
바베이도스
BARBADOS
브리지타운
Bridgetown
킹스타운
Kingstown
세인트빈센트그레나딘
ST. VINCENT AND THE GRENADINES
그레나다
GRENADA
세인트조지스
St. George's
소 앤 틸 리 스 제 도
Lesser Antilles
토바고 섬
Tobago I.
트리니다드토바고
TRINIDAD AND TOBAGO
포트오브스페인
Port of Spain
트리니다드 섬
Trinidad I.
카 리 브 해
Caribbean Sea
아루바 섬
Aruba I.
쿠라사우 섬
Curacao I.
보네르 섬
Bonaire
빌렘스타트
Willemstad
과히라 반도
Guajira Pen.
베네수엘라 만
Gulf of Venezuela
마라카이보
Maracaibo
마라카이보 호
Maracaibo L.
카라카스
Caracas
발렌시아
Valencia
바르키시메토
Barquisimeto
마르가리타 섬
Isla Margarita I.
파리아 만
Gulf of Paria
시우다드과야나
Ciudad Guayana
시우다드볼리바르
Ciudad Bolívar
오리노코 강
볼리바르 베네수엘라
BOLIVARIAN VENEZUELA
야 노 스
Llanos
기 아 나 고 원
Guiana Highlands
가이아나
GUYANA
로라이마 산
Mt. Roraima
2875
카나이마 국립공원
브라질
BRAZIL
보아비스타
Boa Vista
바랑키야
Barranquilla
카르타헤나
Cartagena
카르타헤나의 항구, 요새, 역사기념물
산타마르타
Santa Marta
크리스토발콜론 산
Mt. Pico Cristóbal Colón
5776
쿠쿠타
Cúcuta
부카라망가
Bucaramanga
메데인
Medellín
콜롬비아
COLOMBIA
보고타
Bogota
비야비센시오
Villavicencio
칼리
Cali
부에나벤투라
Buenaventura
티에라덴트로 국립유적공원
파나마
PANAMA
파나마 만
Gulf of Panama
다리엔 만
Gulf of Darién
다리엔 산맥
Darién Mts.
다리엔 국립공원
로스카티오스 국립공원
아수에로 반도
Azuero Pen.
포르토벨로 · 산로렌조 요새
콜론
Colón
80°W
75°W
70°W
65°W
60°W
30°N
25°N
20°N
15°N
10°N
5°N
G
H
I
J
K
1
2
3
4
5
6
7

1:12,000,000

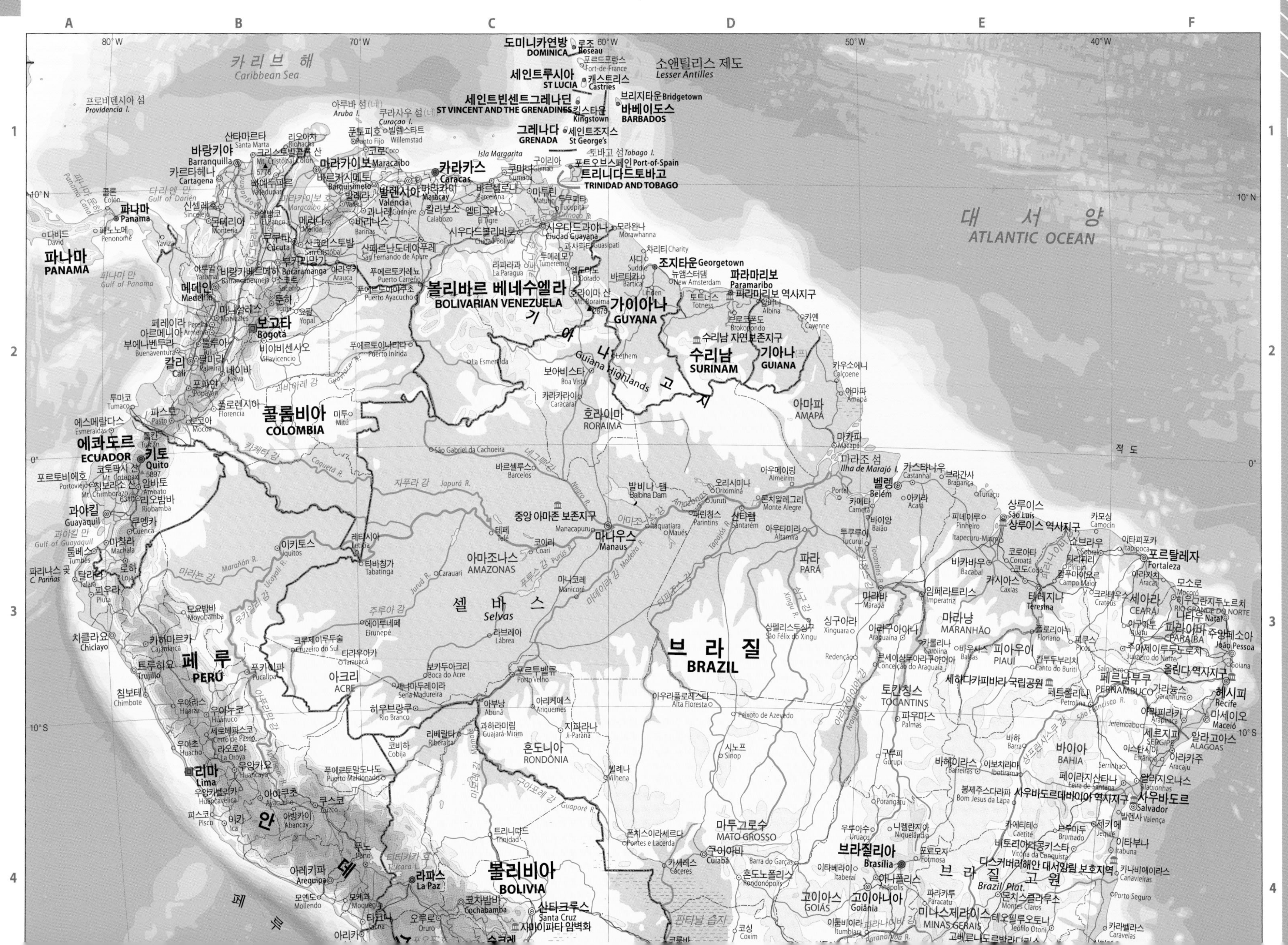
대 서 양
ATLANTIC OCEAN
카 리 브 해
Caribbean Sea
파나마
PANAMA
콜롬비아
COLOMBIA
볼리바르 베네수엘라
BOLIVARIAN VENEZUELA
가이아나
GUYANA
수리남
SURINAM
기아나
GUIANA
에콰도르
ECUADOR
페루
PERU
브라질
BRAZIL
볼리비아
BOLIVIA
트리니다드토바고
TRINIDAD AND TOBAGO
바베이도스
BARBADOS
그레나다
GRENADA
세인트루시아
ST LUCIA
도미니카연방
DOMINICA
세인트빈센트그레나딘
ST VINCENT AND THE GRENADINES
소앤틸리스 제도
Lesser Antilles
기아나 고지
Guiana Highlands
셀바스
Selvas
브라질 고원
Brazil Plat.
카라카스
Caracas
보고타
Bogotá
키토
Quito
리마
Lima
라파스
La Paz
브라질리아
Brasília
마나우스
Manaus
벨렝
Belém
적 도
아마조나스
AMAZONAS
파라
PARÁ
마투그로수
MATO GROSSO
바이아
BAHIA
미나스제라이스
MINAS GERAIS
고이아스
GOIÁS
토칸칭스
TOCANTINS
피아우이
PIAUÍ
마라냥
MARANHÃO
세아라
CEARÁ
페르남부쿠
PERNAMBUCO
혼도니아
RONDÔNIA
아크리
ACRE
호라이마
RORAIMA
아마파
AMAPÁ
5000m 4000 3000 2000 1000 500 200 0
200 1000 2000 3000 4000 5000 6000 7000 8000m

1:20,000,000 0 400 800 km

1:10,000,000

5000m 4000 3000 2000 1000 500 200 0
200 1000 2000 3000 4000 5000 6000 7000 8000m

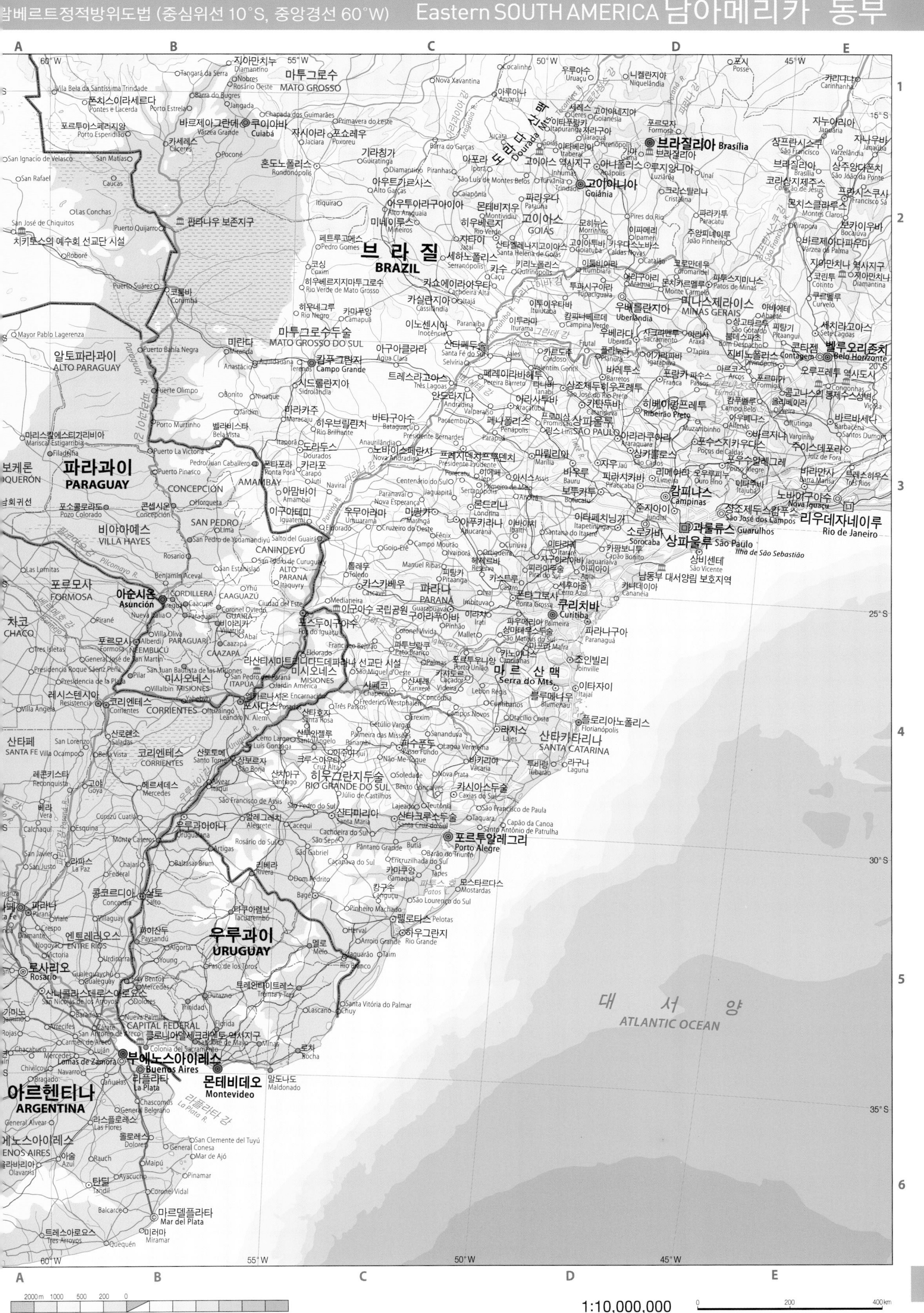

브라질
BRAZIL
파라과이
PARAGUAY
우루과이
URUGUAY
아르헨티나
ARGENTINA
대서양
ATLANTIC OCEAN
브라질리아 Brasília
고이아니아 Goiânia
벨루오리존치 Belo Horizonte
리우데자네이루 Rio de Janeiro
상파울루 São Paulo
캄피나스 Campinas
과룰류스 Guarulhos
쿠리치바 Curitiba
포르투알레그리 Porto Alegre
캄푸그란지 Campo Grande
쿠이아바 Cuiabá
아순시온 Asunción
몬테비데오 Montevideo
부에노스아이레스 Buenos Aires
라플라타 La Plata
로사리오 Rosario
마르델플라타 Mar del Plata
마투그로수 MATO GROSSO
마투그로수두술 MATO GROSSO DO SUL
고이아스 GOIÁS
미나스제라이스 MINAS GERAIS
상파울루 SÃO PAULO
파라나 PARANÁ
산타카타리나 SANTA CATARINA
히우그란지두술 RIO GRANDE DO SUL
마르 산맥 Serra do Mts.
도라다 산맥 Dourada Mts.
판타나우 보존지구
이구아수 국립공원
파투스 호
알토파라과이 ALTO PARAGUAY
콘셉시온 CONCEPCIÓN
산페드로 SAN PEDRO
비야아예스 VILLA HAYES
포르모사 FORMOSA
차코 CHACO
코리엔테스 CORRIENTES
미시오네스 MISIONES
엔트레리오스 ENTRE RÍOS
산타페 SANTA FE
부에노스아이레스 BUENOS AIRES

1:10,000,000

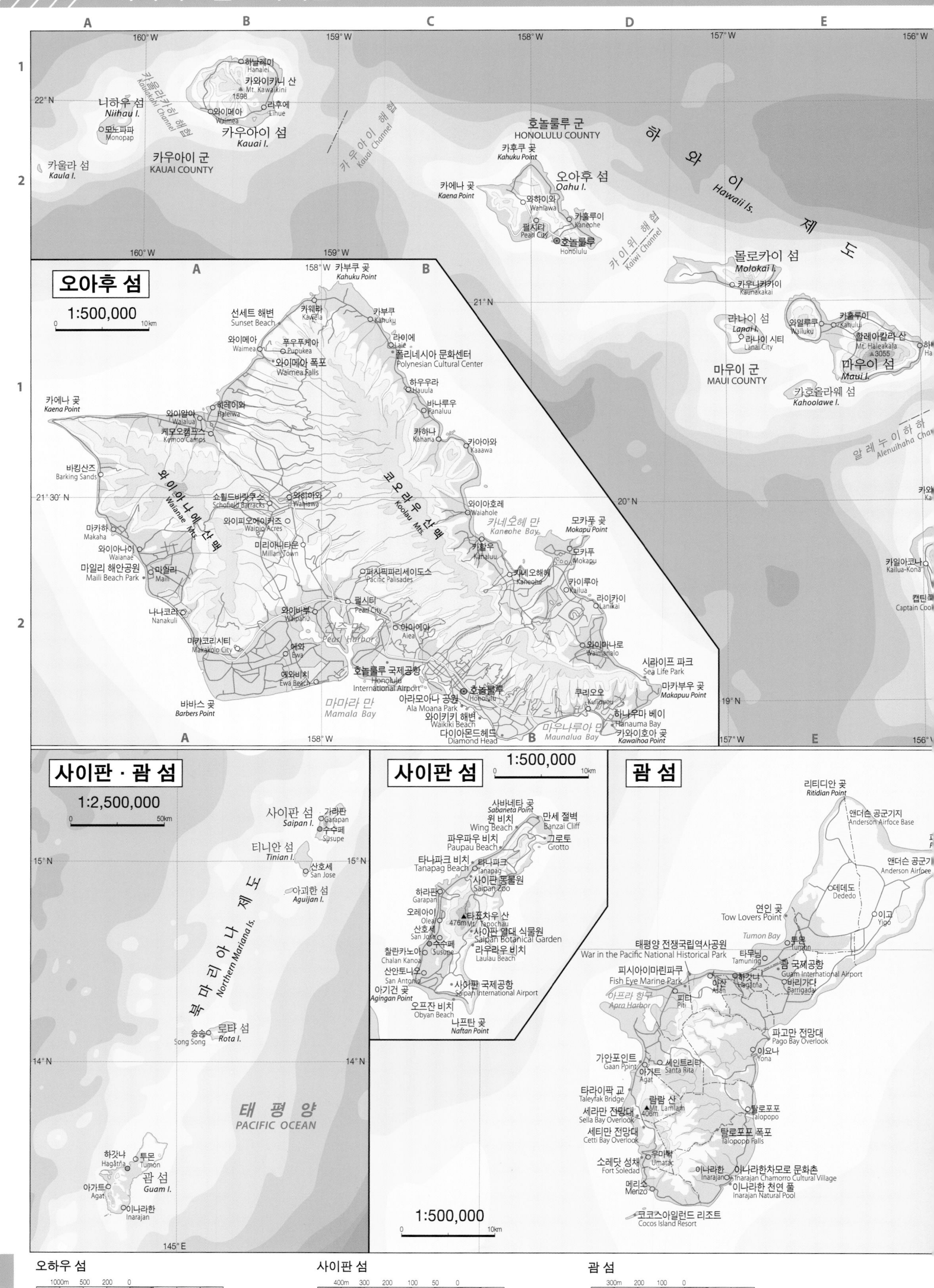

하와이 제도
Hawaii Is.
니하우 섬
Niihau I.
카우아이 섬
Kauai I.
카우아이 군
KAUAI COUNTY
카울라 섬
Kaula I.
호놀룰루 군
HONOLULU COUNTY
오아후 섬
Oahu I.
몰로카이 섬
Molokai I.
라나이 섬
Lanai I.
마우이 섬
Maui I.
마우이 군
MAUI COUNTY
카호올라웨 섬
Kahoolawe I.
오아후 섬
1:500,000
사이판 · 괌 섬
1:2,500,000
사이판 섬
1:500,000
괌 섬
1:500,000
북마리아나 제도
Northern Mariana Is.
태평양
PACIFIC OCEAN
호놀룰루
Honolulu
진주 만
Pearl Harbor
호놀룰루 국제공항
Honolulu International Airport
와이키키 해변
Waikiki Beach
다이아몬드헤드
Diamond Head
사이판 국제공항
Saipan International Airport
괌 국제공항
Guam International Airport

오아후 섬

사이판 섬

괌 섬

하와이 제도
1:2,500,000
태 평 양
PACIFIC OCEAN
호노카아
Honokaa
카무에라
Kamuela
마우나케아 산
Mt. Mauna Kea
4250
하와이 군
HAWAII COUNTY
하와이 섬
Hawaii I.
힐로
Hilo
우나로아 산
Mt. Mauna Loa
4170
킬라우에아 산
Mt. Kilauea
1247
하와이 화산 국립공원
나레후
Naalehu
155°W
22°N
21°N
20°N
168°E
172°E
176°E
36°S
40°S
44°S
망고누이
Mangonui
카이타이아
Kaitaia
카에오
Kaeo
케리케리
Kerikeri
카와카와
Kawakawa
오마페레
Omapere
파라카오
Parakao
황거레이
Whangarei
노스랜드
NORTHLAND
다가빌
Dargaville
루아와이
Ruawai
포우토
Pouto
웰스포드
Wellsford
워크워스
Warkworth
그레이트배리어 섬
Great Barrier I.
리틀배리어 섬
Little Barrier I.
헬렌즈빌
Helensville
타카푸나
Takapuna
오클랜드
Auckland
AUCKLAND
코로만델
Coromandel
후이아
Huia
마누카우
Manukau
와이티앙가
Whitianga
파파쿠라
Papakura
코로만델 반도
Coromandel Pen.
와이우쿠
Waiuku
푸케코헤
Pukekohe
황가마타
Whangamata
패로아
Paeroa
와이히
Waihi
헌틀리
Huntly
테아로하
Te Aroha
북 섬
North I.
해밀턴
Hamilton
케임브리지
Cambridge
타우랑가
Tauranga
플렌티 만
Plenty Bay
화이트 섬
White I.
와이하우베이
Waihau Bay
테아라로아
Te Araroa
테아와무투
Te Awamutu
카히아
Kawhia
티라우
Tirau
와카타니
Whakatane
오토로한가
Otorohanga
로터루아
Rotorua
베이오브플렌티
BAY OF PLENTY
히쿠랑기 산
Mt. Hikurangi
1754
라우쿠마라 산맥
Raukumara Mts.
기즈번
GISBORNE
태즈먼 해
Tasmsn Sea
와이카토
WAIKATO
테쿠이티
Te Kuiti
무루파라
Murupara
마타와이
Matawai
톨라가베이
Tolaga Bay
노스타라나키 만
North Taranaki Bight
타우포 호
Taupo L.
타우포
Taupo
루아타후나
Ruatahuna
티니로토
Tinirota
기즈번
Gisborne
타라나키
TARANAKI
뉴플리머스
New Plymouth
와이타라
Waitara
타우마루누이
Taumarunui
투랑기
Turangi
와이로아
Wairoa
무리와이
Muriwai
에그먼트 곶
Cape Egmont
타라나키 산
Mt. Taranaki
2518
내셔널파크
National Park
루아페후 산
Mt. Ruapehu
2797
통가리로 국립공원
테하로토
Te Haroto
누하카
Nuhaka
스트랫퍼드
Stratford
와이오우루
Waiouru
호크스베이
HAWKE'S BAY
호크 만
Hawke Bay
하웨라
Hawera
래티히
Raetihi
네이피어
Napier
사우스타라나키 만
South Taranaki Bight
파테아
Patea
타이하페
Taihape
루아하인 산맥
Ruahine Range Mts.
헤이스팅스
Hastings
뉴질랜드
NEW ZEALAND
왕거누이
Wanganui
마턴
Marton
와이파와
Waipawa
마나와투-왕가누이
MANAWATU-WANGANUI
불스
Bulls
필딩
Feilding
와이푸쿠로
Waipukurau
단네비르케
Dannevirke
파머스턴노스
Palmerston North
우드빌
Woodville
파히아투아
Pahiatua
페어웰 곶
Cape Farewell
콜링우드
Collingwood
골든 만
Golden Bay
태즈먼 만
Tasman Bay
타카카
Takaka
레빈
Levin
오타키
Otaki
모투카
Motueka
넬슨
NELSON
카라미아
Karamea
카라미아 만
Karamea Bight
리치먼드
Richmond
Nelson
헤브록
Havelock
픽턴
Picton
쿡 해협
Cook Str.
포리루아
Porirua
웰링턴
Wellington
WELLINGTON
마스터턴
Masterton
캐슬포인트
Castlepoint
마틴보러
Martinborough
블레넘
Blenheim
파울윈드 곶
Cape Foulwind
웨스트포트
Westport
하우어드정크션
Howard Junction
태즈먼
TASMAN
마를보로
MARLBOROUGH
캠벨 곶
Cape Campbell
팰리서 곶
Cape Palliser
푸나카이키
Punakaiki
리프턴
Reefton
클래런스
Clarence
그레이머스
Greymouth
아하우라
Ahaura
스프링정크션
Springs Junction
카이코라
Kaikoura
쿠마라
Kumara
핸머스프링스
Hanmer Springs
호키티카
Hokitika
와이아우
Waiau
웨스트코스트
WEST COAST
인치보니
Inchbonnie
컬버덴
Culverden
와이파라
Waipara
하리하리
Harihari
페가서스 만
Pegasus Bay
랑기오라
Rangiora
프란즈조세프글레이셔
Franz Josef Glacier
폭스글레이셔
Fox Glacier
셰필드
Sheffield
옥스퍼드
Oxford
카이아포이
Kaiapoi
서던알프스 산맥
Southern Alps Mts.
크라이스트처치
Christchurch
쿡 산
Mt. Cook
3754
마운트 쿡
Mt. Cook
마운트 헛
Mount Hutt
롤스톤
Rolleston
리틀턴
Lyttelton
캔터베리
CANTERBURY
하스트
Haast
애슈버턴
Ashburton
뱅크스 반도
Banks Pen.
레이크테카포
Lake Tekapo
제럴딘
Geraldine
캔터베리 만
Canterbury Bight
남 태 평 양
SOUTH PACIFIC OCEAN
아스파링 산
Mt. Aspiring
3036
케이브
Cave
티머루
Timaru
테와히포우나무 공원
오마라마
Omarama
남 섬
South Island
와나카 호
Wanaka L.
와나카
Wanaka
커로우
Kurow
와이메트
Waimate
밀퍼드사운드
Milford Sound
글레노키
Glenorchy
퀸즈타운
Queenstown
타라스
Tarras
와이타키
Waitaki
와카티푸 호
Wakatipu L.
크롬웰
Cromwell
오마카우
Omakau
오마루
Oamaru
테아나우
Te Anau
파머스턴
Palmerston
오타고
OTAGO
사우스랜드
SOUTHLAND
모노와이
Monowai
룸즈덴
Lumsden
와이타티
Waitati
더니든
Dunedin
오하이
Ohai
로렌스
Lawrence
클리프덴
Clifden
윈톤
Winton
고어
Gore
밀턴
Milton
리버턴
Riverton
인버카길
Invercargill
클린턴
Clinton
발클루서
Balclutha
포보 해협
Foveaux Str.
블러프
Bluff
오와카
Owaka
앙글렘 산
Mt. Anglem
980
하프문베이
Halfmoon Bay
스튜어트 섬
Stewart I.
4000m 3000 2000 1000 500 200 0
200 1000 2000 3000 4000m 5000 6000m
1:5,000,000
0 100 200km

4000m 3000 2000 1000 500 200 0 200 1000 2000 3000 4000 5000 6000 7000 8000 9000 10000m

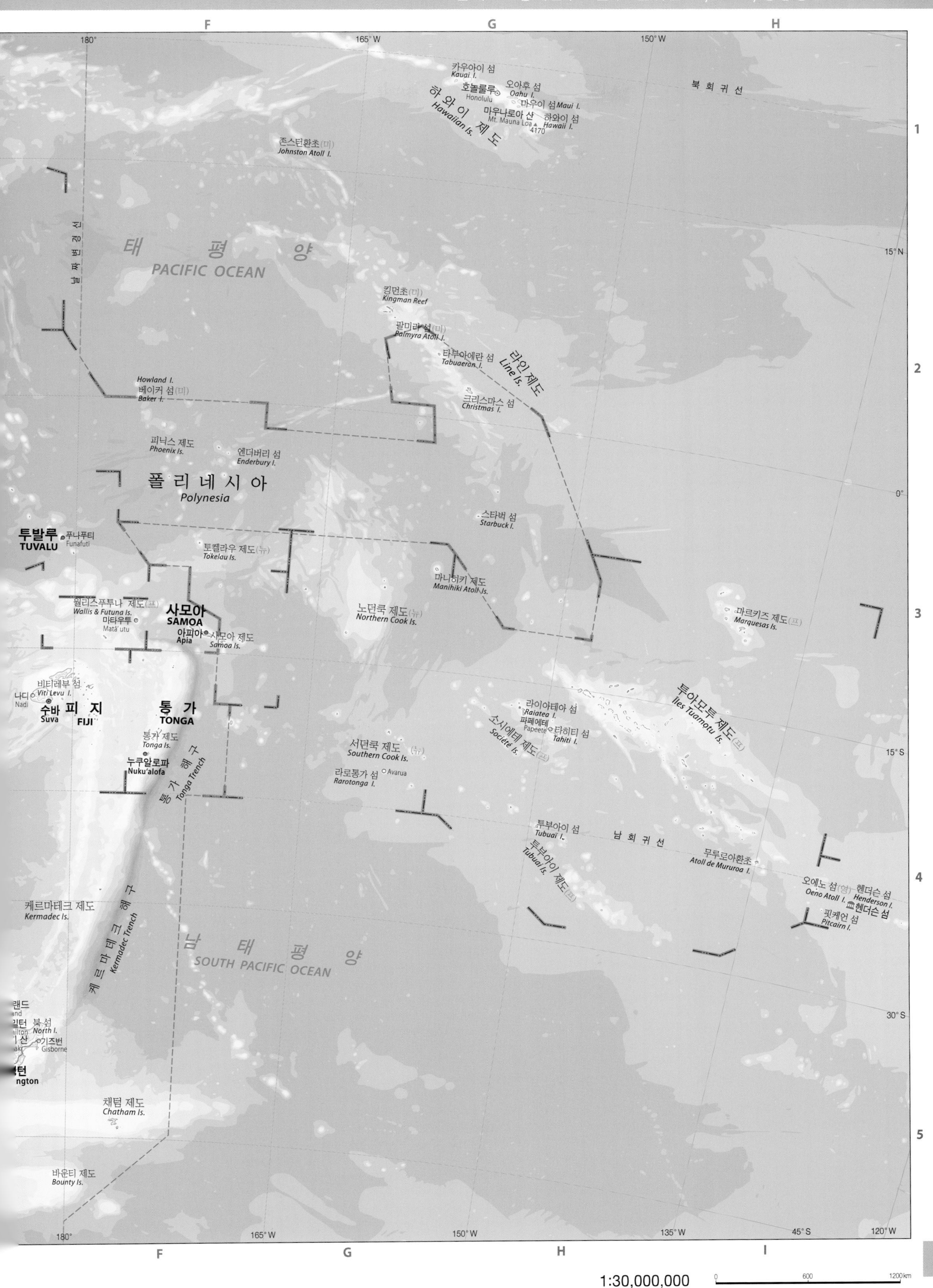

카우아이 섬
Kauai I.
호놀룰루
Honolulu
오아후 섬
Oahu I.
마우이 섬 Maui I.
하와이 제도
Hawaiian Is.
마우나로아 산
Mt. Mauna Loa
4170
하와이 섬
Hawaii I.
북회귀선
존스턴환초(미)
Johnston Atoll I.
날짜변경선
태평양
PACIFIC OCEAN
킹먼초(미)
Kingman Reef
팔미라 섬(미)
Palmyra Atoll I.
타부아에란 섬
Tabuaeran I.
라인 제도
Line Is.
Howland I.
베이커 섬(미)
Baker I.
크리스마스 섬
Christmas I.
피닉스 제도
Phoenix Is.
엔더버리 섬
Enderbury I.
폴리네시아
Polynesia
스타벅 섬
Starbuck I.
투발루
TUVALU
푸나푸티
Funafuti
토켈라우 제도(뉴)
Tokelau Is.
마니히키 제도
Manihiki Atoll Is.
월리스푸투나 제도(프)
Wallis & Futuna Is.
마타우투
Matā'utu
사모아
SAMOA
아피아
Apia
사모아 제도
Samoa Is.
노던쿡 제도(뉴)
Northern Cook Is.
마르키즈 제도(프)
Marquesas Is.
비티레부 섬
Viti Levu I.
나디
Nadi
수바
Suva
피지
FIJI
통가
TONGA
통가 제도
Tonga Is.
누쿠알로파
Nuku'alofa
통가 해구
Tonga Trench
라이아테아 섬
Raiatea I.
파페에테
Papeete
타히티 섬
Tahiti I.
소시에테 제도(프)
Société Is.
투아모투 제도(프)
Iles Tuamotu Is.
서던쿡 제도(뉴)
Southern Cook Is.
라로통가 섬
Rarotonga I.
Avarua
투부아이 섬
Tubuai I.
투부아이 제도(프)
Tubuai Is.
남회귀선
무루로아환초
Atoll de Mururoa I.
오에노 섬(영)
Oeno Atoll I.
헨더슨 섬
Henderson I.
핏케언 섬
Pitcairn I.
케르마데크 제도
Kermadec Is.
케르마데크 해구
Kermadec Trench
남태평양
SOUTH PACIFIC OCEAN
북 섬
North I.
기즈번
Gisborne
채텀 제도
Chatham Is.
바운티 제도
Bounty Is.
180°
165°W
150°W
135°W
120°W
15°N
0°
15°S
30°S
45°S
F
G
H
I
1
2
3
4
5
1:30,000,000
0
600
1200km

인도네시아
INDONESIA
인 도 양
INDIAN OCEAN
티 모 르 해
Timor Sea
오스트레일리아
AUSTRALIA
노던
NORTHERN TERRITORY
웨스턴오스트레일리아
WESTERN AUSTRALIA
사우스오스트레일리아
SOUTH AUSTRALIA
그레이트샌디 사막
Great Sandy Des.
기브슨 사막
Gibson Des.
그레이트빅토리아 사막
Great Victoria Des.
킴벌리 고원
Kimberley Plat.
널라버 평원
Nullarbor Plain
그레이트오스트레일리아 만
Great Australian Bight
사우스오스트레일리아 해분
South Australia Sea Basin
맥도넬 산맥
Macdonnell Ranges
머스그레이브 산지
Musgrave Ranges
해머즐리 산맥
Hamersley Range
퍼스
Perth
앨리스스프링스
Alice Springs
다윈
Darwin
브룸
Broome
칼굴리볼더
Kalgoorlie-Boulder
올버니
Albany
에스퍼란스
Esperance
울루루-카타추타 국립공원
카카두 국립공원
샤크만
Shark Bay
에이티마일 해안
Eighty Mile Beach

파푸아뉴기니
PAPUA NEW GUINEA
솔로몬
SOLOMON
산호해
Coral Sea
태평양
PACIFIC OCEAN
카펀테리아 만
Gulf of Carpentaria
퀸즐랜드
QUEENSLAND
뉴사우스웨일스
NEW SOUTH WALES
빅토리아
VICTORIA
태즈메이니아
TASMANIA
그레이트디바이딩 산맥
GREAT DIVIDING Mts.
대보초
Great Barrier Reef
대찬정 분지
Great Artesian Basin
브리즈번
Brisbane
시드니
Sydney
캔버라
Canberra
멜버른
Melbourne
호바트
Hobart
태즈먼 해
Tasman Sea
배스 해협
Bass Str.
태즈메이니아 섬
Tasmania I.
로드하우 섬
Lord Howe I.
남회귀선
1:13,000,000

1 2 3 4 5
24 23 22 21 20 19
18 17 16 15 14
30° E
0°
30° W
60° E
60°
90° E
90° W
120° E
120° W
150° E
180°
150° W
75° N
60° N
루마니아 RUMANIA
슬로바키아 SLOVAKIA
프라하 Praha
체코 CZECH
독일 GERMANY
벨기에 BELGIE
런던 London
아일랜드 IRELAND
키시네프 Kishinev
몰도바 MOLDOVA
폴란드 POLAND
암스테르담 Amsterdam
베를린 Berlin
네덜란드 NETHERLANDS
더블린 Dublin
우크라이나 UKRAINA
바르샤바 Warszawa
영국 UNITED KINGDOM
키예프 Kiev
덴마크 DENMARK
민스크 Minsk
리투아니아 LITHUANIA
코펜하겐 Copenhagen
대서양 ATLANTIC OCEAN
벨로루시 BELORUS'
빌뉴스 Vilnyus
스타방게르 Stavanger
오크니 제도 Orkney Is.
스톡홀름 Stockholm
리가 Riga
오슬로 Oslo
베르겐 Bergen
셰틀랜드 제도 Shetland Is.
라트비아 LATVIA
에스토니아 ESTONIA
웁살라 Uppsala
릴레함메르 Lillehammer
모스크바 Moskva
탈린 Tallin
올란드 제도 Aland Is.
노르웨이 NORWAY
페로 제도 Faroe Is.
노브고로트 Novgorod
나르바 Narva
헬싱키 Helsinki
순츠발 Sundsvall
트론헤임 Trondheim
상트페테르부르크 Sankt-Peterburg
탐페레 Tampere
라티 Lahti
위베스퀼레 Jyvaskyla
우메오 Umeå
스칸디나비아 반도 Scandinavian Pen.
아이슬란드 ICELAND
레이캬비크 Reykjavik
소르타발라 Sortavala
핀란드 FINLAND
스웨덴 SWEDEN
북극권
볼로그다 Vologda
페트로자보츠크 Petrozavodsk
오울루 Oulu
보덴 Boden
모이라나 Mo i Rana
노르웨이 해 Norwegian Sea
아쿠레이리 Akureyri
페어웰 곶 C. Farewell
샤리야 Shar'ya
벨스크 Vel'sk
케미 Kemi
옐리바레 Gällivare
로포텐 제도 Lofoten Is.
키루나 Kiruna
나르비크 Narvik
덴마크 해협 Denmark Str.
카코르토크 Julianehåb
뱟카 Vyatka
코틀라스 Kotlas
아르한겔스크 Arkhangelsk
세베로드빈스크 Severodvinsk
콜라 반도 Kol'skiy Poluostrov
트롬쇠 Tromsø
얀마옌 섬(노) Jan Mayen I.
아마살리크 Ammassalik
글라조프 Glazov
시크티프카르 Syktyvkar
무르만스크 Murmansk
함메르페스트 Hammerfest
페름 Perm'
메젠 Mezen'
페첸가 Pechenga
노르카프 곶 C. Nordkapp
베레즈니키 Berezniki
우흐타 Ukhta
카닌 반도 Kanin Pen.
누크 Nuuk
우랄 산맥 Ural Mts.
페초라 Pechora
나리얀마르 Nar'yan-Mar
콜구예프 섬 Kolguyev I.
바렌츠 해 Barents Sea
그린란드 해 Greenland Sea
그린란드(덴) Greenland
캉겔르스수악 Søndre Strømfjord
데이비스 해협 Davis Str.
고드하운 Godhavn
Disko
스발바르 제도(노) Svalbard Is.
한티만시스크 Khanty-Mansiysk
보르쿠타 Vorkuta
오비 강 Ob'
살레하르트 Salekhard
노바야제믈랴 섬 Novaya Zemlya I.
배핀 만 Baffin Bay
이카르이트 Iqaluit
수르구트 Surgut
카라 해 Kara Sea
배핀 섬 Baffin I.
니즈네바르톱스크 Nizhnevartovsk
노비이포르트 Novyy Port
야말 반도 Yamal Pen.
제믈랴프란차이오시파 제도 Zemlya Frantsa-Iosifa Is.
러시아 RUSSIA
툴레 Thule
Etah
엘즈미어 섬 Ellesmere I.
데번 섬 Devon I.
멜빌 반도 Melville Pen.
사우샘프턴 섬 Southampton I.
예니세이 강 Yenisey
두딘카 Dudinka
이가르카 Igarka
노릴스크 Noril'sk
북극점 North Pole
퀸엘리자베스 제도 Queen Elizabeth Is.
세베르나야제믈랴 제도 Severnaya Zemlya Is.
서머싯 섬 Somerset I.
부시아 반도 Boothia Pen.
콘월리스 섬 Cornwallis I.
배서스트 섬 Bathurst I.
프린스오브웨일스 섬 Prince of Wales I.
하탕가 Khatanga
투라 Tura
보덴 섬 Borden I.
매켄지킹 섬 Mackenzie King I.
북극해 ARCTIC OCEAN
노르드비크 Nordvik
멜빌 섬 Melville I.
빅토리아 섬 Victoria I.
프린스패트릭 섬 Prince Patrick I.
캐나다 CANADA
올레뇨크 Olenëk
우스티올레뇨크 Ust'-Olenëk
뱅크스 섬 Banks I.
코퍼마인 Coppermine
라프테프 해 Laptev Sea
파울라툭 Paulatuk
옐로나이프 Yellowknife
미르니 Mirnyy
레나 강 Lena R.
티크시 Tiksi
노보시비르스크 제도 Novosibirsk Is.
그레이트베어 호 Great Bear L.
렌스크 Lensk
지간스크 Zhigansk
보퍼트 해 Beaufort Sea
헤이리버 Hay River
올료민스크 Olekminskiy
베르호얀스크 Verkhoyansk
동시베리아 해 East Siberian Sea
Aklavik
매켄지 강 Mackenzie R.
노먼웰스 Norman Wells
포트리아드 Fort Liard
야쿠츠크 Yakutsk
인디기르카 강 Indigirka R.
배로 곶 C. Barrow
배로 Barrow
프루드베이 Prudhoe Bay
축치 해 Chukchi Sea
랭겔 섬 Wrangel I.
포트유콘 Fort Yukon
콜리마 강 Kolyma R.
도슨 Dawson
지랸카 Zyryanka
화이트호스 Whitehorse
미국 UNITED STATES OF AMERICA
Noorvik
베링 해협 Bering Str.
우엘렌 Uelen
매킨리 산 McKinley Mt. 6194
주노 Juneau
축치 반도 Chukchi Pen.
알래스카 ALASKA
놈 Nome
앵커리지 Anchorage
Cordova
아나디리 Anadyr'
홀리크로스 Holy Cross
마가단 Magadan
수어드 Seward
알래스카 만 Gulf of Alaska
오호츠크 해 Okhotsk Sea
세인트로렌스 섬 St. Lawrence I.
유콘 강 Yukon R.
누니바크 섬 Nunivak I.
팔라나 Palana
베링 해 Bering Sea
사할린 섬 Sakhalin I.
캄차카 반도 Kamchatka Pen.
알래스카 반도 Alaska Pen.
태평양 PACIFIC OCEAN
날짜 변경선
Dutch Harbor
알류산 열도 Aleutian Is.
일본 JAPAN
쿠릴 열도 Kuril Is.
4000m 3000 2000 1000 500 200 0
200 1000 2000 3000 4000 5000 6000 7000 8000 9000m
1:32,000,000
0 500 1000km

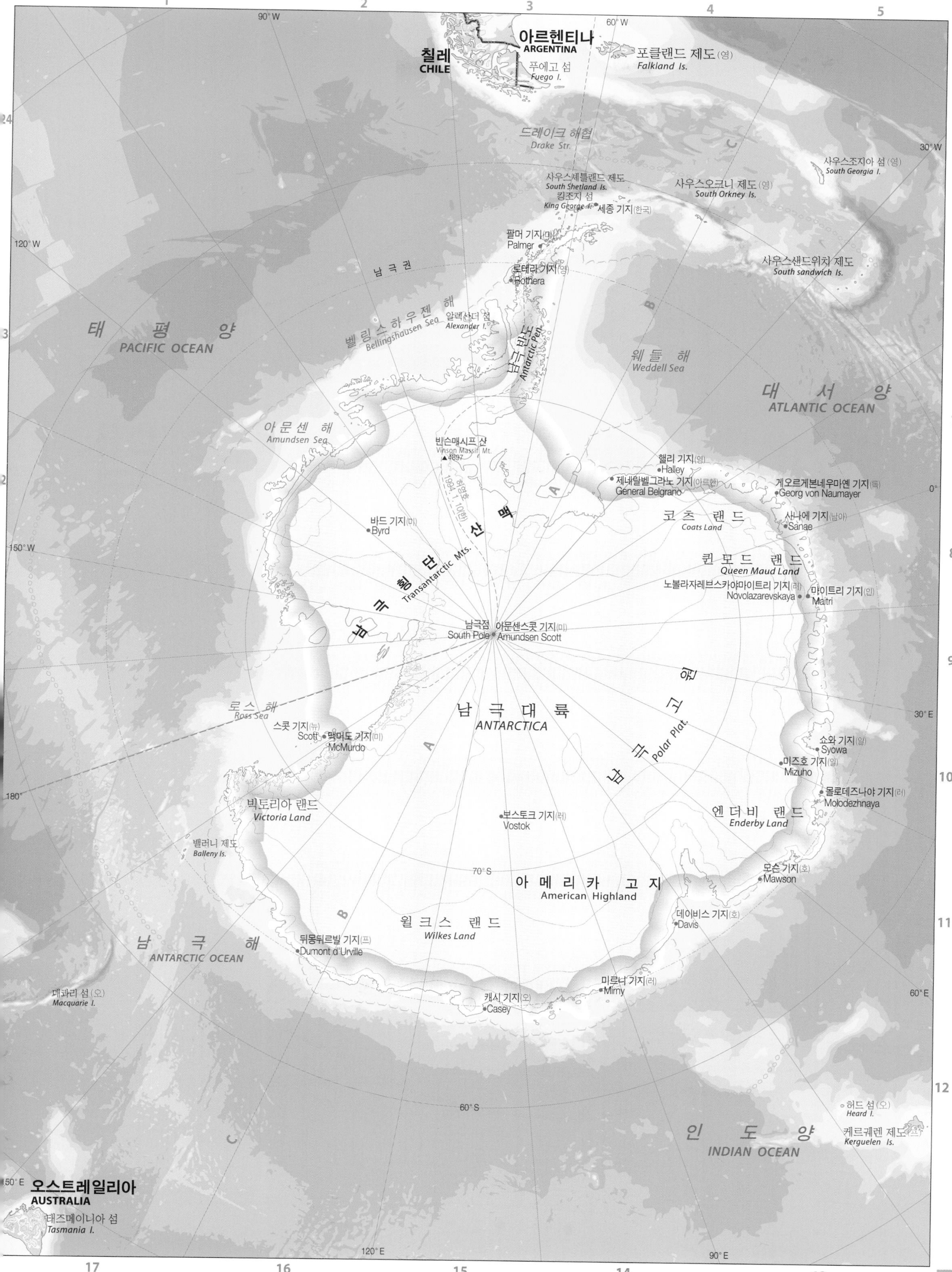

아르헨티나 ARGENTINA
칠레 CHILE
푸에고 섬 Fuego I.
포클랜드 제도(영) Falkland Is.
드레이크 해협 Drake Str.
사우스셰틀랜드 제도 South Shetland Is.
킹조지 섬 King George I.
세종 기지(한국)
사우스오크니 제도(영) South Orkney Is.
사우스조지아 섬(영) South Georgia I.
사우스샌드위치 제도 South sandwich Is.
팔머 기지(미) Palmer
로데라 기지(영) Rothera
남극권
알렉산더 섬 Alexander I.
벨링스하우젠 해 Bellingshausen Sea
남극 반도 Antarctic Pen.
태 평 양 PACIFIC OCEAN
웨들 해 Weddell Sea
대 서 양 ATLANTIC OCEAN
아문센 해 Amundsen Sea
빈슨매시프 산 Vinson Massif Mt. ▲4897
헬리 기지(영) Halley
제네랄벨그라노 기지(아르헨) General Belgrano
게오르게본네우마옌 기지(독) Georg von Naumayer
사나에 기지(남아) Sanae
코츠 랜드 Coats Land
바드 기지(미) Byrd
남극횡단 산맥 Transantarctic Mts.
퀸모드 랜드 Queen Maud Land
노볼라자레브스카야마이트리 기지(러) Novolazarevskaya
마이트리 기지(인) Maitri
남극점 South Pole
아문센스콧 기지(미) Amundsen Scott
로스 해 Ross Sea
스콧 기지(뉴) Scott
맥머도 기지(미) McMurdo
남극대륙 ANTARCTICA
남극고원 Polar Plat.
쇼와 기지(일) Syowa
미즈호 기지(일) Mizuho
몰로데즈나야 기지(러) Molodezhnaya
빅토리아 랜드 Victoria Land
보스토크 기지(러) Vostok
엔더비 랜드 Enderby Land
밸러니 제도 Balleny Is.
모슨 기지(호) Mawson
아메리카 고지 American Highland
데이비스 기지(호) Davis
윌크스 랜드 Wilkes Land
남극해 ANTARCTIC OCEAN
뒤몽뒤르빌 기지(프) Dumont d'Urville
미르니 기지(러) Mirny
캐시 기지(오) Casey
매쿼리 섬(오) Macquarie I.
허드 섬(오) Heard I.
케르궤렌 제도(프) Kerguelen Is.
인 도 양 INDIAN OCEAN
오스트레일리아 AUSTRALIA
태즈메이니아 섬 Tasmania I.
90°W 60°W 30°W 0° 30°E 60°E 90°E 120°E 150°E 180° 150°W 120°W
70°S 60°S

1:32,000,000
0 500 1000km
2000m 1000 200 0
200 1000 2000 3000 4000 5000 6000 7000 8000m

세계 30대 도시 가이드 맵

● 서울 Seoul | 대한민국 ● 베이징 Beijing · 상하이 Shanghai · 홍콩 Hongkong | 중국 ● 도쿄 Tokyo · 오사카 Osaka | 일본
● 싱가포르 Singapore | 싱가포르 ● 방콕 Bangkok · 푸껫 Phuket | 태국 ● 델리 Delhi | 인도 ● 런던 London | 영국
● 파리 Paris | 프랑스 ● 모스크바 Moscow | 러시아 ● 아테네 Athens | 그리스 ● 베를린 Berlin · 뮌헨 Munich | 독일
● 로마 Rome | 이탈리아 ● 빈 Vienna | 오스트리아 ● 프라하 Prague | 체코 ● 마드리드 Madrid | 스페인
● 워싱턴 D.C. Washington D.C. · 뉴욕 New York | 미국 ● 밴쿠버 Vancouver | 캐나다 ● 산티아고 Santiago | 칠레
● 상파울루 Sao Paulo | 브라질 ● 부에노스아이레스 Buenos Aires | 아르헨티나
● 시드니 Sydney · 멜버른 Melbourne | 오스트레일리아 ● 오클랜드 Auckland | 뉴질랜드 ● 케이프타운 Cape Town | 남아프리카공화국

● 관광명소 Ⓗ호텔 Ⓢ쇼핑 Ⓤ 대학교 ▲사원 극장 비행장 버스정류장 Ⓡ레스토랑 @관광안내소 교회

서울 / Seoul 대한민국

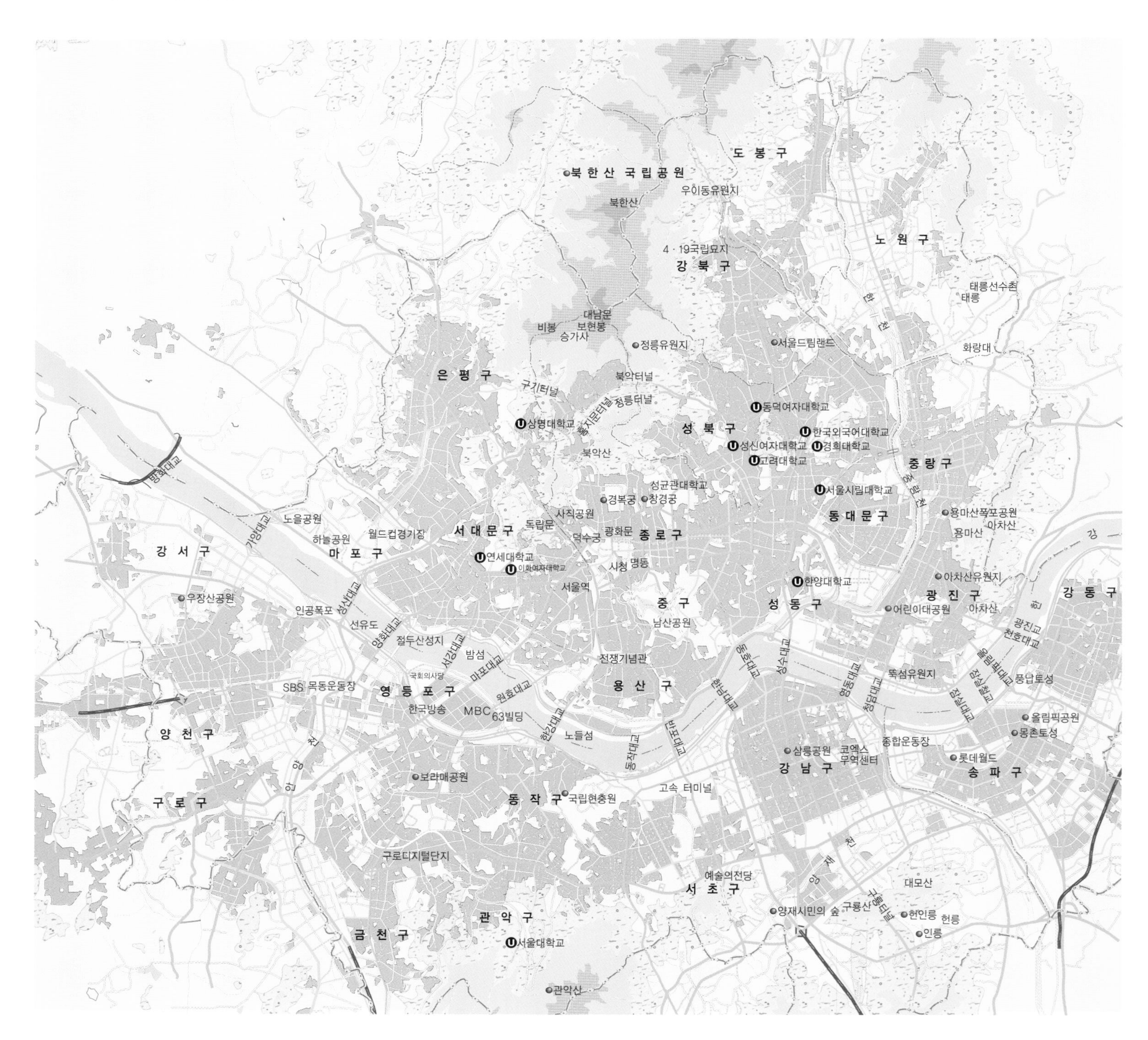

베이징 / Beijing 중국

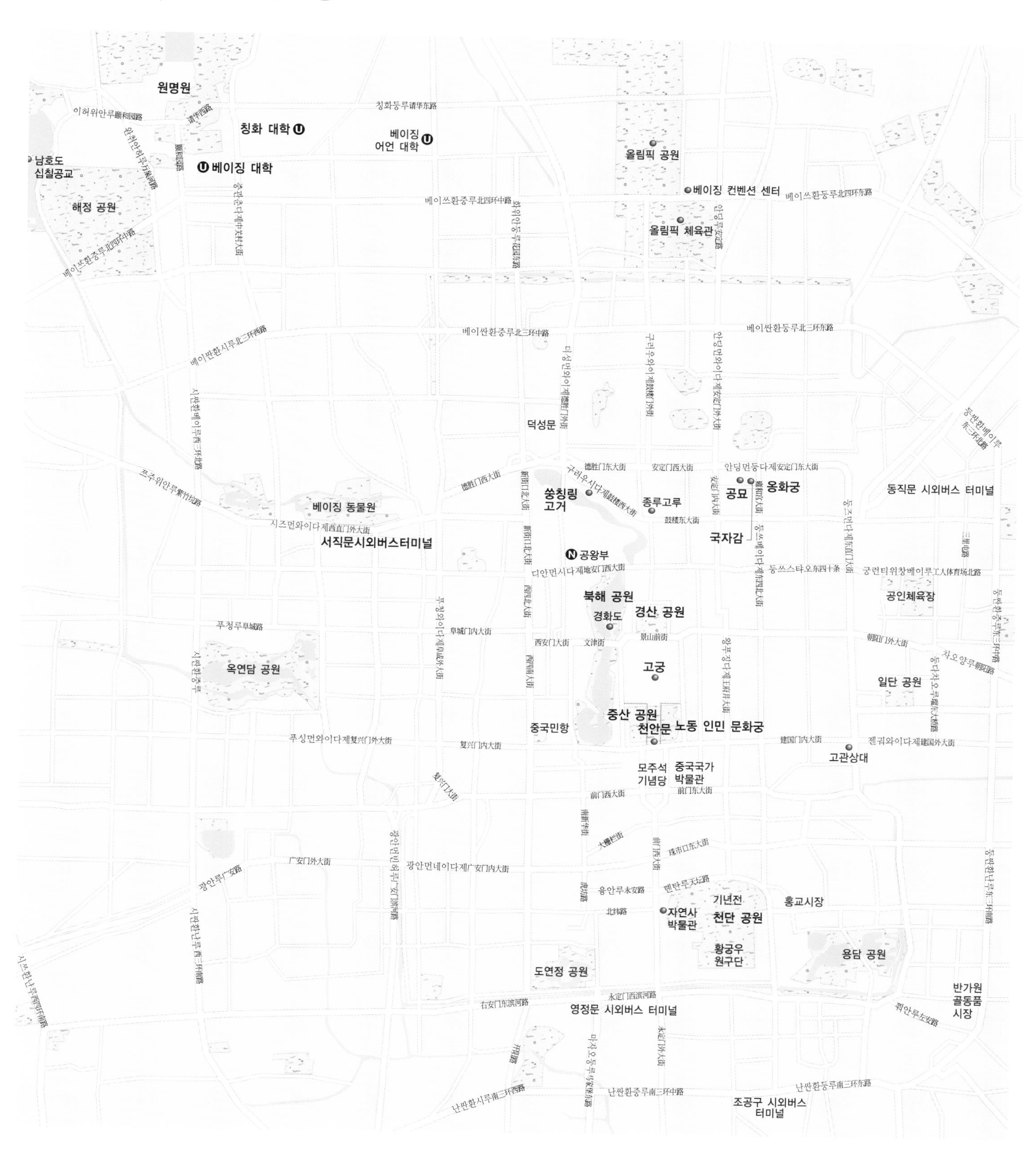

상하이 / Shanghai 중국

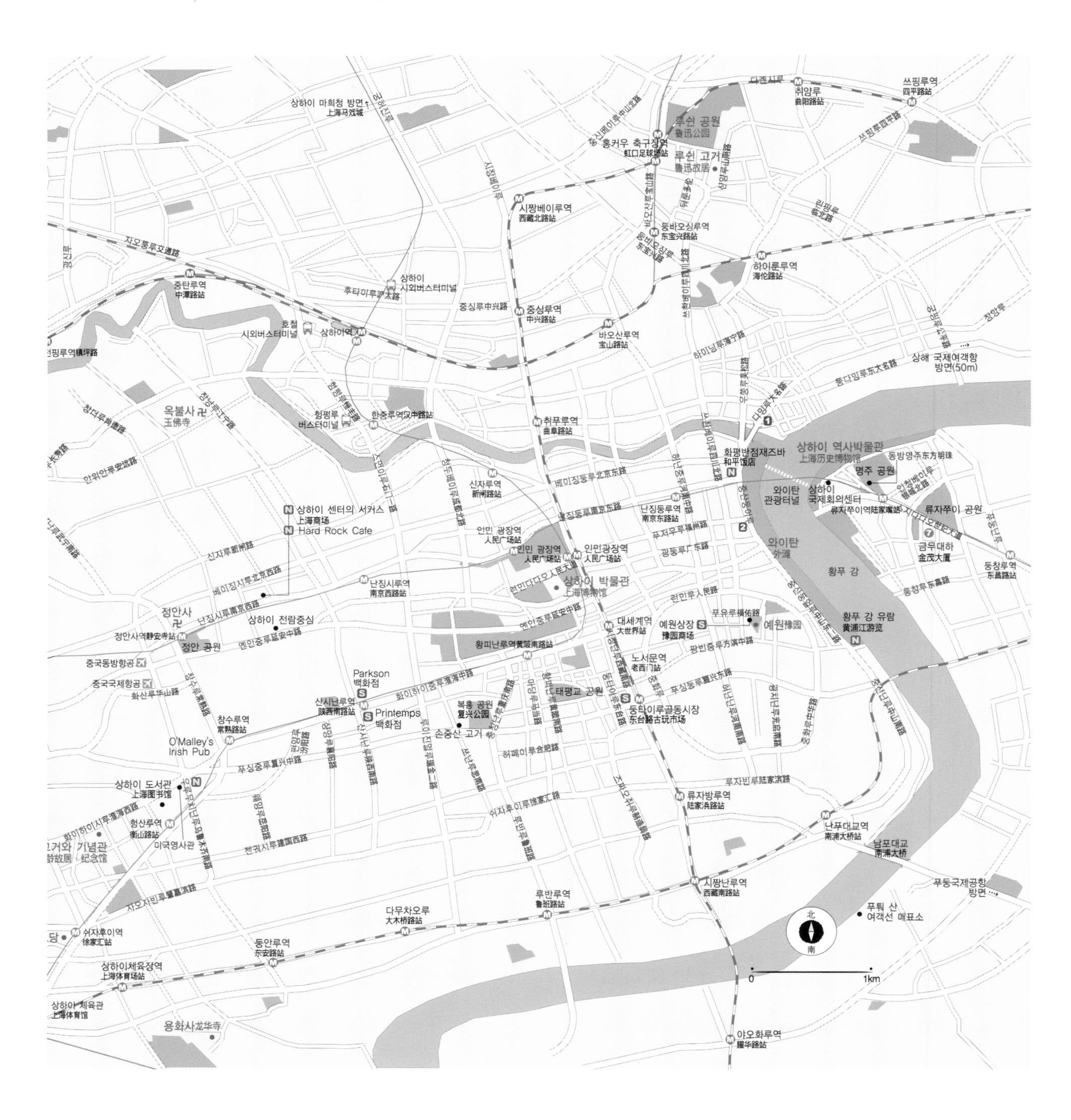

홍콩 / Hongkong 중국

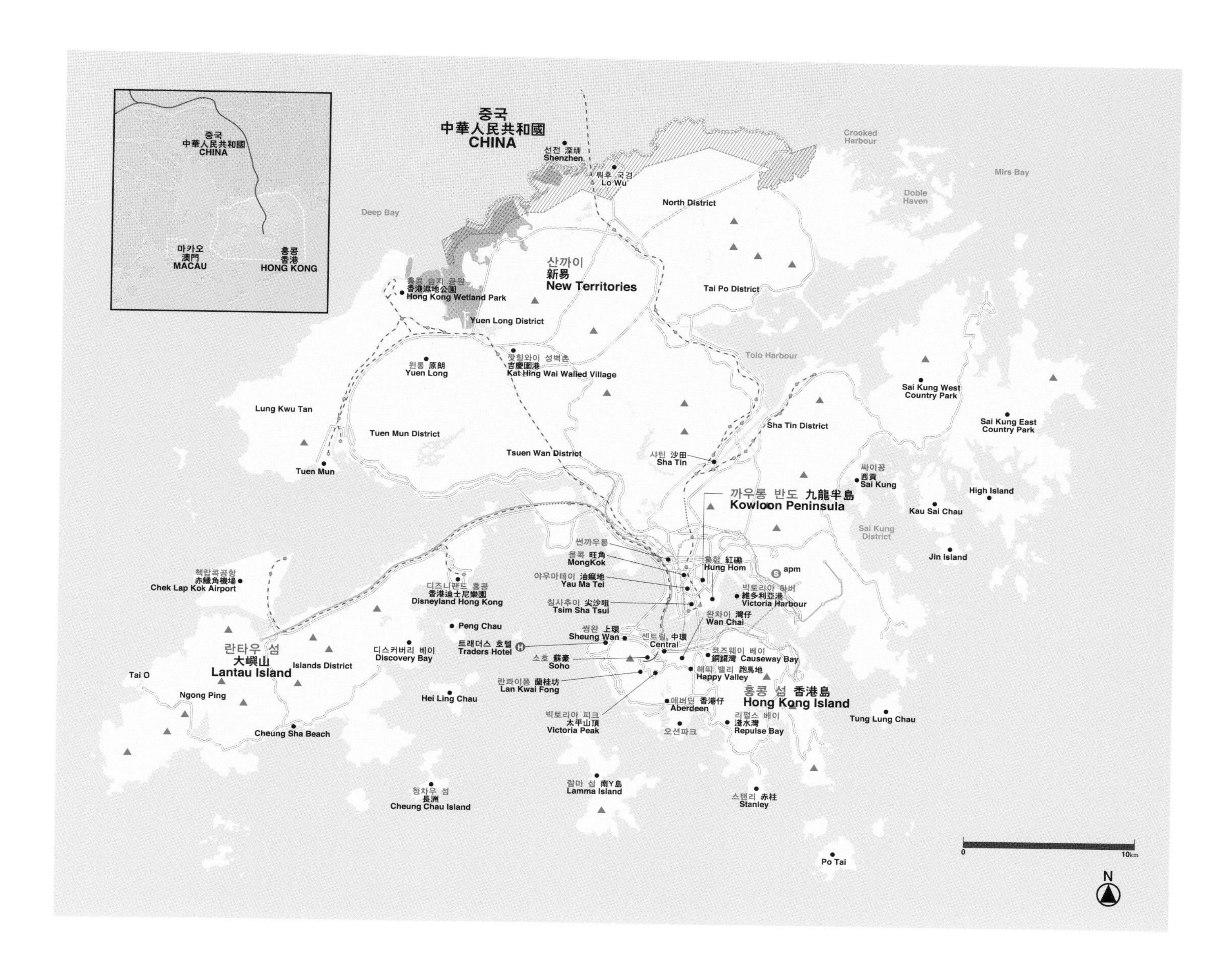

도쿄 / Tokyo 일본

나리타 국제 공항
고라쿠엔
우에노 공원
아사쿠사
미타카노모리
지부리 미술관
마루노치
신주쿠교엔
고쿄
에도가와
진구가이엔
메이지진구
아카사카
요요기 공원
롯폰기
시모키
타자와
국립 자연 교육원
레인보 브리지
도쿄 디즈니 리조트
도쿄 타워
오다이바
지유가
오카
도쿄 만
요코하마
하네다 공항

오사카 / Osaka 일본

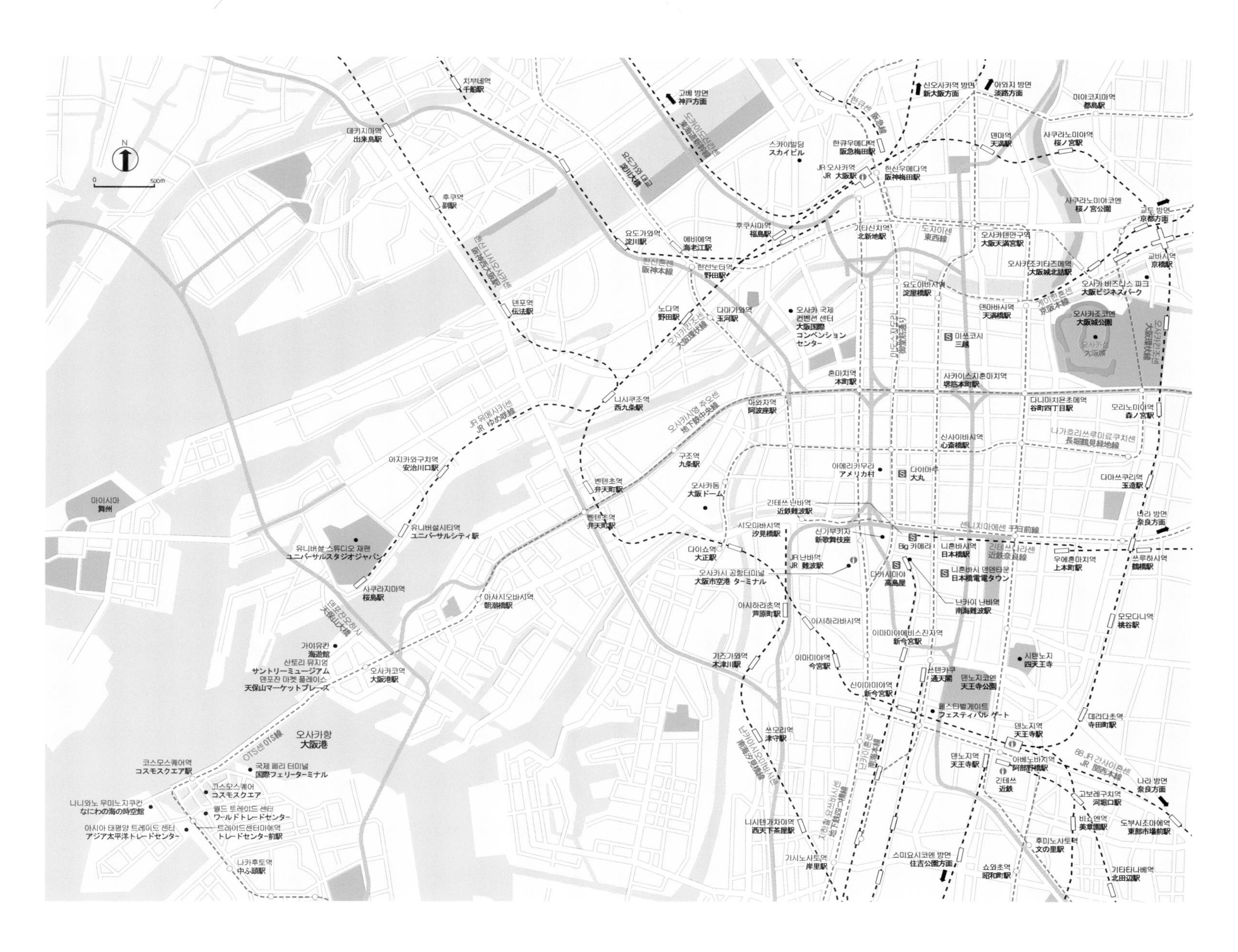

치부네역
千船駅
고베 방면
神戸方面
신오사카역 방면
新大阪方面
아와지 방면
淡路方面
미야코지마역
都島駅
데지마역
出来島駅
스카이빌딩
スカイビル
한큐우메다역
阪急梅田駅
덴마역
天満駅
사쿠라노미야역
桜ノ宮駅
JR 오사카역
JR 大阪駅
한신우메다역
阪神梅田駅
후쿠역
福駅
요도가와 대교
淀川大橋
사쿠라노미야코엔
桜ノ宮公園
교토 방면
京都方面
후쿠시마역
福島駅
기타신치역
北新地駅
오사카텐만구역
大阪天満宮駅
요도가와역
淀川駅
에비에역
海老江駅
도자이센
東西線
교바시역
京橋駅
한신혼센
阪神本線
한신노다역
阪神野田駅
오사카조키타즈메역
大阪城北詰駅
오사카 비즈니스 파크
大阪ビジネスパーク
덴포역
伝法駅
요도야바시역
淀屋橋駅
노다역
野田駅
다마가와역
玉川駅
오사카 국제 컨벤션 센터
大阪国際コンベンションセンター
덴마바시역
天満橋駅
오사카조코엔
大阪城公園
미쓰코시
三越
혼마치역
本町駅
사카이스지혼마치역
堺筋本町駅
니시쿠조역
西九条駅
아와자역
阿波座駅
다니마치욘초메역
谷町四丁目駅
모리노미야역
森ノ宮駅
신사이바시역
心斎橋駅
아지카와구치역
安治川口駅
구조역
九条駅
아메리카무라
アメリカ村
다이마루
大丸
다마쓰쿠리역
玉造駅
마이시마
舞洲
벤텐초역
弁天町駅
오사카돔
大阪ドーム
긴테쓰 난바역
近鉄難波駅
나라 방면
奈良方面
유니버설시티역
ユニバーサルシティ駅
시오미바시역
汐見橋駅
신가부키자
新歌舞伎座
니혼바시역
日本橋駅
유니버설 스튜디오 재팬
ユニバーサルスタジオジャパン
다이쇼역
大正駅
Big 카메라
우에혼마치역
上本町駅
쓰루하시역
鶴橋駅
JR 난바역
JR 難波駅
오사카시 공항터미널
大阪市空港 ターミナル
다카시마야
高島屋
니혼바시 덴덴타운
日本橋電電タウン
사쿠라지마역
桜島駅
아사시오바시역
朝潮橋駅
난카이 난바역
南海難波駅
아시하라바시역
芦原橋駅
모모다니역
桃谷駅
이마미야에비스진자역
新今宮駅
가이유칸
海遊館
산토리 뮤지엄
サントリーミュージアム
덴포잔 마켓 플레이스
天保山マーケットプレース
오사카코역
大阪港駅
기즈가와역
木津川駅
이마미야역
今宮駅
시텐노지
四天王寺
쓰텐카쿠
通天閣
덴노지코엔
天王寺公園
신이마미야역
新今宮駅
페스티벌 게이트
フェスティバルゲート
데라다초역
寺田町駅
오사카항
大阪港
쓰모리역
津守駅
덴노지역
天王寺駅
코스모스퀘어역
コスモスクエア駅
국제 페리 터미널
国際フェリーターミナル
아베노바시역
阿部野橋駅
긴테쓰
近鉄
코스모스퀘어
コスモスクエア
나니와노 우미노지쿠칸
なにわの海の時空館
월드 트레이드 센터
ワールドトレードセンター
아시아 태평양 트레이드 센터
アジア太平洋トレードセンター
트레이드센터마에역
トレードセンター前駅
고보레구치역
河堀口駅
비쇼엔역
美章園駅
도부시조마에역
東部市場前駅
니시텐가차야역
西天下茶屋駅
후미노사토역
文の里駅
나카후토역
中ふ頭駅
기시노사토역
岸里駅
스미요시코엔 방면
住吉公園方面
쇼와초역
昭和町駅
기타타나베역
北田辺駅

싱가포르 / Singapore 싱가포르

방콕 / Bangkok 태국

푸껫 / Phuket 태국

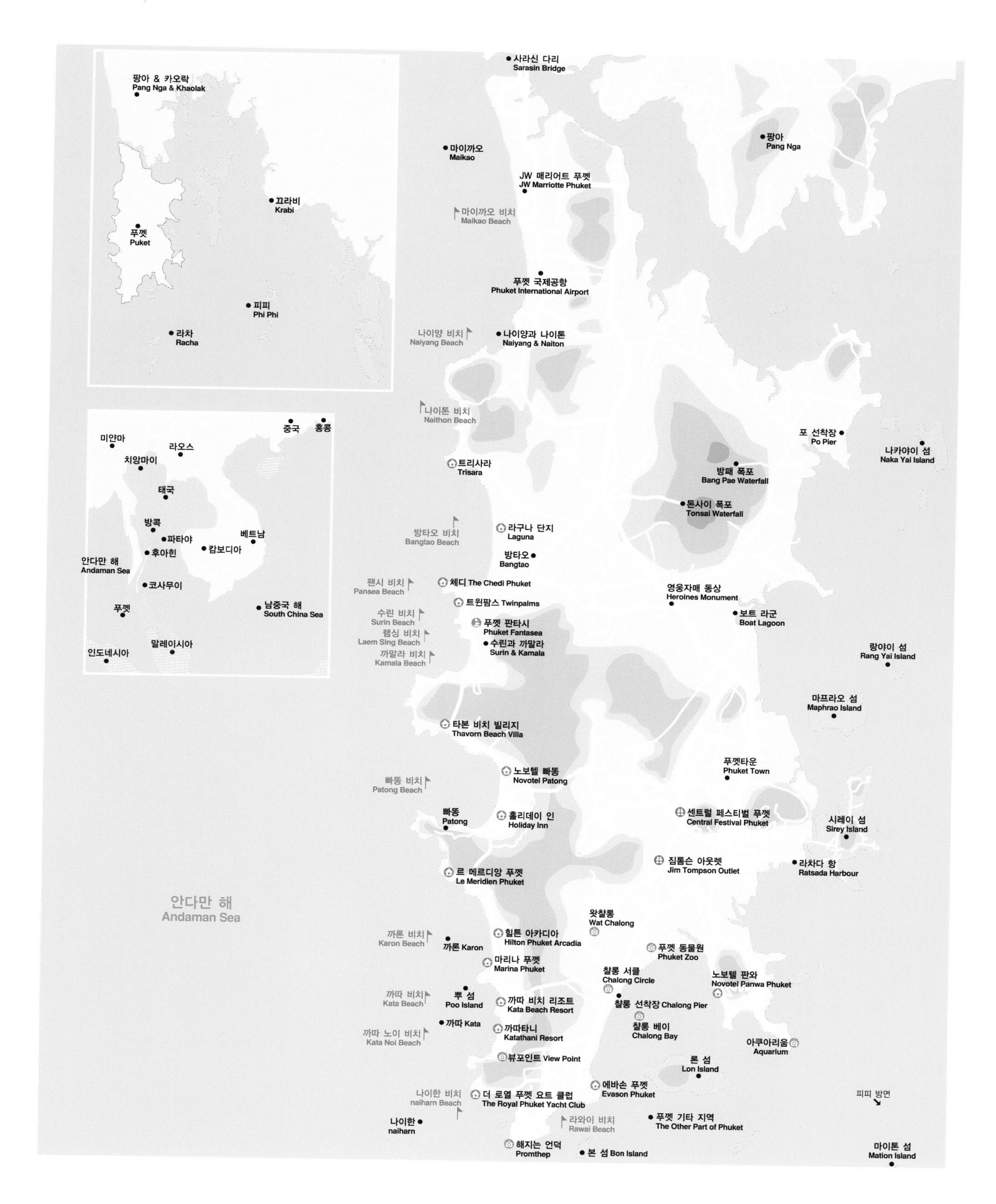

사라신 다리
Sarasin Bridge
팡아 & 카오락
Pang Nga & Khaolak
끄라비
Krabi
푸껫
Puket
피피
Phi Phi
라차
Racha
미얀마
라오스
치앙마이
태국
방콕
파타야
후아힌
캄보디아
베트남
중국
홍콩
안다만 해
Andaman Sea
코사무이
푸껫
남중국 해
South China Sea
말레이시아
인도네시아
팡아
Pang Nga
마이까오
Maikao
JW 매리어트 푸껫
JW Marriotte Phuket
마이까오 비치
Maikao Beach
푸껫 국제공항
Phuket International Airport
나이양 비치
Naiyang Beach
나이양과 나이톤
Naiyang & Naiton
나이톤 비치
Naithon Beach
포 선착장
Po Pier
나카야이 섬
Naka Yai Island
트리사라
Trisara
방패 폭포
Bang Pae Waterfall
톤사이 폭포
Tonsai Waterfall
방타오 비치
Bangtao Beach
라구나 단지
Laguna
방타오
Bangtao
팬시 비치
Pansea Beach
체디 The Chedi Phuket
트윈팜스 Twinpalms
영웅자매 동상
Heroines Monument
보트 라군
Boat Lagoon
수린 비치
Surin Beach
푸껫 판타시
Phuket Fantasea
램싱 비치
Laem Sing Beach
수린과 까말라
Surin & Kamala
까말라 비치
Kamala Beach
랑야이 섬
Rang Yai Island
마프라오 섬
Maphrao Island
타본 비치 빌리지
Thavorn Beach Villa
푸껫타운
Phuket Town
빠똥 비치
Patong Beach
노보텔 빠똥
Novotel Patong
빠똥
Patong
홀리데이 인
Holiday Inn
센트럴 페스티벌 푸껫
Central Festival Phuket
시레이 섬
Sirey Island
짐톰슨 아웃렛
Jim Tompson Outlet
라차다 항
Ratsada Harbour
르 메르디앙 푸껫
Le Meridien Phuket
안다만 해
Andaman Sea
왓찰롱
Wat Chalong
까론 비치
Karon Beach
까론 Karon
힐튼 아카디아
Hilton Phuket Arcadia
푸껫 동물원
Phuket Zoo
마리나 푸껫
Marina Phuket
찰롱 서클
Chalong Circle
노보텔 판와
Novotel Panwa Phuket
까따 비치
Kata Beach
뿌 섬
Poo Island
까따 비치 리조트
Kata Beach Resort
찰롱 선착장 Chalong Pier
까따 Kata
까따타니
Katathani Resort
찰롱 베이
Chalong Bay
까따 노이 비치
Kata Noi Beach
아쿠아리움
Aquarium
뷰포인트 View Point
론 섬
Lon Island
나이한 비치
naiharn Beach
더 로열 푸껫 요트 클럽
The Royal Phuket Yacht Club
에바슨 푸껫
Evason Phuket
피피 방면
나이한
naiharn
라와이 비치
Rawai Beach
푸껫 기타 지역
The Other Part of Phuket
해지는 언덕
Promthep
본 섬 Bon Island
마이톤 섬
Mation Island

델리 / Delhi 인도

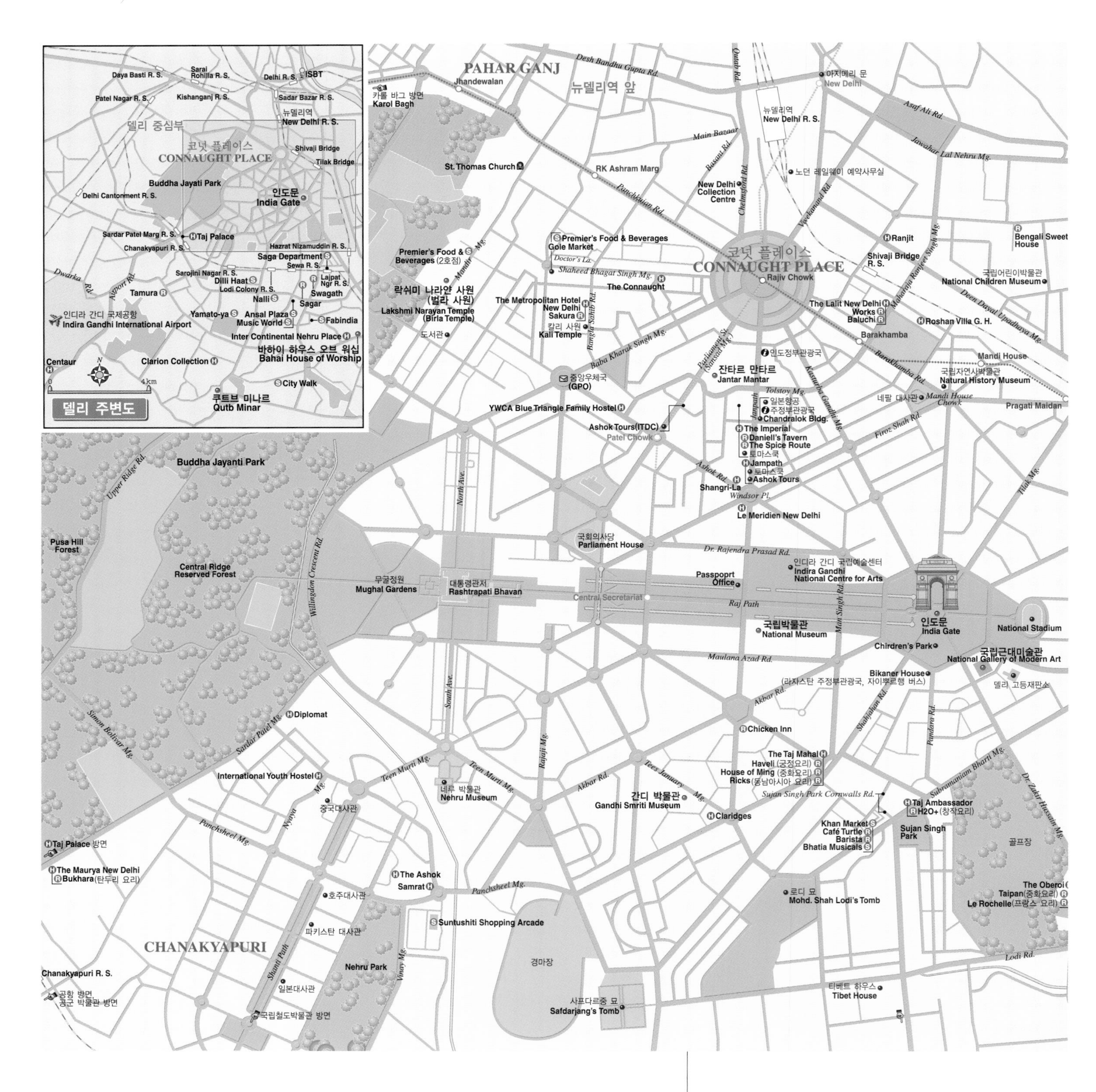

델리 주변도
Daya Basti R. S.
Sarai Rohilla R. S.
Delhi R. S.
ISBT
Patel Nagar R. S.
Kishanganj R. S.
Sadar Bazar R. S.
뉴델리역
New Delhi R. S.
델리 중심부
코넛 플레이스
CONNAUGHT PLACE
Shivaji Bridge
Tilak Bridge
Buddha Jayati Park
인도문
India Gate
Delhi Cantonment R. S.
Sardar Patel Marg R. S.
Taj Palace
Chanakyapuri R. S.
Hazrat Nizamuddin R. S.
Saga Department
Sewa R. S.
Sarojini Nagar R. S.
Dilli Haat
Lodi Colony R. S.
Lajpat Ngr R. S.
Swagath
Tamura
Nalli
Sagar
인디라 간디 국제공항
Indira Gandhi International Airport
Yamato-ya
Ansal Plaza
Music World
Fabindia
Inter Continental Nehru Place
바하이 하우스 오브 워십
Bahai House of Worship
Centaur
Clarion Collection
City Walk
쿠트브 미나르
Qutb Minar
PAHAR GANJ
Jhandewalan
카롤 바그 방면
Karol Bagh
Desh Bandhu Gupta Rd.
뉴델리역 앞
아지메리 문
New Delhi
뉴델리역
New Delhi R. S.
Asaf Ali Rd.
Jawahar Lal Nehru Mg.
Main Bazaar
St. Thomas Church
RK Ashram Marg
노던 레일웨이 예약사무실
New Delhi Collection Centre
Chelmsford Rd.
Panchkuian Rd.
Premier's Food & Beverages
Gole Market
Doctor's La.
Shaheed Bhagat Singh Mg.
The Connaught
Premier's Food & Beverages(2호점)
락쉬미 나라얀 사원
(벌라 사원)
Lakshmi Narayan Temple
(Birla Temple)
The Metropolitan Hotel New Delhi
Sakura
칼리 사원
Kali Temple
도서관
Ranjit
Shivaji Bridge R. S.
Bengali Sweet House
국립어린이박물관
National Children Museum
Rajiv Chowk
The Lalit New Delhi
Works
Baluchi
Roshan Villa G. H.
Barakhamba
Deen Dayal Upadhaya Mg.
인도정부관광국
Baba Kharak Singh Mg.
잔타르 만타르
Jantar Mantar
중앙우체국
(GPO)
Mandi House
국립자연사박물관
Natural History Museum
Tolstoy Mg.
일본항공
주정부관광국
Chandralok Bldg.
네팔 대사관
Mandi House Chowk
Pragati Maidan
YWCA Blue Triangle Family Hostel
Ashok Tours(ITDC)
Patel Chowk
The Imperial
Daniell's Tavern
The Spice Route
토마스쿡
Jampath
Ashok Tours
Shangri-La
Windsor Pl.
Firoz Shah Rd.
Buddha Jayanti Park
Upper Ridge Rd.
North Ave.
Le Meridien New Delhi
Tilak Mg.
Pusa Hill Forest
Central Ridge Reserved Forest
Willingdon Crescent Rd.
국회의사당
Parliament House
Dr. Rajendra Prasad Rd.
인디라 간디 국립예술센터
Indira Gandhi National Centre for Arts
무굴정원
Mughal Gardens
대통령관저
Rashtrapati Bhavan
Central Secretariat
Passpoprt Office
Raj Path
국립박물관
National Museum
Man Singh Rd.
인도문
India Gate
National Stadium
Chirdren's Park
국립근대미술관
National Gallery of Modern Art
Maulana Azad Rd.
Bikaner House
(라자스탄 주정부관광국, 자이뿌르행 버스)
델리 고등재판소
Akbar Rd.
Simon Bolivar Mg.
Diplomat
Sardar Patel Mg.
South Ave.
Chicken Inn
The Taj Mahal
Haveli (궁정요리)
House of Ming (중화요리)
Ricks(동남아시아 요리)
International Youth Hostel
Teen Murti Mg.
네루 박물관
Nehru Museum
Rajaji Mg.
Tees January Mg.
간디 박물관
Gandhi Smriti Museum
Sujan Singh Park Cornwalls Rd.
Taj Ambassador
H2O+(창작요리)
Subramaniam Bharti Mg.
Dr. Zakir Hussain Mg.
중국대사관
Claridges
Nyaya Mg.
Panchsheel Mg.
Khan Market
Café Turtle
Barista
Bhatia Musicals
Sujan Singh Park
골프장
Taj Palace 방면
The Maurya New Delhi
Bukhara(탄두리 요리)
The Ashok
Samrat
호주대사관
로디 묘
Mohd. Shah Lodi's Tomb
The Oberoi
Taipan(중화요리)
Le Rochelle(프랑스 요리)
Suntushiti Shopping Arcade
파키스탄 대사관
CHANAKYAPURI
Shanti Path
Nehru Park
Vinay Mg.
경마장
Lodi Rd.
Chanakyapuri R. S.
공항 방면
공군 박물관 방면
일본대사관
국립철도박물관 방면
사프다르중 묘
Safdarjang's Tomb
티베트 하우스
Tibet House

런던 London 영국

리젠트 파크
대영 도서관
St. Pancras
셜록 홈스 박물관
London Beatles Shop
마담 투소 박물관
Bloomsbury
Holborn
대영 박물관
Easyeverything
Soho
세인트 폴 대성당
City of London Youth Hostel
소더비 경매장
차이나타운
Temple
Blackfriars
피커딜리 서커스
레스터 스퀘어
내셔널 갤러리
하이드 파크
St. James's
Charing Cross
트라팔가 광장
테이트 모던
국립 극장
서펜타인
워털루 역
호스가즈
Green Park
전시내각의 방
런던 아이
버킹엄 궁전
빅 벤
국회의사당
웨스트민스터 사원
Knightsbridge
Lambeth
빅토리아 · 앨버트 박물관
빅토리아 역
Brompton
Belgravia
웨스트민스터
South Kensington
Tate Britain Gallery
Pimlico
Chelsea

파리 / Paris 프랑스

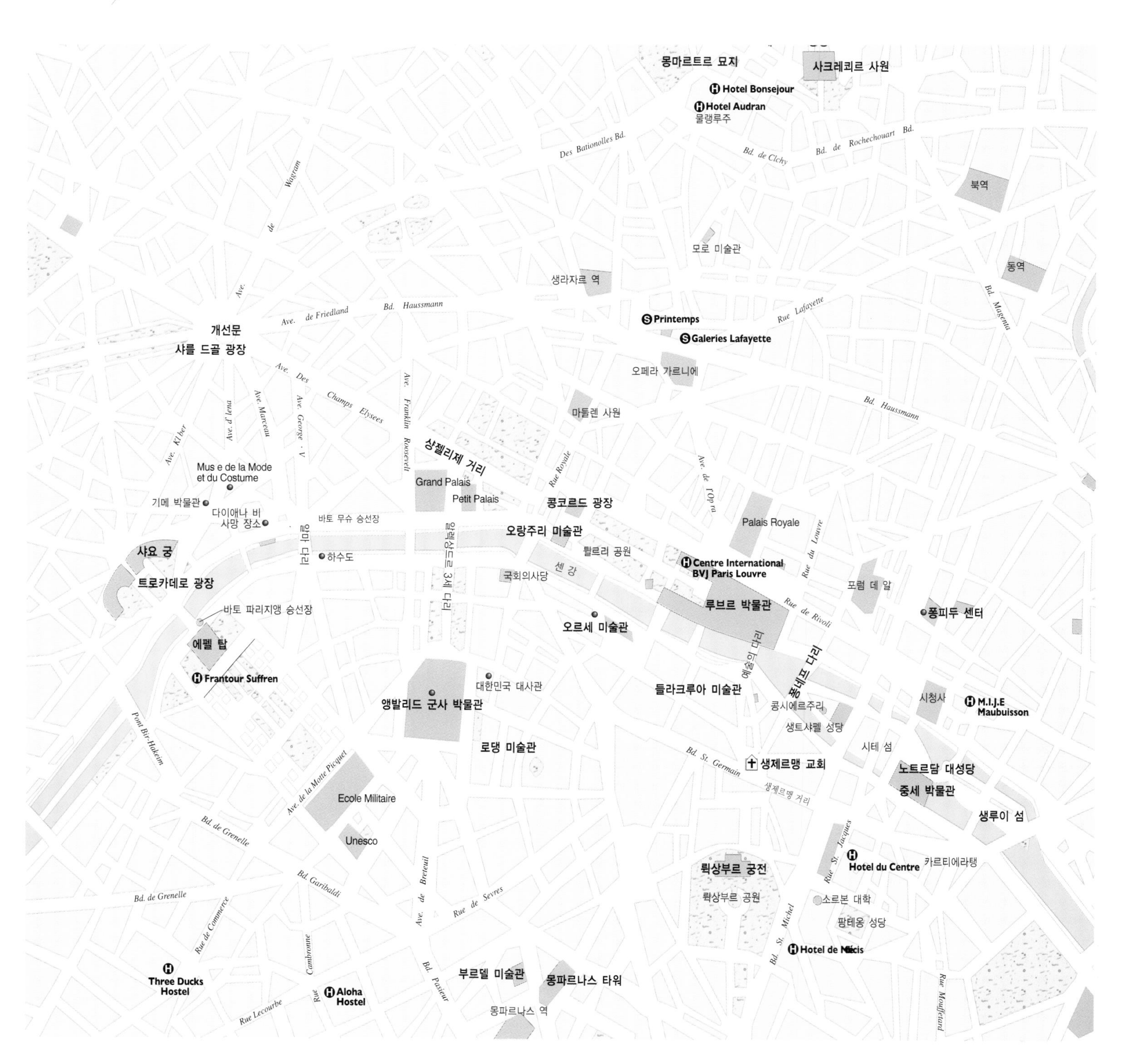

몽마르트르 묘지
사크레쾨르 사원
Hotel Bonsejour
Hotel Audran
물랭루주
Des Bationolles Bd.
Bd. de Clchy
Bd. de Rochechouart Bd.
북역
Ave. de Wagram
모로 미술관
동역
생라자르 역
Bd. Magenta
Ave. de Friedland
Bd. Haussmann
Printemps
Rue Lafayette
개선문
샤를 드골 광장
Galeries Lafayette
오페라 가르니에
Ave. Des Champs Elysees
Ave. Franklin Roosevelt
마들렌 사원
Bd. Haussmann
Ave. d'Iena
Ave. Marceau
Ave. George · V
Ave. Kl'ber
상젤리제 거리
Rue Royale
Ave. de l'Opera
Mus e de la Mode et du Costume
Grand Palais
Petit Palais
콩코르드 광장
기메 박물관
다이애나 비 사망 장소
바토 무슈 승선장
Palais Royale
Rue du Louvre
오랑주리 미술관
알마 다리
알렉상드르 3세 다리
튈르리 공원
샤요 궁
하수도
Centre International BVJ Paris Louvre
센 강
국회의사당
포럼 데 알
트로카데로 광장
바토 파리지앵 승선장
루브르 박물관
Rue de Rivoli
퐁피두 센터
오르세 미술관
에펠 탑
예술의 다리
퐁네프 다리
Frantour Suffren
대한민국 대사관
들라크루아 미술관
앵발리드 군사 박물관
시청사
M.I.J.E Maubuisson
콩시에르주리
생트샤펠 성당
Pont Bir-Hakeim
로댕 미술관
시테 섬
Bd. St. Germain
생제르맹 교회
노트르담 대성당
생제르맹 거리
중세 박물관
Ave. de la Motte Picquet
Ecole Militaire
생루이 섬
Bd. de Grenelle
Unesco
Rue St. Jacques
Hotel du Centre
카르티에라탱
뤽상부르 궁전
Bd. Garibaldi
Ave. de Breteuil
Bd. de Grenelle
뤽상부르 공원
소르본 대학
Rue de Sevres
Rue de Commerce
팡테옹 성당
Bd. St. Michel
Hotel de M dicis
Rue Cambronne
Three Ducks Hostel
부르델 미술관
몽파르나스 타워
Bd. Pasteur
Aloha Hostel
Rue Mouffetard
Rue Lecourbe
몽파르나스 역

모스크바 / Moscow 러시아

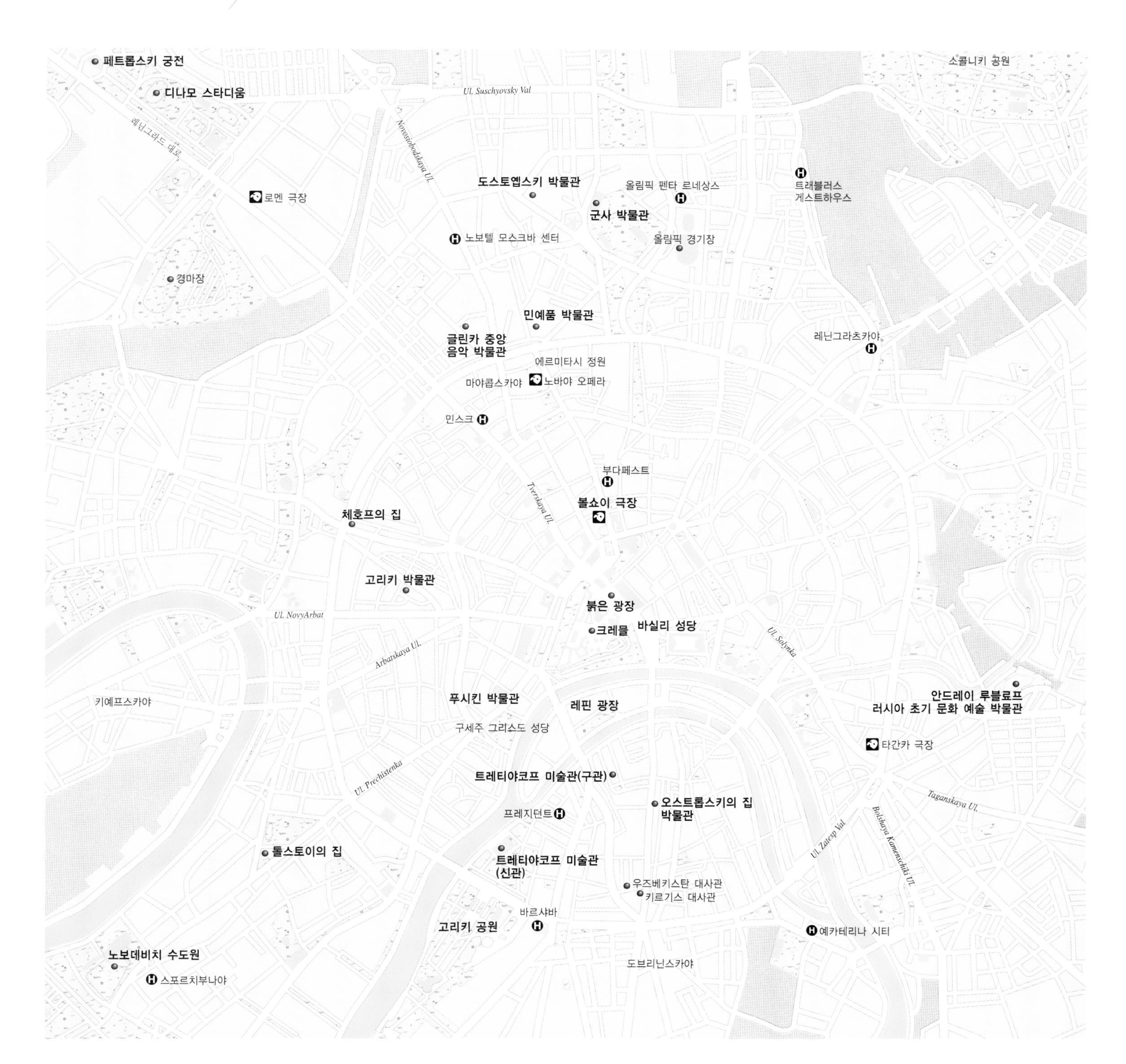

아테네 / Athens 그리스

베를린
Berlin 독일
Mus. f r Naturkunde
Zinnowitzerstr.
Senefelderpl.
Hamburger Bahnhof-Museum f r Gegenwart Berlin
Rosenth. Pl.
Turmstr.
Lehrter Stadtbf.
Dt. Theater.
Synagoge.
Circus The Host
R-Luxemburg Pl.
Weinmeisterstr.
Mori Ogai Gedenkst tte
Hackescher Markt
Bodemuseum
National Galerie
구박물관
Forum
Friedrichst.
페르가몬 박물관
Alexanderpl.
Reichstag
운터 덴 린덴
Berliner Dom
브란덴부르크 문
훔볼트 대학
U.d.Linden
R Zur Letzten Instanz Klosterstr.
전승 기념탑
Franzosstr.
Franz. Dom
Jannowitzbr.
6월 17일 거리
Tiergarten
Stadimitte
Hausvogteipl.
Mark. Mus.
Dt. Dom
Musikinstrumenten Mus.
베를린 필하모닉
Spittelmarkt
Sony 유럽 본부
포츠담 광장
H. Heinestr.
동물원
Kulturforum
Potsdamer Pl.
신국립 박물관
벽 박물관 · 체크포인트 찰리
Aquarium
ALDI
George's Restaurant
Jugendgä Stehaus Berlin
유로파 센터
Jugendgästehaus Berlin
Kurfürstendamm
Moritzpl.
Wittenbergpl.
Wintergarten
Berlin Museum
Augsburgerstr.
Ka De We백화점
Nollendorfpl.
Kurfürstenstr.
Gleisdreieck
Hallesches Tor.
Kottbusser Tor
Deutsches Technikmuseum Berlin
KREUZBERG
뮌헨
Munich 독일
렌바흐 시립미술관
Stadtische Galerie im Lenbachhaus
Königsplatz
Karolinen Platz
4 you München
Odeonsplatz
Hofgarten
Starnberger Bhf.
Hauptbhf.
Viscardi gasse
레지덴즈 박물관
Residenz Museum
중앙역
Hauptbahnhof
Bahnhof platz
Internetcafe München
Coffee Fellows
Holzkirchner Bhf.
Henckels (쌍둥이칼)
Promenade Platz.
Karlsplatz
Wombat's
Helvetia
Drei Löwen
Euro youth Hostel
카를스 광장
KarlsPlatz.
Le Meridien
맥도날드
AMEX
노이하우저 거리 NEUHAUSER STRASSE
Augustiner Grossgaststätte
Himer
신시청사
Nueu Rathaus
프라우엔 교회
Frauenkirche
Donisl
호프브로이 하우스
Hofbräuhaus
Jugendhotel Marienherberge
Marienplatz
Shoya
Ludwigs Apotheke
Soccer Shop
Hotel Mirabell
Café Glockenspiel
마리엔 광장
Marienplatz
CVJM YMCA
Hundskugel
Kaufhof
Café Rischart
버거킹
맥도날드
Theresienwiese
빅투알리언마르크트
Viktualienmarkt

로마 / Rome 이탈리아

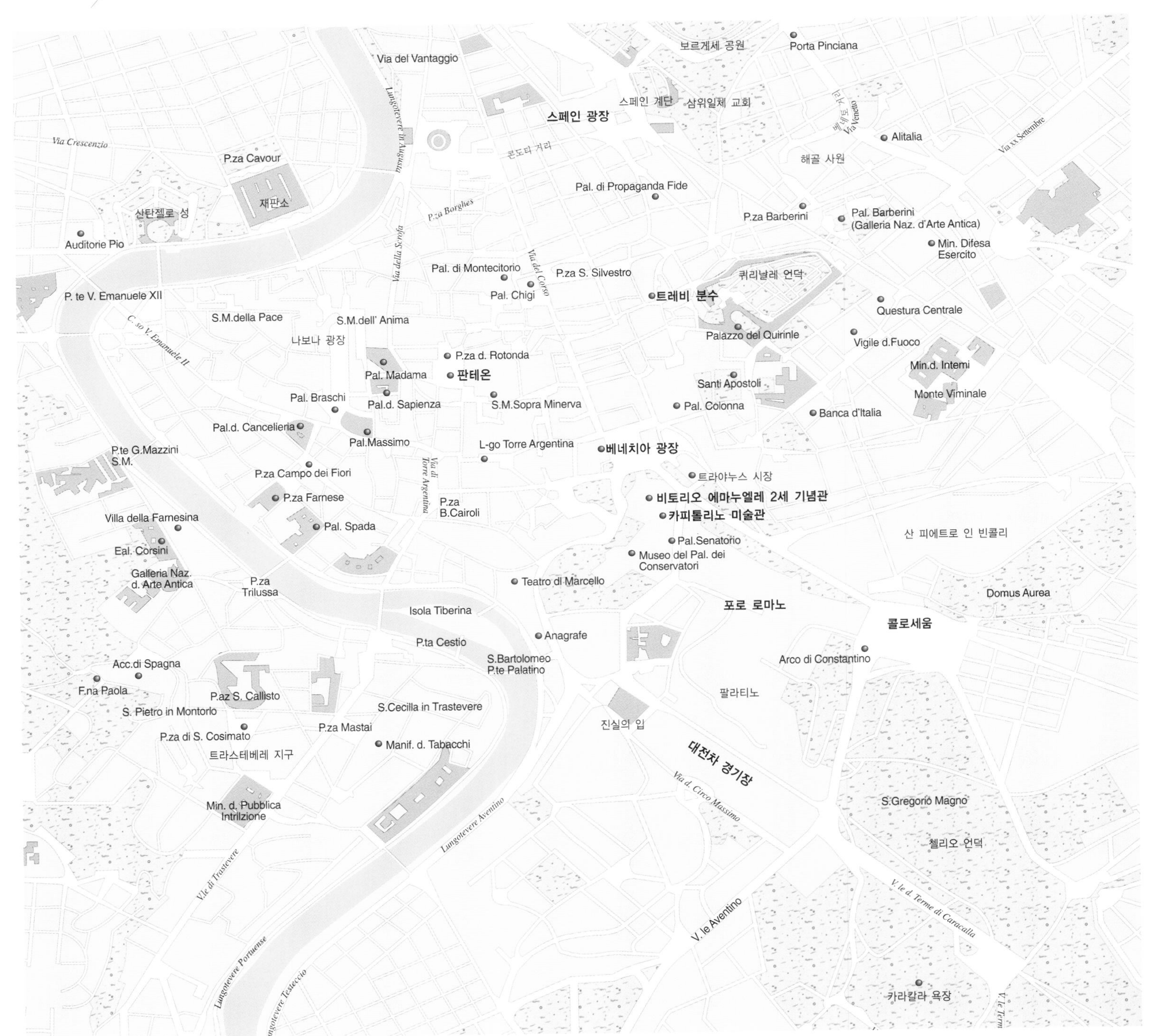

보르게세 공원
Porta Pinciana
Via del Vantaggio
스페인 계단
삼위일체 교회
스페인 광장
Via Veneto
Alitalia
Via xx Settembre
Via Crescenzio
P.za Cavour
콘도티 거리
해골 사원
재판소
Pal. di Propaganda Fide
P.za Borghes
산탄젤로 성
P.za Barberini
Pal. Barberini (Galleria Naz. d'Arte Antica)
Auditorie Pio
Min. Difesa Esercito
Pal. di Montecitorio
Via del Corso
P.za S. Silvestro
퀴리날레 언덕
P. te V. Emanuele XII
Pal. Chigi
트레비 분수
Questura Centrale
S.M.della Pace
S.M.dell' Anima
C. so V. Emanuele II
나보나 광장
Palazzo del Quirinle
Vigile d.Fuoco
P.za d. Rotonda
Pal. Madama
판테온
Min.d. Interni
Santi Apostoli
Pal. Braschi
Pal.d. Sapienza
S.M.Sopra Minerva
Pal. Colonna
Monte Viminale
Banca d'Italia
Pal.d. Cancelleria
Pal.Massimo
L-go Torre Argentina
베네치아 광장
P.te G.Mazzini S.M.
P.za Campo dei Fiori
Via di Torre Argentina
트라야누스 시장
P.za Farnese
P.za B.Cairoli
비토리오 에마누엘레 2세 기념관
카피톨리노 미술관
Villa della Farnesina
Pal. Spada
산 피에트로 인 빈콜리
Pal.Senatorio
Eal. Corsini
Museo del Pal. dei Conservatori
Galleria Naz. d. Arte Antica
P.za Trilussa
Teatro di Marcello
Domus Aurea
Isola Tiberina
포로 로마노
콜로세움
Anagrafe
P.ta Cestio
Acc.di Spagna
S.Bartolomeo P.te Palatino
Arco di Constantino
F.na Paola
P.az S. Callisto
팔라티노
S. Pietro in Montorio
S.Cecilla in Trastevere
진실의 입
P.za di S. Cosimato
P.za Mastai
Manif. d. Tabacchi
트라스테베레 지구
대전차 경기장
Via d. Circo Massimo
Min. d. Pubblica Intrilzione
Lungotevere Aventino
S.Gregorio Magno
첼리오 언덕
Vle di Trastevere
V.le d. Terme di Caracalla
V. le Aventino
Lungotevere Portuense
Lungotevere Testaccio
카라칼라 욕장
V. le Terme

빈
Vienna 오스트리아
Sigmund-Freud-museum
Allgemeine Krankenhaus
Wien Nord/Praterstern 프라터 유원지
Votivkirche
Börse
Landegercht
빈 대학
Schweier Pension solderer
Johann-Strauβ-Gedenkstätte
Pasqualatihaus
Maria am Gestade
Uhrenmuseum der Stadt Wien
시청사
궁정 극장
쿤스트하우스 빈
P. Nossek
Looshaus
성 슈테판 성당
국회의사당
Michaeler-Platz
구왕궁
Figaro-Haus
Dr.k. Lueger Platz
Osterr. Museum für angewandte Kunst
훈데르트바서 하우스
Spanische Reitschule
Josefsplatz
Wien Mitte Landstraβe
Heldenplatz
City Air Terminal
자연사 박물관
시립 공원
마리아 테레지아 광장
미술사 박물관
Burggarten
Albertinaplatz
에어프랑스
오페라 하우스
Museumquartier
Kursalon
Konzerthaus

프라하
Prague 체코
벨베데르
성 비트 성당
구왕궁
성 이지 성당
황금소로
프라하 성
Kr lovsk Zahrada
Hradcany
Star z m Schody
카를 교
Malostransk
Arcibiskupský palác
Valdštejnský palác
스타로노바 시나고그
유대인 공동묘지
로레타 교회
핀카스바 시나고그
Pension Týn
Chrám sy. Mikuláše
Lichtenstejnsky Pal c
J. S. Porcelán
틴 성당
Obecní dům
구시가 광장
Malostransk n m.
Bohemia
화약탑
구시청사&천문시계
Dům U Ceme Matky Boží
U b l ho Lva
카를 교
Clam-Gallasův palác
Karolinum
Kavama Obecní Dům
클레멘티눔
The St. Michael Mystery
스타보브스케 극장
P. M. Vitězná
U Kamenńo Mostu
Black light Theatre
Nescaf Live
Muzeum B. Smetany
Cem divadlo an mato
Mal Strana
Betl msk Kaple
Rozhledna
Zrcadlové bludiště
페트신 공원
Kampa
Střelecký Ostrov
노천 시장
Hvězdárna
Savoy
N rodn divadlo
국립 박물관

마드리드 / Madrid 스페인

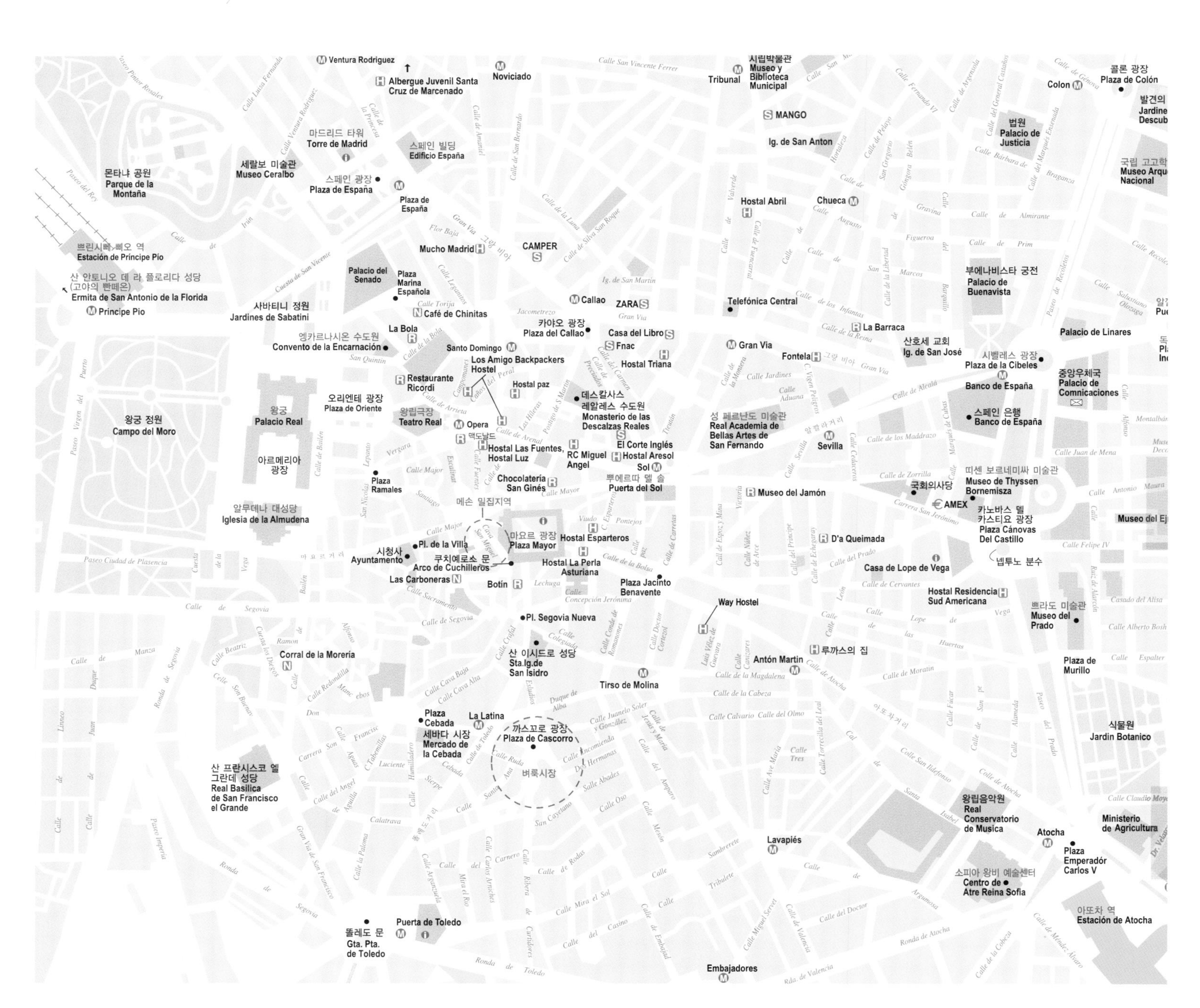

워싱턴 D.C. / Washington D.C. 미국

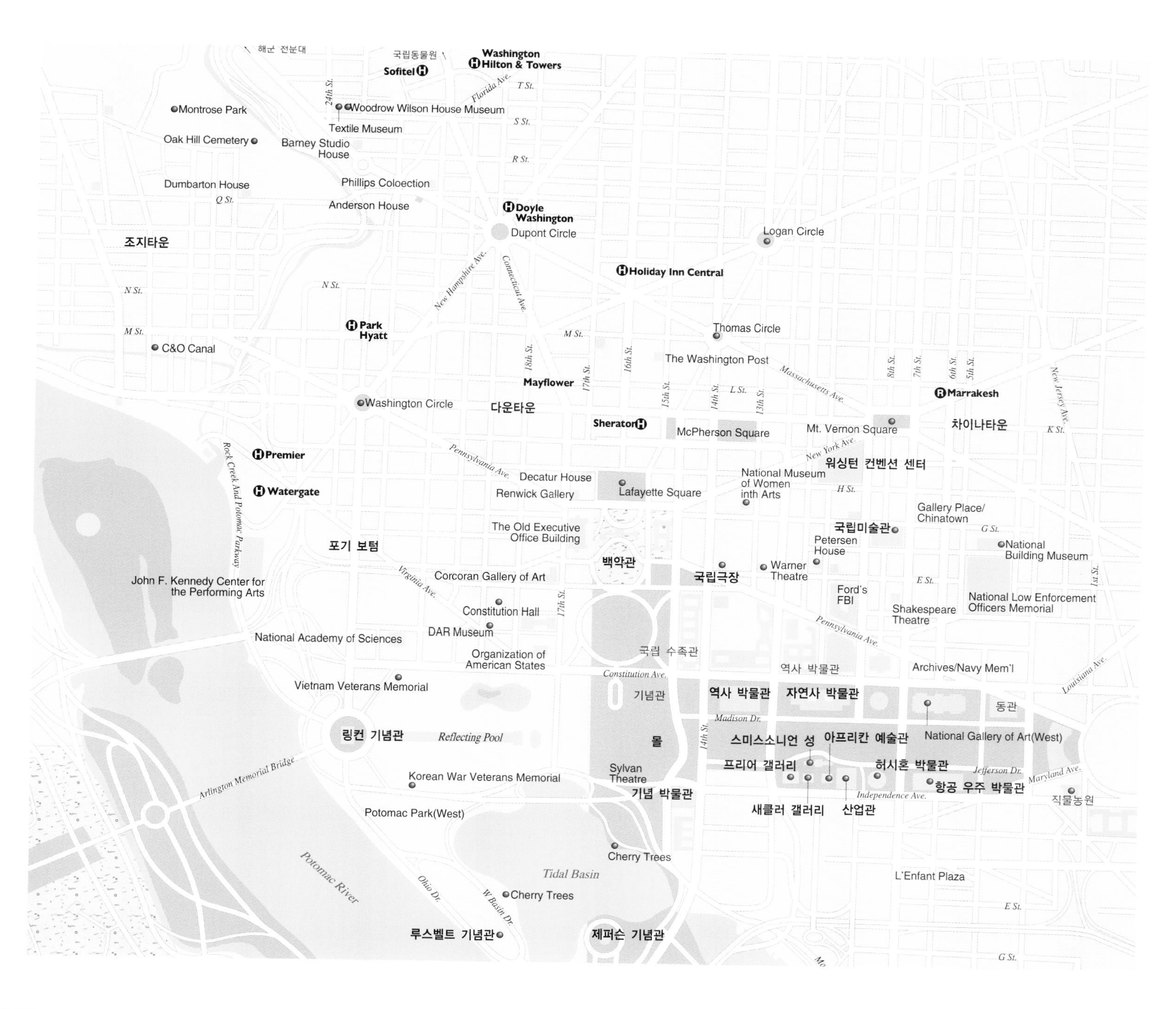

뉴욕 / New York 미국

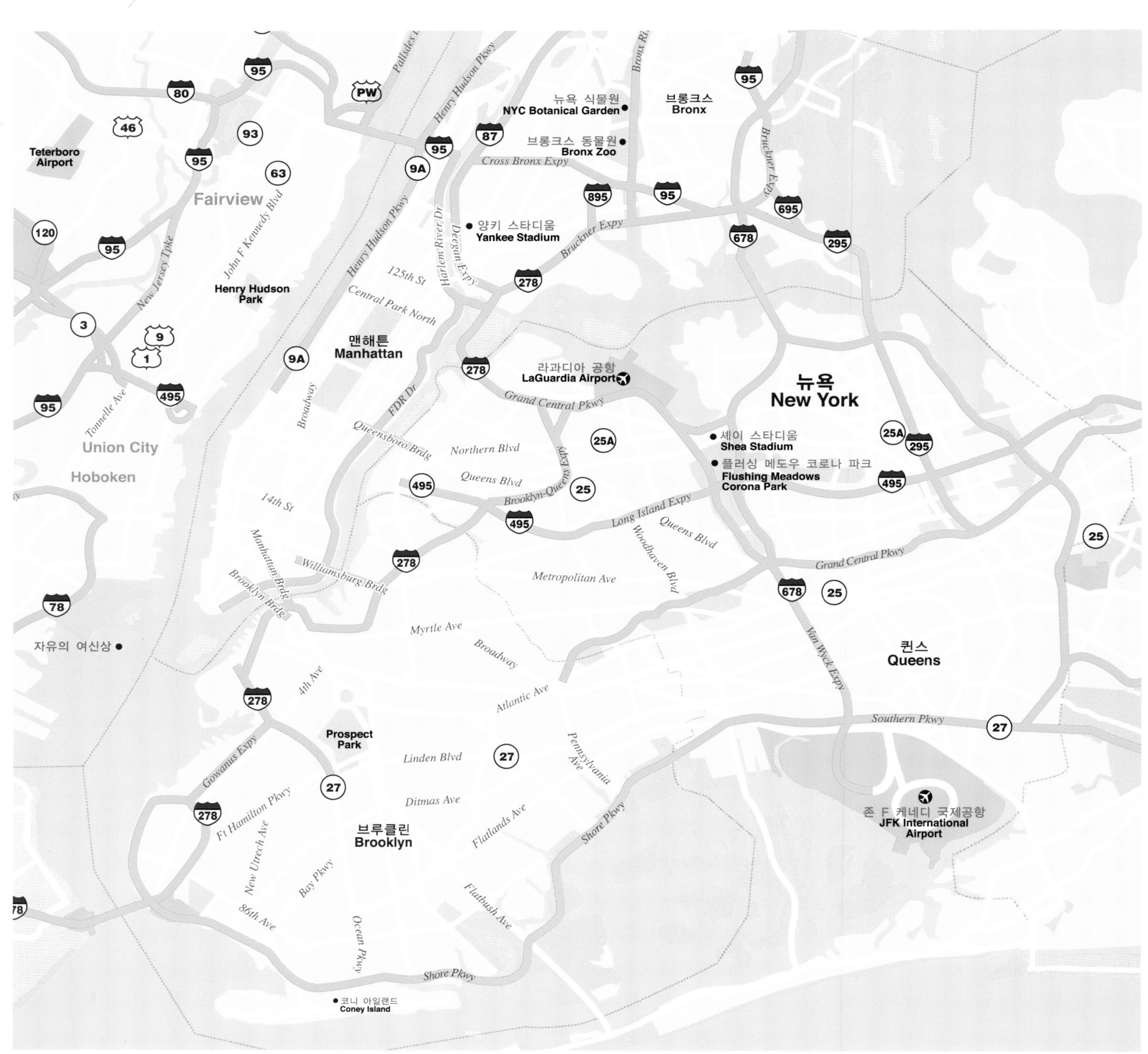

밴쿠버 / Vancouver 캐나다

산티아고 Santiago 칠레

상파울루 Sao paulo 브라질

부에노스아이레스 Buenos Aires 아르헨티나

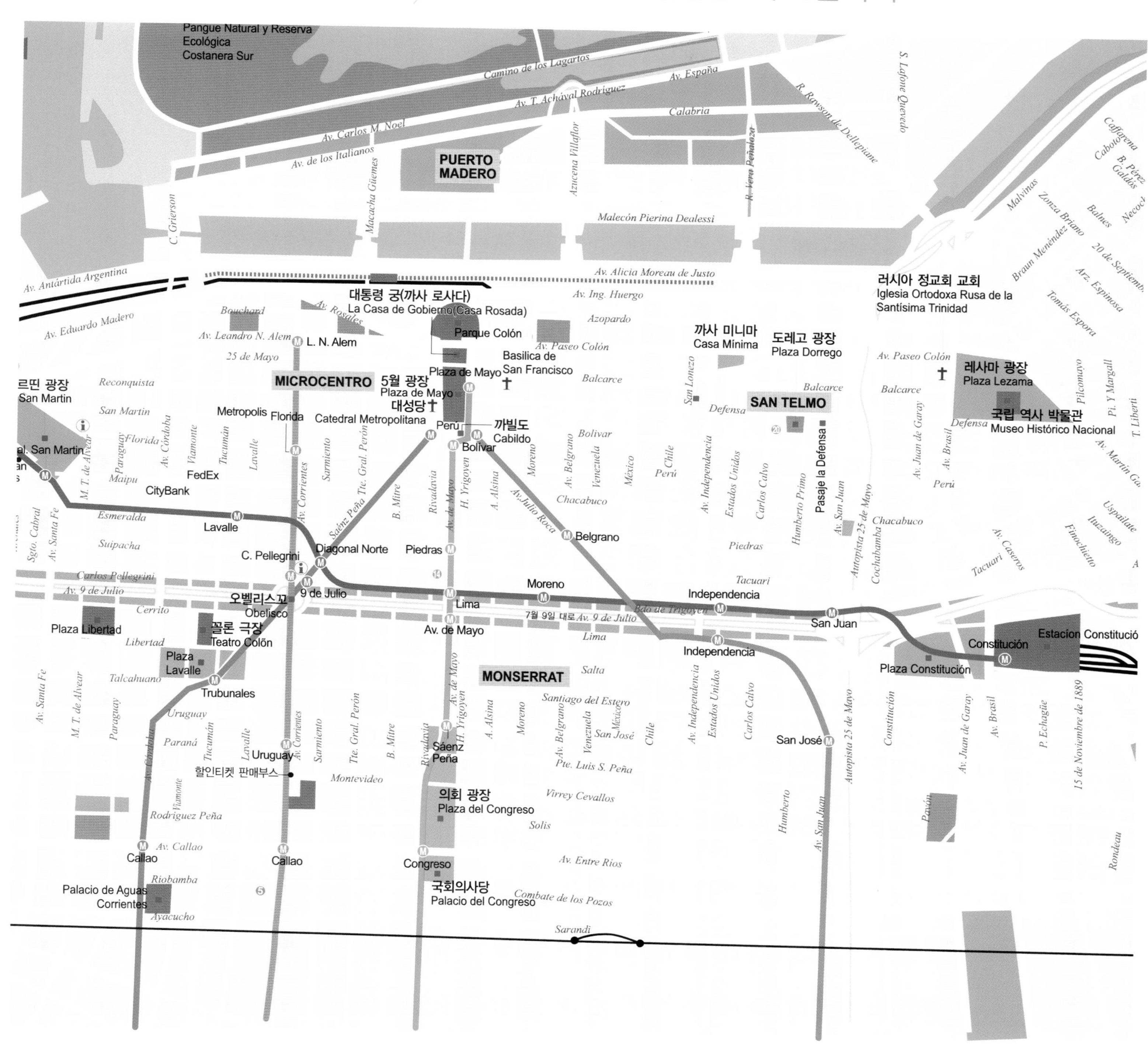

시드니 Sydney 오스트레일리아

멜버른 Melbourne 오스트레일리아

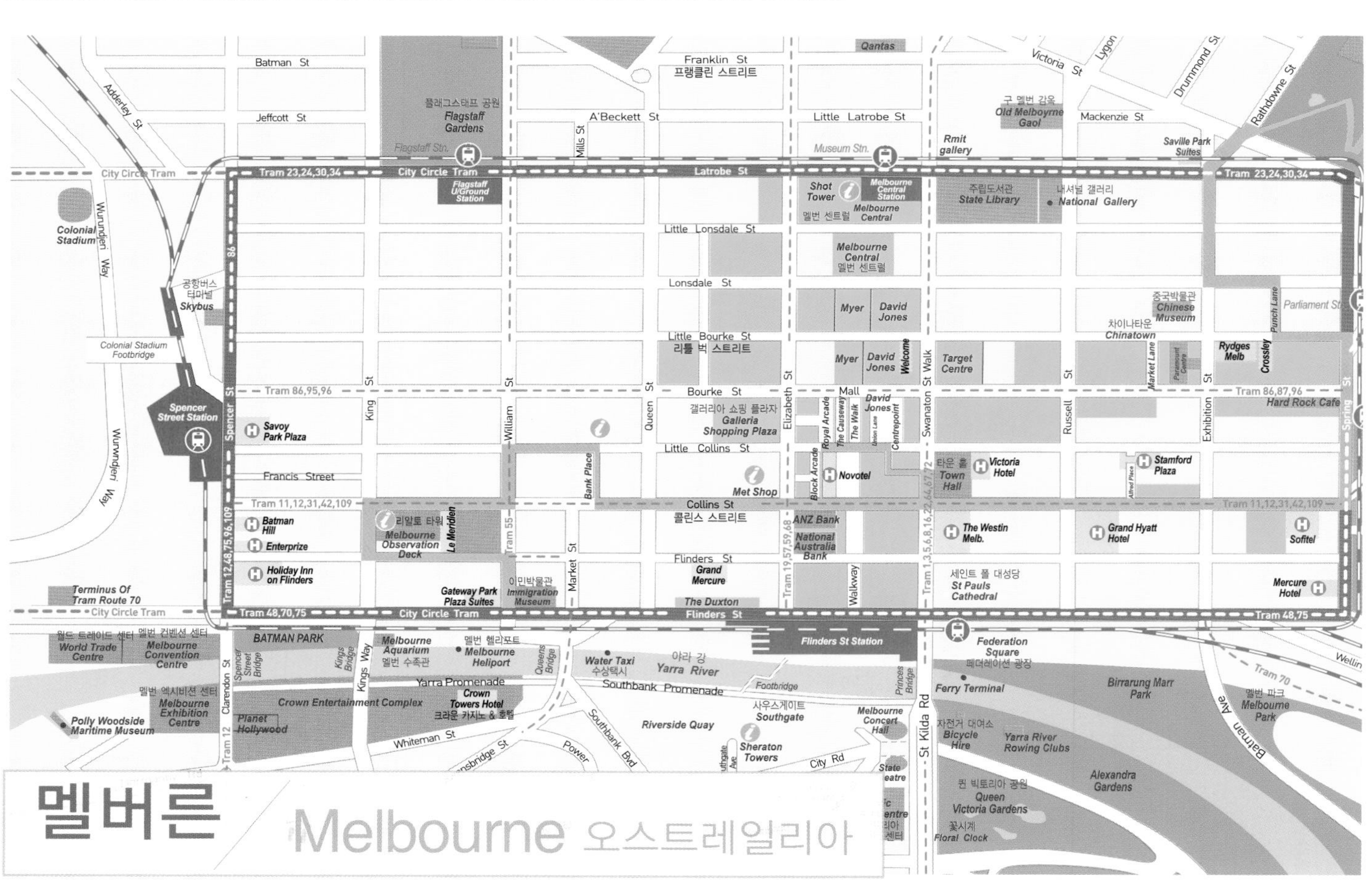

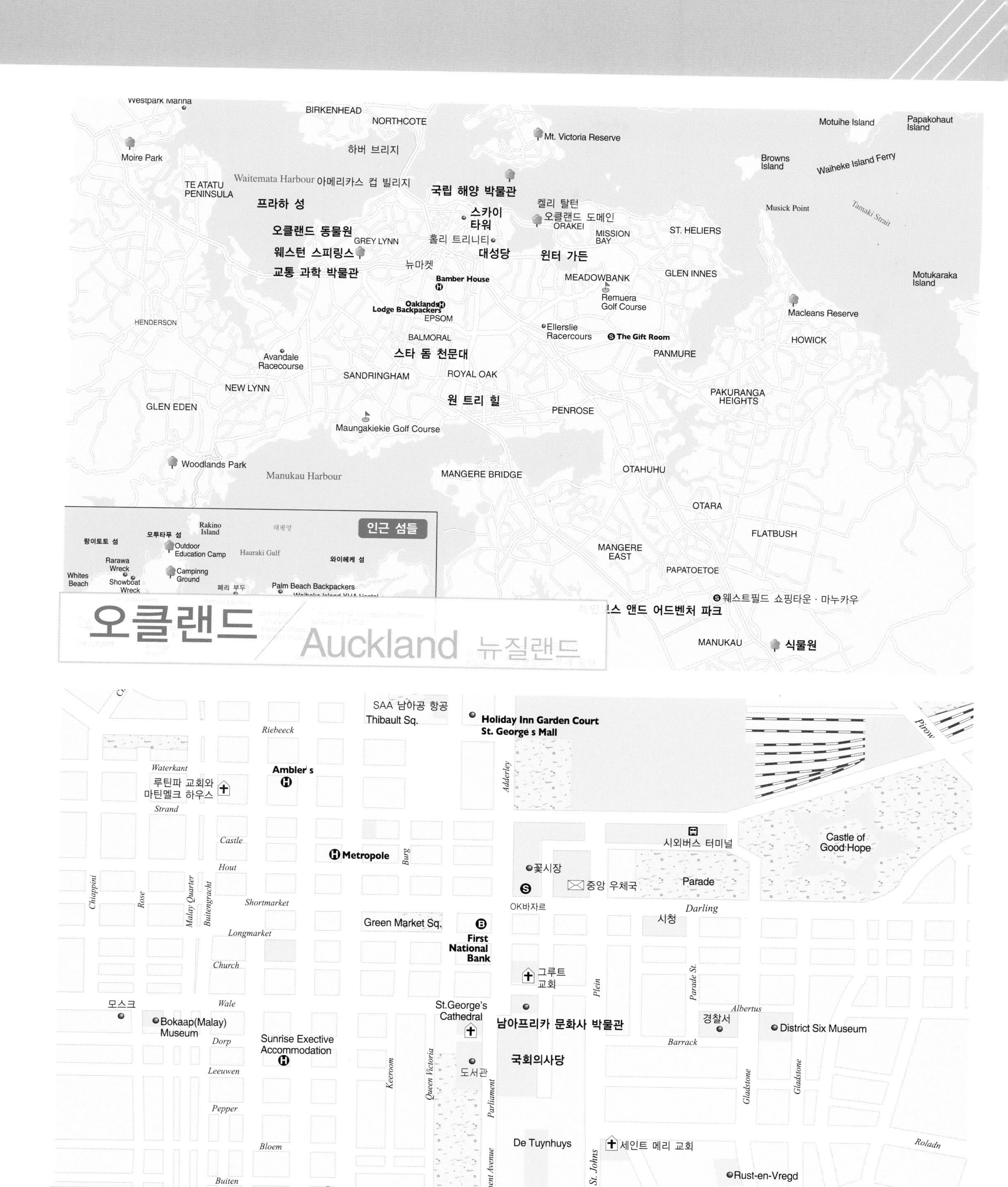
BIRKENHEAD
NORTHCOTE
Mt. Victoria Reserve
Motuihe Island
Papakohaut Island
Moire Park
하버 브리지
Browns Island
Waiheke Island Ferry
TE ATATU PENINSULA
Waitemata Harbour
아메리카스 컵 빌리지
국립 해양 박물관
프라하 성
켈리 탈턴
Musick Point
스카이 타워
오클랜드 도메인
ORAKEI
오클랜드 동물원
MISSION BAY
ST. HELIERS
GREY LYNN
홀리 트리니티
웨스턴 스피링스
대성당
윈터 가든
뉴마켓
교통 과학 박물관
Bamber House
MEADOWBANK
GLEN INNES
Motukaraka Island
Remuera Golf Course
Oaklands Lodge Backpackers
EPSOM
Macleans Reserve
HENDERSON
Ellerslie Racercours
The Gift Room
BALMORAL
HOWICK
Avandale Racecourse
스타 돔 천문대
PANMURE
SANDRINGHAM
ROYAL OAK
NEW LYNN
PAKURANGA HEIGHTS
GLEN EDEN
원 트리 힐
PENROSE
Maungakiekie Golf Course
Woodlands Park
Manukau Harbour
MANGERE BRIDGE
OTAHUHU
OTARA
인근 섬들
Rakino Island
모투타푸 섬
랑이토토 섬
Outdoor Education Camp
Hauraki Gulf
와이헤케 섬
Rarawa Wreck
Whites Beach
Showboat Wreck
Campinng Ground
Palm Beach Backpackers
FLATBUSH
MANGERE EAST
PAPATOETOE
웨스트필드 쇼핑타운 · 마누카우
오클랜드
Auckland 뉴질랜드
MANUKAU
식물원
SAA 남아공 항공
Thibault Sq.
Holiday Inn Garden Court
St. George s Mall
Riebeeck
Pirow
Waterkant
루틴파 교회와 마틴멜크 하우스
Ambler's
Adderley
Strand
시외버스 터미널
Castle of Good Hope
Castle
Metropole
Burg
Hout
꽃시장
Chiappini
Rose
Malay Quarter
Buitengracht
Shortmarket
중앙 우체국
Parade
OK바자르
Darling
시청
Green Market Sq.
First National Bank
Longmarket
Church
그루트 교회
Plein
Parade St.
모스크
Wale
St.George's Cathedral
Albertus
Bokaap(Malay) Museum
남아프리카 문화사 박물관
경찰서
District Six Museum
Dorp
Sunrise Exective Accommodation
Barrack
국회의사당
Leeuwen
Keeroom
Queen Victoria
도서관
Gladstone
Parliament
Pepper
De Tuynhuys
세인트 메리 교회
Roladn
Bloem
St. Johns
Rust-en-Vregd
Buiten
케이프타운
Cape Town 남아프리카공화국

City Tour in the World

Asia

서울 / 대한민국 map p.21-D E6, p.84

종로 명동, 인사동, 삼청동, 청계천, 경복궁, 덕수궁, 창경궁, 창덕궁, 종묘, 북촌, 탑골공원, 창의문, 환기미술관, 부암동, 세검정, 서울타워, 대학로

이태원 · 용산 국립중앙박물관, 전쟁기념관, 삼성미술관

신촌 홍대거리, 이대, 상수동 카페거리

강남 코엑스몰, 센트럴시티, 압구정동 가로수길, 강남역 일대, 서울숲, 잠실 롯데월드

여의도 63빌딩, 여의도공원, 선유도공원, 한강시민공원, 영등포 타임스퀘어

베이징 / 중국 map p.24-E2, p.85

천안문 광장 마오쩌둥 기념당, 인민영웅 기념비, 국기 게양대, 천안문, 인민대회당, 중국 국가박물관, 수도박물관

고궁 오문, 금수교, 태화문, 태화전, 중화전, 보화전, 건청궁, 교태전, 곤녕궁, 서육궁, 구룡벽, 어화원, 경산 공원

북해 공원 경화도, 정심재, 구룡벽

천단 공원 원구단, 황궁우, 기년전

이화원 인수전, 옥란당, 덕화원, 낙수당, 장랑, 청안방, 불향각, 곤명호, 수저우가

만리장성 팔달령장성, 거용관장성, 사마대장성, 금산령장성, 모전욕장성

상하이 / 중국 map p.24-F4, p.86

난징동루 · 와이탄 난징동루 보행가, 와이탄 거리, 외백대교, 황푸 공원, 와이탄 역사진열관, 와이탄 관광 터널, 상하이 자연박물관

난징시루 · 인민광장 인민광장, 인민공원, 상하이 현대미술관, 상하이 박물관, 상하이 도시계획 전시관, 상하이 미술관, 마담투소의 밀랍 인형관, 정안사, 정안공원

푸동 동방명주, 상하이 역사박물관, 루자쭈이 녹지공원, 상하이 해양수족관, 빈장다다오, 금무대하, 난푸 대교, 세기공원, 상하이 야생동물원, 천사공원

예원 예원, 상하이 고성장대경각, 백운관, 침향각, 노서문, 문묘, 성황묘

신천지 · 황피난루 대한민국 임시정부, 일대회지, 유리박물관, 석고문 박물관, 주공관, 손중산 고거 · 기념관, 둥타이루 골동시장, 푸싱 공원

홍콩 / 중국 map p.25-D6, p.87

빅토리아 하버 시계탑, 침사추이 해변 산책로, 홍콩 문화센터, 홍콩 예술관, 홍콩 우주박물관, 스타의 거리 & 심포니 오브 라이트

침사추이 청킹 맨션, 페닌슐라 호텔, 1881 헤리티지, 스타페리, 하버시티, 캔턴 로드, 세인트 앤드루 교회, 카오룽 모스크, 카오룽 공원, 엘리먼츠, 그랜빌 로드, 너츠포드 테라스

야우마테이 상하이 거리, 틴하우 사원, 제이드 마켓, 리클러메이션 거리 재래시장, 템플 스트리트 야시장

몽콕 윤포우 거리 새 공원, 꽃시장, 금붕어 시장, 랑함 플레이스, 전자제품 거리, 레이디스 마켓, 파윤 스포츠 거리

센트럴 퍼시픽 플레이스, 홍콩 공원, 플래그스태프 하우스 다기 박물관, 중국은행

셩완 캣 스트리트, 할리우드 로드, 만모 사원, 고프 스트리트, 본햄 스트리트, 웨스턴 마켓

완차이 골든 바우히니아 광장, 홍콩 컨벤션 & 엑서비션 센터, 센트럴 프라자, 블루 하우스, 구 완차이 우체국, 호프웰 센터

도쿄 / 일본 map p.29-G7, p.88

롯폰기 · 에비스 · 다이칸야마 국립신미술관, 도쿄 미드타운, 롯폰기 힐스, 로아빌딩, 다이칸야마 어드레스, 라펜테 다이칸야마, 캐슬 스트리트, 다이칸야마 힐사이드 테라스, 고마자와도리, 에비스 가든 플레이스

하라주쿠 · 시부야 진구바시, 요요기코엔, 메이지진구, 다케시타도리, 소라도, 메이지도리, 캣스트리트, 오모테산도, 오모테산도힐스, 아오야마, 도겐자카, 고엔도리, 스페인자카, 이노카시라도리, 시부야 센터가이, 분카무라도리

신주쿠 신주쿠 주오코엔, 도쿄도청사 전망대, 니시신주쿠 덴키가이, 루미네 신주쿠, 신주쿠 서던 테라스, 다카시마야 타임스퀘어, 플래그스, 신주쿠 알타, 이세탄 신주쿠점, 가부키초

마루노우치 · 고쿄 · 니혼바시 오테몬, 히가시교엔, 고쿄가이엔, 고쿄, 마루노우치 나카도리, 미쓰코시 니혼바시 본점

오다이바 도쿄국제전시장 빅사이트, 오다이바 가이힌코엔, 덱스 도쿄비치, 자유의 여신상, 후지테레비, 시오카제코엔, 텔레콤센터 전망대

우에노 · 아사쿠사 도쿄국립박물관, 우에노동물원, 도쿄도 미술관, 국립과학박물관, 국립서양미술관, 우에노온시코엔, 고조텐진자, 센소지, 에도시타마치전통공예관, 나카미세도리 상점가

오사카 / 일본 map p.29-E7, p.89

미나미 오사카 도톤보리, 신사이바시스지 상점가, 에비스바시스지 상점가, 소에몬초, 호젠지 요코초, 구로몬시장, 미나미센바, 아메리카무라, 난바 파크스

키타 오사카 누 차야마치, 헵파이브 & 헵나비오, 한큐 히가시도리 상점가, 오하쓰텐진도리, 키타신치, 디아몰 오사카, 이마, 하비스 플라자 엔트

베이에어리어 아시아태평양 트레이드센터, WTC 코스모타워, 스포톨로지 갤러리, 나니와노 우미노지쿠칸(오사카 해양박물관), 덴포잔 마켓 플레이스, 가이유칸, 오사카 문화관, 산타마리아, 유니버설스튜디오 재팬

덴노지 · 신세카이 쓰덴카쿠, 신세카이, 잔잔요코초, 시텐노지, 덴노지코엔, 스파월드 세카이노다이온센

오사카성 오사카 역사박물관, 오사카조코엔, 오사카성, 오사카 비즈니스파크

싱가포르 / 싱가포르 map p.30-B3, p.90

올드시티 래플스경 상륙지, 포트캐닝 공원, 싱가포르 국립 미술관, 차임스, 래플스 호텔 & 아케이드, 래플스 시티 쇼핑센터, 아시아 문명 박물관, 시청

마리나 & 리버사이드 클락 키, 에스플러네이드, 싱가포르 플라이어, 마리나 베이 샌즈, 멀라이언 파크, 래플스 플레이스, 보트 키, 로버트슨 키

오차드 로드 뎀시 힐, 싱가포르 보타닉 가든, 탕글린 로드, 탕스, 니안 시티, 파라곤

차이나타운 차이나타운 헤리티지 센터, 스미스 스트리트, 사우스 브리지 로드, 탄종파가르, 맥스웰 푸드센터, 스리 마리암만 사원, 안시앙 로드 & 클럽 스트리트, 시안 혹 켕 사원

부기스 부기스 스트리트, 빅토리아 스트리트, 술탄 모스크, 하지레인, 부기스 정션

리틀 인디아 세랑군 로드, 스리 비라마칼리암만 사원, 리틀 인디아 아케이드, 압둘 가푸르 모스크, 레이스 코스 로드, 무스타파 센터

센토사섬 실로소 포인트, 실로소 비치, 팔라완 비치, 탄종 비치, 비치 스테이션, 리조트 월드 센토사, 임비아 룩아웃

방콕 / 태국 map p.30-B2, p.90

스쿰빗 · 라차다 쏘이 24, 통로, 벤짜사리 공원, 튜빗 가든, 반 캄티앙

씨암 · 칫롬 씨암 스퀘어, 랑수안 로드, 짐톰슨 하우스, 바이욕 스카이 전망대, 씨암 오션월드, 수안 파카드 궁전

실롬 · 강변 · 왕궁 룸피니 공원, 디너 크루즈, 카오산로드, 차이나 타운, 왓 포, 왓 아룬, 국립박물관, 락무앙, 싸남 루앙, 프라 쑤멘 요새, 두싯 동물원, 위만맥궁

푸껫 / 태국 map p.30-A3, p.91

빠똥 비치 로드, 라우팃 로드, 방라 로드, 반잔 시장, 매우볼 시장, 카투 시장, 칼림 앨리펀트

까론 까론 비치, 까론 플라자

까따 까따 비치, 까따 노이 비치, 까따 센터, 딸랏쏜

델리 / 인도 map p.36-C3, p.92

올드 델리 간디 기념 박물관, 라즈 가트, 붉은 성, 찬드니 촉, 자마 마스지드, 델리 대학, 티베탄 콜로니

뉴 델리 코넛 플레이스, 잔다르 만타르, 국립 박물관, 라즈 파트, 간디 슴리띠, 국립 현대미술관, 민속 박물관, 푸라나 낄라, 후마윤의 무덤, 바하이 사원

꾸뜹 미나르 유적군 꾸뜹 미나르, 쿠와트 알 이슬람 모스크

Europe

런던 / 영국 map p.49-H I7, p.93

중심부 웨스트 민스터 사원, 버킹엄 궁전, 호스 가즈, 총리 관저, 그린 파크 & 세인트 제임스 파크, 트라팔가 광장, 내셔널 갤러리, 국립 초상화 미술관, 피카딜리 서커스, 테이트 브리튼, 코번트 가든

템스강 주변 대영박물관, 세인트 폴 대성당, 밀레니엄 브리지, 테이트 모던, 셰익스피어 글로브 극장 & 전시관, 런던 박물관, 런던 브리지, 런던 탑, 타워 브리지, 런던 아이

리젠트 파크 · 하이드 파크 셜록 홈즈 박물관, 마담 투소 박물관, 빅토리아 앨버트 미술관, 사치 갤러리

파리 / 프랑스 map p.50-F2, p.94

샹젤리제 거리 주변 에펠탑, 샤요궁, 기메 박물관, 샹젤리제 거리, 개선문, 꽁꼬르드 광장, 몽테뉴 거리, 마들렌느 교회, 튈르리 공원, 알렉산드르 3세 다리, 로댕 미술관, 앵발리드 군사 미술관, 알마 다리, 하수도, 마르모땅 클로드 모네 미술관, 라 데팡스, 유람선

소르본 대학 주변 · 씨떼 섬 뤽상부르 공원, 빵떼옹 사원, 소르본 대학, 중세 박물관, 생 제르맹 거리, 들라크루아 미술관, 생 샤펠 교회, 뽕네프 다리, 노트르담 대성당, 시청사, 피카소 미술관, 퐁피두 센터, 샤틀레–레알 지구, 바스티유 광장, 카타콤, 몽파르나스 타워

몽마르트르 언덕 주변 사크레쾨르 사원, 떼르뜨르 광장, 몽마르트르 공동묘지, 라빌레트 과학관

박물관 및 오페라 주변 루브르 박물관, 오르세 미술관, 예술의 다리, 오페라 가르니에, 방돔 광장

교외 베르사유 궁전, 디즈니랜드 파리, 아스테릭스 공원, 퐁텐블로, 바르비종, 지베르니, 오베르 쉬르 우아즈

모스크바 / 러시아 map p.60-E1, p.95

모스크바 중심부 크레믈, 바실리 성당, 붉은 광장, 푸시킨 박물관, 레핀 광장, 트레티야코프 미술관, 오스트롭스키의 집 박물관

모스크바 북서부 페트롭스키 궁전, 디나모 스타디움, 로멘 극장, 글린카 중앙 음악 박물관

모스크바 서부 체호프의 집, 고리키 박물관, 키예프스카야, 톨스토이의 집, 노보데비치 수도원, 고리키 공원

아테네 / 그리스 map p.57-J6, p.96

신타그마 광장 주변 무명전사의 묘, 국회의사당, 국립정원, 자피온 국제 전시장

플라카 지구 민예 박물관, 러시아 교회, 영국 교회, 하드리아누스 문

아크로폴리스 유적 파르테논 신전, 아크로폴리스 박물관, 디오니소스 극장, 헤로데스 아티코스 음악당, 제우스 신전, 미트로폴레오스 대성당, 파나티나이코 스타디움, 바람신의 탑, 하드리아누스 도서관, 고대 아고라, 아탈로스 주랑 박물관, 필로파포스 언덕

오모니아 광장 주변 아고라, 국립 역사 박물관, 아테네 박물관, 국립 도서관, 아테네 대학교, 아카데미

베를린 / 독일 map p.52-F2, p.97

베를린 중심부 티어가르텐, 브란덴부르크 문, 운터 덴 린덴, 베를린 돔, 알테 박물관, 구 국립미술관, 페르가몬 박물관, 마리엔교회, 알렉산더 광장, TV 타워, 포츠담 광장

Zoo역 주변 베를린 동물원, 카이저 빌헬름 교회, 전승기념탑, 유로파 센터, 바우하우스 박물관

뮌헨 / 독일 map p.52-E4, p.97

시청사 주변 신시청사, 마리엔 광장, 호프브로이 하우스, 빅투알리엔 시장, 노이하우저 거리, 프라우엔 교회, 레지덴츠 박물관

뮌헨 시가지 북부 알테 피나코텍, 노이에 피나코텍, 모던 피나코텍, 렌바흐 시립 미술관, 영국정원, BMW 벨트, 슈바빙, 올림픽 공원, 님펜부르크 성, 다하우 수용소

로마 / 이탈리아 map p.56-E4, p.98

테르미니 역 주변 테르미니 역, 공화국 광장, 산타마리아 델리 안젤리 교회, 로마 국립박물관, 디오클레티아누스의 욕장 유적지, 산타 마리아 마조레 대성당, 오페라좌

콜로세움 주변 베네치아 광장, 비토리오 에마누엘레 2세 기념관, 베네치아 궁전, 산타 마리아 인 아라쾰리 교회, 캄피돌리오 광장, 카피톨리니 미술관, 포로 로마노, 팔라티노 언덕, 치르코 마시모, 콘스탄티누스의 개선문, 콜로세움, 도무스 아우레아, 포로 트라이아노

나보나 광장 주변 콜론나 궁전, 도리아 팜필리 미술관, 산 루이지 데이 프란체시 성당, 산타 마리아 소프라 미네르바 성당, 판테온, 나보나 광장, 로마 국립박물관 알템프스궁, 파르네세 광장과 파르네세궁, 스파다궁

스페인 광장 주변 포폴로 광장, 산타 마리아 델 포폴로 성당, 아우구스투스 황제의 묘, 스페인 광장, 아라 파치스, 보르게세 공원, 빌라 줄리아 에트루스코 박물관, 국립 근대 미술관, 보르게세 미술관, 바르베리니 광장, 바르베리니궁, 트레비 분수

바티칸 시국 산탄젤로성, 산탄젤로 다리, 산피에트로 광장, 산피에트로 대성당

빈 / 오스트리아 map p.53-H4, p.99

링 거리 주변 자연사박물관, 미술사박물관, 마리아 테레지아 광장, 왕궁, 슈테판 대성당, 케른트너 거리, 앙커시계, 오페라하우스, 궁정극장, 시청사, 국회의사당, 시립공원

링 거리 외곽 쇤브룬 궁전, 벨베데레 궁전, 빈 숲, 쿤스트하우스 빈

프라하 / 체코 map p.53-G3, p.99

신시가 & 구시가 국립박물관, 바츨라프 광장, 무하 박물관, 화약탑, 스타보브스케 극장, 틴 성당, 얀 후스 동상, 구시청사 & 천문시계, 성 니콜라스 성당, 유대인 지구, 카를교, 클레멘티눔

프라하성과 소지구 네루도바 거리, 프라하성, 성 비투스 대성당, 구왕궁, 로레타 성당, 스트라호프 수도원, 춤추는 빌딩, 카를슈테인성

마드리드 / 스페인 map p.54-E2, p.100

프라도 미술관 주변 국립 소피아 왕비 예술센터, 프라도 미술관, 푸에르타 델 솔, 티센 보르네미사 미술관, 부엔 레티로 공원, 독립 광장, 시벨레스 광장, 국립 고고학 박물관

왕궁 주변 마요르 광장, 왕궁, 스페인 광장, 그란 비아, 산 페르난도 왕립미술아카데미 부속미술관, 산 안토니오 데 라 플로리다 성당

North America

워싱턴 / 미국 map p.65-K4, p.101

조지타운 조지타운 대학교, 올드스톤 하우스

듀폰 서클 필립스 컬렉션, 앤더슨 하우스

내셔널 몰 워싱턴 기념탑, 국립 자연사 박물관, 내셔널 갤러리 조각정원, 허시혼 미술관과 조각 정원, 국립 아메리카 인디언 박물관, 국회의사당, 제2차 세계대전 기념비, 루스벨트 기념공원, 국립 항공우주 박물관, 스미스소니언성, 아프리카 예술관

포기 보텀 존 F. 케네디 예술센터, 코코런 갤러리, 렌윅 갤러리

뉴욕 / 미국 map p.65-L3, p.102

미드타운 지구 엠파이어 스테이트 빌딩, 록펠러 센터, 타임스 스퀘어, 매디슨 스퀘어 가든

5번가 지구 뉴욕 공립 도서관, 세인트 패트릭 성당, 그랜드 센트럴 터미널, 메트라이프 빌딩, 크라이슬러 빌딩, 국제연합본부

다운타운 지구 사우스 스트리트 시포트, 월 스트리트, 자유의 여신상

업타운 지구 센트럴 파크, 링컨 센터, 메트로폴리탄 미술관, 뉴욕 현대 미술관, 아메리카 자연사 박물관, 구겐하임 미술관, 휘트니 미술관, 프릭 컬렉션, 쿠퍼 휴잇 디자인 박물관

밴쿠버 / 캐나다 map p.64-B2, p.103

다운타운 동부 차이나타운, BC 플레이스와 로저스 아레나, 사이언스 월드

키칠라노 키칠라노, 브리티시컬럼비아 대학교, 밴쿠버 박물관, 밴쿠버 해양 박물관

다운타운 중심부 롭슨 스트리트, 밴쿠버 미술관, 밴쿠버 중앙 박물관

밴쿠버 남부 퀸 엘리자베스 공원, 반두센 식물원

밴쿠버 북부 · 서부 론즈데일 키 퍼블릭 마켓, 사이프러스산, 화이트클리프 공원, 리치먼드, 스티브스톤

South America

산티아고 / 칠레 map p.71-B6, p.104

모네다 궁전 주변 모네다 궁전 & 헌법 광장, 모네다궁 문화센터, 누에바 요크 거리, 아우마다 거리, 쁘레 콜롬비노 예술 박물관

아르마스 광장 주변 아르마스 광장, 대성당, 국립 역사 박물관, 중앙 시장, 현대 미술관 & 국립 미술관, 비주얼아트 박물관 & 고고학 박물관

산타 루시아 언덕 주변 산타 루시아 언덕, 산 프란시스코 교회, 파리스 론드레스 지역

상파울루 / 브라질 map p.71-E5, p.104

센트로 동양인 거리, 대성당, 쎄 광장, 11월 15일 거리, 파드레 안시에타 박물관, 성 벤뚜 성당, 마르티넬리 빌딩 & 쇼핑거리, 헤푸블리카 광장, 코판 빌딩

교외 상파울루 미술관, 트리아농 공원, 파울리스타 대로, 이비라푸에라 공원, 라틴아메리카 기념관, 상파울루 동물원

부에노스아이레스 / 아르헨티나 map p.71-D6, p.105

센트로 산 마르틴 광장, 플로리다 거리, 라바제 거리, 콜론 극장, 7월 9일 대로 & 오벨리스코, 5월 광장, 대성당, 대통령궁, 카빌도, 의회광장 & 국회의사당

산 텔모 지역 & 라 보카 지역 카사 미니마, 데펜사 거리, 도레고 광장, 레사마 광장, 국립 역사 박물관, 러시아 정교회 교회, 카미니토, 밀랍인형 박물관, 보카 주니어스 경기장

팔레르모 지역 & 레콜레타 지역 이탈리아 광장, 카를로스 타이스 식물원, 시립 동물원, 2월 3일 공원, 일본 정원, 라틴 아메리카 미술관, 국립 미술관, 레콜레타 묘지

Oceania

시드니 / 오스트레일리아 map p.79-I6, p.106

록스 & 서큘러 키 캐드맨의 오두막, 현대 미술관, 켄 돈 갤러리, 캠벨 스토어 하우스, 시드니 천문대, 하버 브리지, 록스 광장, 서큘러 퀘이, 시드니 오페라 하우스

센트럴 시드니 로열 보타닉 가든, 시드니 박물관, 시드니 타워, 월드 타워, 세인트 메리 대성당, 하이드 파크, 퀸 빅토리아 빌딩, 오스트레일리안 뮤지엄, 패디스 마켓

달링 하버 시드니 수족관, 노던 테리토리와 아웃백 센터, 국립해양박물관

킹스 크로스 달링허스트 66번지, 엘 알라메인 분수, 킹스 게이트 쇼핑센터

패딩턴 구 타운 홀, 주니퍼 홀, 센테니얼 공원, 본다이 비치, 갭 파크

멜버른 / 오스트레일리아 map p.79-G H7, p.106

시티 & 도크랜드 페더레이션 광장, 이안 포터 센터, 구 멜버른 감옥, 주립 도서관, 리알토 타워, 쿠리 원주민 문화유산 센터, 에티하드 스타디움, 빅토리아 하버, 멜버른 아쿠아리움

사우스 뱅크 & 사우스 멜버른 현대미술 센터, 넥서스 모던 아트 갤러리, 앨버트 공원, 빅토리아 국립 갤러리, 야라강, 유레카 타워

이스트 멜버른 & 리치몬드 피츠로이 가든, 세인트 패트릭스 대성당, 로열 보타닉 가든, 멜버른 크리켓 그라운드

칼튼 & 피츠로이 멜버른 뮤지엄, 로열 익스비션 빌딩, 멜버른 동물원, 아보츠포드 수도원, 콜링우드 어린이 농장

오클랜드 / 뉴질랜드 map p.75-C2, p.107

중심부 하버브리지, 마운트 이든, 오클랜드 도메인, 오클랜드 박물관, 콘월 파크, 오클랜드 미술관, 스카이 타워, 아메리카 컵 빌리지, 미션 베이, 켈리 탈튼 수족관, 언더워터 월드

근교 랑이토토섬, 와이헤케섬, 그레이트배리어섬, 무리와이 비치, 피하 비치, 와이웨라 온천

Africa

케이프타운 / 남아프리카공화국 map p.42-좌측소지도, p.107

중심부 캐슬 오브 굿 호프, 시청, 슬레이브 로지, 컴퍼니스 가든, 국회의사당, 남아프리카 박물관, 남아프리카 국립미술관, 빅토리아 & 알프레도 워터프론트

유적지부터 세계문화유산까지

세계의 역사와 문화를 배우는 대표 여행지 207

세계 지도를 보면 세계 여러 나라들은 어떤 문화와 역사를 지녔는지 궁금할 때가 많습니다.
여기에 생생한 자연과 문화가 있는 곳은 물론 역사 깊은 유적지, 그림 같은 풍경의 여행지까지
세계 각국의 역사와 문화 유적지 207곳을 소개했습니다.
뿐만 아니라 각국의 인구, 면적, 수도, 1인당 GDP 등 최신 정보와 자료를 담았습니다.

- 세계 경제를 이끌 미래의 대륙 아시아
  대한민국, 중국, 일본, 태국, 베트남, 필리핀, 말레이시아,인도네시아, 튀르키예, 인도

- 천연 자원이 풍부한 아프리카
  이집트, 케냐, 탄자니아, 짐바브웨, 남아프리카 공화국

- 중세의 역사가 살아 숨쉬는 유럽
  영국, 노르웨이, 스웨덴, 핀란드, 벨기에, 덴마크, 독일, 체코, 프랑스, 이탈리아, 스페인, 스위스, 오스트리아, 그리스, 러시아

- 지구촌 사회 · 문화 · 경제의 중심 북아메리카
  미국, 캐나다, 멕시코

- 고대 잉카 문명이 남아 있는 남아메리카
  페루, 아르헨티나, 칠레, 브라질

- 섬으로 이루어진 태평양의 진주 오세아니아
  오스트레일리아, 뉴질랜드

인구 수도 면적 언어 종교 평균수명 화폐단위 특산물 1인당 GDP 시차 국가번호
세계유산은 ◎로 표시했습니다.

World Travel

세계 경제를 이끌 미래의 대륙 Asia

Korea

대한민국

약 5175만 명 서울
9만 9373km² 한국어
불교, 그리스, 도교
77세 원 인삼
3만 4984달러 82

Korea

우리문화의 우수성을 입증

해인사 장경판전

map p.21 - F8

세계문화유산으로 지정된 '해인사 장경판전'은 가야산의 해인사 대적광전 위에 있다. 몽골군의 침입을 불력으로 물리치고자 하는 염원으로 한 자 한 자 판각한 팔만대장경은 한국 문화의 우수성을 과시하는 문화유산이다.
장경판전 앞쪽에는 아래에, 뒤쪽에는 위에 창문을 내 습기가 차지 않고 통풍이 잘 되도록 했다. 이러한 세심하고 과학적인 보관법 덕에 1000년이 다 되어 가는 지금도 그 모습 그대로 팔만대장경이 유지되고 있다.

대한민국 우수건축물

수원 화성

map p.21 - E6

조선 중흥기의 대표적인 왕인 정조는 아버지 사도 세자의 묘를 수원 화산으로 옮기고 자신이 꿈꾸던 신도시를 건설하고자 했다. 수원 화성은 신도시 건설의 중점 사업의 하나로 축성된 것.
석성과 토성의 장점을 잘 살려 축성된 수원 화성은 한국 성곽 발달사에서 중요한 위치를 차지하고 있으며, 역사적 의미와 함께 건축학적으로도 우수성이 인정되어 세계문화유산으로 지정되었다. 수원 시내 한가운데 자리 잡고 있어 접근이 쉽고, 2시간 정도면 성곽을 한 바퀴 돌아볼 수 있다.

신라의 역사를 한눈에

불국사&석굴암

map p.21 - G8

토함산에 있는 불국사는 심오한 불교 사상이 표현된 세계적인 예술품이다. 1995년 세계문화유산으로 지정된 불국사는 이상적인 피안의 세계를 지상에 옮겨 놓은 것으로, 대웅전은 석가여래의 피안 세계, 극락전은 아미타불의 극락 세계, 비로전은 비로자나불의 연화장 세계를 의미한다.
석굴암은 직선과 곡선, 평면과 구면이 조화를 이루며, 특히 벽 주위에 조각된 38체는 전체적인 조화를 통해 고도의 철학성과 과학적인 면모를 나타내고 있다.
중앙에 있는 백색 화강암으로 된 여래좌상의 본존불은 동해를 굽어보는데, 여래좌상이 바라보는 시선은 문무왕의 수중 왕릉인 봉길리 앞 대왕암을 향한다. 수중 왕을 수호하는 감은사터, 용이 된 문무왕을 보았다는 이견대가 대왕암 근처 바닷가에 있다. 역시 1995년 세계문화유산으로 지정되었다.

자연과 인공의 조화

창덕궁

map p.21 - E6

세계문화유산으로 지정된 창덕궁은 경복궁 다음으로 지어진 별궁이다. 1611년 광해군에 의해 다시 지어진 창덕궁은 자연과 인공의 조화가 잘 이루어져 있고, 인정전, 대조전, 선정전, 낙선재 등 많은 문화재

해인사

창덕궁

수원 화성

석굴암

불국사

고인돌

가 곳곳에 자리 잡고 있다.
창덕궁의 아름다움을 제대로 느낄 수 있는 곳은 창덕궁 후원이며, 태종 때 만들어진 것으로 임금을 비롯한 왕족들이 휴식을 취하던 곳이다. 낮은 야산과 골짜기 등 자연 그대로의 모습을 간직한 채 꼭 필요한 곳에만 계단과 석축을 쌓아 한국 최고의 정원이라는 찬사를 받는 곳이다.
후원은 부용정과 부영지를 비롯한 수많은 정자와 연못이 곳곳에 있다. 특히 가을에 단풍 들 때와 낙엽이 질 때가 가장 아름답다.

청동기 시대에 형성된 447기

고창 고인돌 유적

map p.21 - D8

전라북도 고창읍에서 4㎞쯤 떨어진 도산리 지동 마을의 북방식(납작한 돌을 양쪽에 높이 세우고 그 위에 복석을 덮은 것) 고인돌 1기를 비롯해 상갑리, 죽림리, 매산리, 송암리 등 2㎞에 걸쳐 고인돌 군집이 있다. 길이 5m, 폭 4.5m, 높이 4m의 150톤으로 추정되는 고인돌을 위시해 447기의 고인돌이 있는데, 이를 통해 청동기 시대에 이미 취락을 이루고 생활했음을 알 수 있다.
2000년에 고창, 화순, 강화 일대의 고인돌 유적지가 세계문화유산으로 지정되었으며, 상갑리와 죽림리 일대에 고인돌 공원이 조성되어 있다.

China

명나라 영락제가 만든 세계 최대 규모

고궁

map p.24 - E2

중국 황제 권력의 상징. 명 · 청대 정치의 중심지이자 황제의 거처였다. 현재는 궁 전체가 고대의 사상과 기술을 건축에 융화시킨 중국 건축의 박물관이기도 하다.
명의 영락제가 난징에서 베이징으로 수도를 옮기면서 14년 동안 건설해 1420년 완공했다. 동원된 인력만도 전문 장인 10만 명, 연인원 100만 명.
이렇게 공을 들여서인지 고궁은 현존하는 전 세계 어느 궁전도 따라올 수 없는 대기록들을 갖고 있다. 가장 먼저 꼽을 수 있는 것은 궁전의 크기. 현재까지 지어진 궁전 중 가장 큰데, 고궁의 총면적은 72만 3633㎡로, 천안문 광장의 1.7배. 성벽 높이는 10m, 벽의 평균 두께는 7.5m라고 한다.
고궁의 박물관화가 본격적으로 이루어진 것은 신해혁명 이후. 하지만 연이어 발생한 군벌의 난립, 중일전쟁, 국공 내전 등을 거치면서 주요 유물들은 모두 타이완으로 건너갔다.
건물만 덩그러니 남았던 고궁은 중화인민공화국 설립 이후 철거의 위기에 처한다. 국가 주석 마오쩌둥이 구시대의 유물이라 하여 철거 계획을 세운 것이었는데, 이 어이없는 계획은 천신만고 끝에 저우언라이의 설득으로 백지화된다. 1987년 유네스코가 고궁을 세계문화유산으로 지정하면서 '중국의 전 수상

중국 China

약 14억 2589만 명 베이징
959만 7000㎢ 중국어
유교, 도교, 불교 72.6세 위안
의류, 직물, 쌀, 밀, 화학 제품
1만 2556달러 −1시간 86

만리장성

고궁

피서산장

목탑사

저우언라이'에게 감사한다는 이례적인 코멘트를 남긴 것도 이 때문이다.

인류가 만든 최대 규모의 성곽

만리장성

map p.24-DE1

달에서도 보인다는, 인류가 만든 최대의 문화유산 중 하나. 연안 도시인 산하이관에서 발현, 서부 간쑤 성의 자위관까지 약 2700㎞에 걸쳐 연결되어 있다.

전쟁이 빈번하던 전국 시대에 각국은 서로의 국경을 보호하기 위해 국경선을 따라 기다란 장성을 쌓았다. 이 장성들은 전국 시대를 마감하고 중국을 통일한 진시황에 의해 국경선을 따라 연결됐다. 진시황이 중국을 통일하자마자 장성 건설에 힘을 쏟았던 가장 큰 이유는 흉노족을 견제하기 위해서였다. 이후 장성은 중국에 등장한 통일 왕조의 세력에 따라 중요도가 다르게 평가되었다.

당이나 원, 청나라와 같이 외향적인 왕조 시기에 장성은 별 의미가 없었다. 장성보다 국경이 훨씬 넓어졌기 때문이다. 하지만 명나라와 같이 중원 수호에만 전력을 다한 왕조 시기에는 장성이 국경선 그 자체였다. 실제로 산하이관에서 자위관에 이르는 오늘날의 장성이 완성된 것이 명대라는 사실이 이를 증명한다.

청나라 역대 황제들의 여름 휴양지

피서산장

map p.24-E1

세계에서 가장 큰 왕실 정원으로 《기네스북》에 등재되어 있고, 세계문화유산으로도 지정된 곳. 실제로 피서산장의 넓이는 590만㎡로 서울대공원의 3배에 달한다.

강희와 건륭 두 황제의 치세를 거치면서 87년간 조성된 피서산장은 오늘날 세계 곳곳의 관광지에서 볼 수 있는 테마 파크의 원조로도 잘 알려져 있다. 당시 중국 각지의 명승지들을 모두 피서산장에 압축해 놓았기 때문. 특히 아름다운 경치로 유명한 항저우의 시후호, 쑤저우의 전통 정원, 몽골의 대평원 등은 실제와 비교해도 손색이 없을 정도다.

피서산장은 크게 궁전구, 수원구, 평원구, 그리고 산구 등 네 지역으로 분류된다. 이 중 여행객이 가장 많이 찾는 곳은 황제의 거처였던 궁전구와 호수와 정원이 어우러진 수원구다.

중국 최초 · 최대의 목탑

목탑사

map p.24-D1

중국에서 현존하는 최고 · 최대의 목탑. 다퉁 시에서 남쪽으로 70㎞ 떨어진 응현에 있다. 높이 67.13m, 바닥 지름 30.27m의 엄청난 규모로 1000년 가까운 연륜이 보는 이들에게 숨 막히는 감동을 준다.

1056년 요나라 때 창건된 목탑은 밖에서 볼 때는 8각 5층탑이지만 외부에 보이지 않게 설계된 내부의 계단층 4개가 있어 실제로는 8각 9층탑인 특이한 형태를 하고 있다.

목탑은 2m 높이의 벽돌 기단을 제외하면 전체가 나무 재질이다. 기록에 의하면 탑이 건설되고 200년 후인 원나라 때 대지진이 일어나 응현 일대가 쑥대밭이 되었는데, 그 와중에도 목탑은 전혀 피해를 받지 않았다고 한다.

명나라 초기에 만들어진 핑야오의 상징

핑야오 고성

map p.24-D2

핑야오의 상징. 중국에서 보존이 가장 잘된 명 · 청대의 성으로, 세계문화유산으로 지정된 곳. 명나라 초기인 1370년에 만들어진 핑야오 고성은 이후 25회에 걸친 보수 공사를 통해 오늘날까지 원래의 모습을 보존하고 있다.

일정한 거리마다 돌출된 성벽은 누대라고 한다. 일종의 전투 구역으로 사방에서 올라오는 적군을 물리치기 위한 시설인데, 누대 위에는 지휘 본부 격인 각루가 위치해 있다.

북문의 출입구를 통해 성벽에 오를 수 있다. 성벽 위에는 당시 전쟁에 쓰였던 대포와 철퇴 등

핑야오 고성

시후호

공묘

선양 고궁

의 무기가 전시되어 있다. 하지만 무엇보다 핑야오 고성에서 놓치기 아까운 것은 탁 트인 전망. 높은 건물이 없는 고대 도시에서 스카이라인을 바라보는 것만으로도 핑야오를 방문한 보람을 느낄 수 있다.

중국 4대 건축물의 하나
공묘
map p.24-E3

공자를 기리는 사당으로 세계문화유산으로 지정된 곳. 공자 사후 1년 뒤인 기원전 478년에 노나라의 애공이 세운 것이 시초라고 하니, 무려 2500년이나 된 셈이다.
초기에는 세 칸의 방으로만 이루어진 소박한 공간이었으나, 왕조별로 증축을 거듭해 오늘날에는 남북 1㎞, 총면적 2만㎡의 어마어마한 넓이가 되었다. 참고로 공묘는 세계에서 가장 큰 사당으로 《기네스북》에도 등재되어 있다.
이렇듯 오랜 시간을 거쳐 거대한 사당으로 발전한 배경에는 역대 중국 왕실의 비호가 있었다. 중국은 한나라 이후 유교를 국교화하면서 공자와 관련된 모든 것을 신성시했다. 특히 공묘에 건물을 추가하는 것으로 자신의 덕을 과시하려 한 황제들은 공묘를 오늘날의 크기로 확대시킨 일등 공신.
오늘날 공묘는 베이징의 자금성, 타이산의 대묘, 청더의 피서산장과 함께 중국 4대 고건축의 하나로 손꼽힌다.

중국에 현존하는 2대 궁전 중 하나
선양 고궁
map p.24-F1

청나라의 전신인 후금의 왕궁으로, 베이징 고궁과 함께 중국에 현존하는 2대 궁전으로 손꼽힌다. 규모로 치면 베이징 고궁이 세계 제일의 궁전이지만, 보존 상태와 건축의 아름다움을 생각한다면 베이징 고궁에 비해 결코 손색이 없다.
1625~1635년에 건설된 선양 고궁이 실제로 쓰인 것은 8년뿐이다. 1644년에 후금이 산하이 관을 넘어 중국 본토를 점령하며 수도를 베이징으로 옮겼기 때문이다. 국호가 청으로 바뀐 뒤 선양 고궁은 가끔씩 제사차 방문하는 황제들의 별장으로 사용되었다.

항저우 최고의 인공 호수
시후호
map p.25-F4

항저우 최고의 볼거리로 동서 3.2㎞, 남북 2.8㎞에 달하는 거대한 인공 호수. 중국의 4대 미녀 중 하나인 서시(西施)의 아름다움에 비견된다는 의미에서 시후(西湖)라는 이름이 붙었다. 중국의 전 시대를 통틀어 수많은 시인과 화가들에게 창조적 영감을 불어넣은 곳으로도 유명한데, 특히 당나라 때 〈장한가〉로 이루지 못한 사랑의 슬픔을 노래한 백거이와 당송 팔대가의 한 사람인 소동파는 시후호를 단지 호수가 아닌 중국 문학의 살아 있는 보고로 만든 대표적 인물. 이 둘은 항저우의 지방관을 역임했는데, 재임 기간에 시후호에 있는 2개의 제방인 백제와 소제를 쌓은 것으로도 알려져 있다.
시후호의 아름다움은 흔히 '시후호 10경'이라는 10개의 볼거리로 대표된다. 하지만 시후호 10경은 특정한 계절이나 날씨에만 볼 수 있는 것도 있어서 한꺼번에 다 즐기기는 어렵다.

중국 최초의 국가 삼림 공원
장자제
map p.25-C4

중국 최초의 국가 삼림 공원이자 유네스코 세계자연유산 중 하나. 기암괴석과 협곡이 어우러진 신비한 풍경 덕에 중국 산수화의 원본으로 전설 속에나 등장하는 무릉도원의 강림이라는 평을 받고 있다.
장자제를 이처럼 유명하게 만든 비결은 뭘까? 가장 먼저 꼽을 수 있는 것은 3200개에 달하는 규암 기둥이다. 평균 높이 130m, 가장 높은 기둥은 390m나 되는데, 모든 기둥이 마치 칼을 땅에 꽂은 듯한 모양으로 우뚝 솟아 있다. 이런

장자제
병마용 박물관
주자이거우

지형으로 인해 수천 년간 사람의 발길이 닿지 않았다는 것은 장자제의 두 번째 매력.

114개의 호수와 13개의 폭포

주자이거우

map p.24 - AB3

1992년 유네스코에 의해 세계자연유산으로 지정된 주자이거우는 오색영롱한 물빛과 수면에 비치는 환상적인 풍경 하나만으로 단번에 중국 제일의 관광지로 등극한 곳이다.

신선 세계의 재림이라는 평을 받는 주자이거우가 사람들에게 알려지기 시작한 것은 1975년. 주자이거우 일대의 나무를 벌목하던 인부들에 의해 '신선들이 사는 곳이 있다'는 입소문이 나면서부터다.

계곡을 따라 형성된 114개의 호수와 13개의 폭포는 풍경 하나하나가 한 폭의 수채화를 연상케 할 정도로 수려하다.

세계 8대 불가사의 중 하나

병마용 박물관

map p.24 - C3

1974년 3월 29일 우물을 파던 한 농부에 의해 발견되면서 전 세계적으로 호기심과 관심을 불러일으킨 시안 최대의 볼거리로, 진시황릉에서 동쪽으로 1.5km 떨어져 있다.

병마용은 진시황릉과 함께 건설한 지하 궁전의 일부로, 지하 궁전을 호위하는 병사들을 테라코타로 만든 것이다. 1974년 제1호 갱 발굴 이후 현재 제3호 갱까지 발견되었고, 갱마다 조성된 박물관에는 총 6000여 개의 병마용과 100개의 전차, 400개의 기마상이 전시되어 있다. 1987년 유네스코 세계문화유산으로 지정되었다. 병마용 갱이 발견되면서 고고학자들이 무엇보다 놀란 것은 실물 크기의 병마용과 그 묘사의 섬세함이라고 한다.

현재 전시되는 6000여 개의 테라코타의 얼굴은 생김새가 모두 다르고, 장군과 장교, 일반 병사의 복식이 각기 다르다. 심지어 갓끈과 갑옷의 못까지 묘사했을 정도로 세밀해서 당시의 군사 제도, 전쟁술, 생활 문화를 연구하는 귀중한 자료로 그 가치를 인정받고 있다.

세계 최대의 불교 석굴군

막고굴

map p.22 - C1 · 2

실크로드가 낳은 최고의 금자탑이자, 세계 최대의 불교 석굴군으로 유명한 막고굴. 전진 시대인 건원 2년(366년) 둔황에 머물던 낙준이라는 승려가 사방으로 빛나는 금빛을 보고, 석굴 사원을 조성하기 시작한 것이 그 시초.

이후 위진남북조와 수 · 당 · 5대 10국 · 송 · 서하 · 원나라를 거치며 1000여 년 동안 석굴이 굴착되었다. 한창 전성기 때의 막고굴은 1618m에 걸쳐 735개의 동굴이 있었다니, 인간의 힘에 의한 것이라고는 믿어지지 않는 수준. 현재 남아 있는 석굴은 모두 492개, 약 1400개의 불상과 4만 5000m²의 벽화가 석굴 안에 모셔져 있다.

중국 최대의 별궁이자 황실 정원

이화원

map p.24 - E1

현존하는 중국 최대의 별궁이자 황실 정원. 유네스코 세계문화유산으로 지정된 이곳은 곤명호, 서호, 남호 등 3개의 인공 호수와 인공 산인 만수산으로 290만m² 부지 위에 조성되어 있다.

750년간 황제의 정원으로 사랑받았지만 제2차 아편 전쟁 패배 이후, 베이징에 입성한 영 · 프 연합군에 의해 모두 타 버리는 비극을 겪었다. 이후 30여 년간 폐허가 된 이화원을 오늘처럼 재건한 것은 청 왕조 막후 실세 서태후였다. 황제보다 더한 권력을 누렸으나 고궁의 한가운데에 머물지 못한 그녀는 폐허가 된 황실 정원을 자신만의 위락 시설로 만들었다.

당시 청나라는 연이은 서양과의 전쟁 패배로 막대한 배상금 채무를 지고 있던 상황. 하지만 서태후는 결코 손을 대서는 안 되는 군비 500만 냥의 은마저 유용해 이화원 재건 사업에 투입한다. 이 500만 냥은 독일과 영국에서 전함을 들

막고굴

오다이바

이화원

오사카성

여오기 위한 군비였다. 결국 후일 청일 전쟁에서 중국이 대패하는 결과를 낳게 된다.

Japan

도쿄만에 조성된 신흥 다운타운

오다이바

map p.29 - G7

최근 몇 년 동안 도쿄에서 최고의 인기를 구가했던 곳이 바로 도쿄만의 신도심 오다이바다.
오다이바는 원래 도쿠가와막부가 에도만을 방어하기 위해 만들었던 포대가 있던 인공 섬이다.
맛집, 유흥업소, 쇼핑 등 엔터테인먼트 요소를 모두 갖추고 있는 대형 복합 시설과 특급 호텔이 들어서 있으며, JR 신바시역에서 무인 모노레일 유리카모메를 이용해 편리하게 갈 수 있다. 오다이바는 온 가족이 함께 여행을 즐기기에도 아주 좋은 곳. 또한 비즈니스에 관심 있는 여행자라면 빅사이트 전시관에서 다양한 시설을 이용할 수 있다. 오다이바는 그야말로 남녀노소 누구나 만족할 만한 테마파크와 같은 곳이다.

오사카의 얼굴

오사카성

map p.29 - E7

우리에게도 잘 알려진 도요토미 히데요시가 축성한 성으로, 화재 등 세월의 여파에 시달리며 훼손된 부분을 복원, 1997년에 재건되었다.
지상에서 약 55m의 높이에 있는 천수각은 오사카성의 얼굴이라 해도 과언이 아닐 정도로 유명한 곳. 천수각에는 도요토미 히데요시의 유품도 많이 보관되어 있으며, 무엇보다도 오사카 시내가 한눈에 내려다보이는 멋진 전망이 일품이다.
오사카성의 특징으로 꼽을 수 있는 것은 이시가키와 호리다. 도쿠가와 가문이 각 다이묘에게 비용을 분담시켜 완성한 것인데, 다이묘들은 장군에게 충성을 표시하기 위해 머나먼 긴키 지방에서 거대한 바위를 모아 이곳으로 운반했다고 한다.
사쿠라몬 근처에 있는 다코이시는 오사카성에서 가장 큰 바위로 이시가키를 대표한다.

교토 최고의 사찰

긴카쿠지

map p.29 - E7

교토를 소개하는 잡지나 관광 팸플릿에서 한 번쯤은 보았을 세계문화유산 긴카쿠지는 우리에게 '금각사'라는 이름으로 잘 알려진 사찰이다.
기원은 1397년 아시카가 요시미쓰가 사이온지가의 산장을 물려받아 건축물과 정원을 새롭게 정비하면서 시작되었다.
긴카쿠지는 원래 아시카가 요시미쓰의 법명에서 이름을 따와 로쿠온지라고 불렀는데, 여러 건물 중에서 제일 아름다운 긴카쿠가 유명해지면서 통칭으로 굳어진 것이다.

일본 Japan

약 1억 2461만 명 도쿄
37만 7835㎢ 일본어
불교, 신도 81세
엔 대리석 가공품, 자동차
3만 9285달러 0시간 81

긴카쿠지

하우스텐보스

구사쓰 온천

긴카쿠지는 이름 그대로 교토에서는 최고의 사찰로 칭송받고 있는데, 수면에 은은하게 비치는 황금빛 건물을 보면 그 이유를 알 만큼 화려하고 아름답다.

긴카쿠지 주변 지역은 예부터 귀족들이 사냥을 즐기던 곳이었기 때문에 산장, 별장을 겸한 절이 많았고 건물도 화려하게 장식할 수밖에 없었을 것이다. 또한 이곳의 고찰에는 대대로 내려오는 보물이 많기로도 유명하다.

세월이 지나며 긴카쿠를 제외한 대부분의 건물이 이축되거나 소실되었는데, 아즈치 · 모모야마 시대 이후 고미즈오 천황 등에 의해 가람과 정원을 재건하여 지금의 모습을 갖추게 되었다.

일본 속의 작은 네덜란드

하우스텐보스

map p.29-B8

네덜란드의 향기가 물씬 풍기는 종합 테마 파크 하우스텐보스는 총 152ha라는 엄청난 면적을 자랑하는 나가사키현의 명소다.

하우스텐보스 내에는 자동차, 버스, 배 등의 교통수단과 호텔, 은행, 소방서와 같은 편의 시설까지 있어 사실 하나의 도시라고 해도 과언이 아니다.

'에콜로지와 이코노미의 공존'을 콘셉트로 하는 하우스텐보스는 아름다운 자연환경을 지켜 후대에 물려줄 수 있도록 모든 도시 기능을 정비해 새로운 주거 환경을 만들기 위해 탄생했다. 이름을 하우스텐보스(네덜란드어로 '숲속의 집')라고 지은 것도 바로 그런 이유에서다.

하우스텐보스는 리조트 개념의 테마 파크이므로 좋은 숙소에서 편하게 쉬고 좋은 음식을 먹으며 여유 있게 둘러봐야 후회가 없다. 특히 하우스텐보스 내에 있는 덴하그 호텔이나 호텔 유럽 같은 오피셜 호텔에서 숙박을 할 경우 밤늦은 시간에 펼쳐지는 야간 불꽃놀이까지 즐길 수 있다.

일반 관람객들이 다 빠져 나간 후에도 아름다운 조명이 빛을 발하는 하우스텐보스를 산책하거나 다음 날 아침 일찍 일반 관광객들이 입장하기 전에 호젓하게 아름다운 정원을 둘러보는 즐거움도 만끽할 수 있다.

해발 1200m 고원에 있는 온천

구사쓰 온천

map p.28-G6

구사쓰 온천은 오래 전부터 아리마 · 게로 온천과 함께 일본 3대 유명 온천으로 명성을 떨쳐 온 곳이다. 특히 일본의 한 신문사에서 선정한 '일본 온천 100선'에 1위로 뽑혀 일본을 대표하는 온천으로 거듭나게 되었다.

또한 에도 시대 초대 장군인 도쿠가와 이에야스, 8대 장군인 도쿠가와 요시무네 등이 온천수를 통에 담아 에도성까지 가져오게 했을 정도로 그 명성이 높다.

구사쓰 온천의 여러 가지 볼거리 중, 빼놓지 말아야 할 것이 바로 유바타케, 한국어로 풀이하면 '온천밭'에 해당한다. 분당 수천 리터의 온천수가 샘솟는 곳으로, 크기와 규모만으로도 보는 이의 탄성을 자아낸다. 외진 곳에 위치하지만, 온천수가 가득 고여 에메랄드 빛 호수를 만들어 내는 모습은, 세계 어디에서도 볼 수 없는 장관. 특히나 이곳의 온천수는 일반 온천수가 아닌, 유황온천수로 다양한 성분을 함유하고 있어 피부 건강에도 좋다고 한다.

'온천 수질 최우선주의'를 선언하고 소중한 자연의 은혜인 온천을 잘 보존하기 위해 노력하고 있는 구사쓰 온천은 해발 1200m의 고원 지대에 위치하고 있어 7~9월 평균 기온이 19.7℃로 여름에도 상쾌한 온천욕을 즐길 수 있다.

구사쓰 온천은 온천수를 인위적으로 가열, 순환, 재활용하지 않는 순수 온천으로도 유명하다.

왕궁

콰이강의 다리

Tailand

리마 1세가 수도를 옮긴 후 세운 궁전

왕궁 map p.32 - C4

왕궁은 방콕의 대표적인 볼거리로 왓 프라깨오, 프라 마하 모띠엔, 보로마비만 마하 쁘라삿, 짜끄리 마하 쁘라삿, 두싯 마하 쁘라삿, 왓 프라깨오 박물관 등이 있다.

매표소를 지나 왕궁 입구로 들어서면 정면에 왓 프라깨오가 보이지만 진행 방향 왼쪽에 있는 황금 탑, 프라 스리 라따나 체디를 먼저 들르는 게 좋다. 종 모양의 체디 안에는 부처의 사리가 모셔져 있지만 일반인에게 공개되지는 않는다.

왕궁의 핵심 볼거리는 왓 프라깨오. 에메랄드 사원이라고도 불리는 곳으로 라마 1세 때 만들어진 왕실 사원. 사원 안에는 60㎝ 크기의 에메랄드 불상이 있다. 이 불상은 스리랑카에서 만들어져 치앙라이, 치앙마이, 위앙짠을 거쳐 방콕에 자리하게 되었다고 전해진다. 에메랄드 불상은 1년에 3번, 3 · 7 · 11월에 황금 옷으로 갈아입는다고 한다. 국왕이 직접 행차하는 자리이므로 일반인의 출입은 제한된다. 벽에는 라마끼엔이라는 악마에 대항해 승리를 거둔 신의 이야기가 그려져 있어 보는 재미를 더해준다.

왕궁의 보로마비만 마하 쁘라삿도 놓치기 아까운 볼거리. 라마 4세가 거주했던 궁전으로 영화 '왕과 나'의 무대가 됐던 곳이다. 그 밖에 즉위식과 탄신일 행사가 열리는 프라 마하 모띠엔, 태국과 유럽 양식이 혼합된 아름다운 건물 짜끄리 마하 쁘라삿, 초기에 지어진 건물로 타일 지붕과 여러 겹의 첨탑으로 이루어진 두싯 마하 쁘라삿도 볼만하다.

태국과 미얀마를 잇는 죽음의 철도 구간

콰이강의 다리 map p.32 - B4

콰이강을 가로지르는 깐짜나부리의 대표적인 볼거리다. 콰이강의 다리는 태국과 미얀마를 잇는 415㎞의 '죽음의 철도'의 한 구간이다. 원래는 목조 교량이었지만 1943년 2월에 최초로 기차가 지나가고 3개월 뒤 철교로 바뀌었다. 1944년과 1955년, 두 차례에 걸친 연합군의 폭격으로 파괴되었다가 전쟁이 끝나고 복구돼 오늘에 이르고 있다. 연합군의 폭격이 있었던 1944년 11월 28일을 기념하는 콰이강의 다리 페스티벌이 열린다.

매년 11월 마지막 주에 열리는 깐짜나부리의 주요 축제로, 콰이강의 다리 건설과 폭파에 관한 역사를 조망한 음향을 통해 재연한다. 축제 기간에는 콰이강의 다리 주변에 무대가 설치되고 야시장이 들어서 떠들썩해진다.

13~14세기 태국 건축 양식을 볼 수 있는 곳

수코타이 역사공원 map p.32 - B3

수코타이에 가는 이유는 단 하나! 수코타이 역사공

Thailand
태국

약 7160만 명 방콕
51만 3115㎢ 타이어
불교 66세 밧
쌀, 열대 작물, 고무, 섬유
7233달러 -2시간 66

수코타이 역사공원

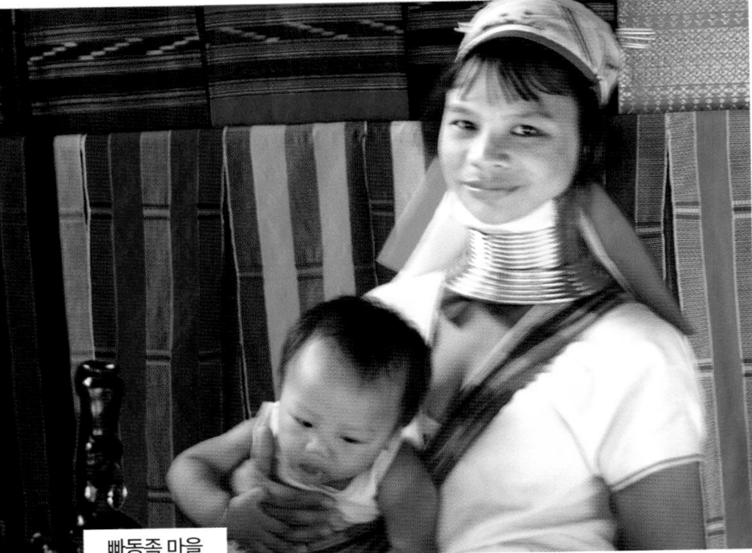
빠동족 마을

할롱베이

원을 보기 위해서다. 워낙 많은 사원이 있어 하루에 다 돌아보기는 힘들다.
수코타이 역사공원의 볼거리는 1300×1800m의 성벽을 기준으로 안팎으로 나뉘어 있다. 왓 마하탓, 왓 시사와이, 왓 사 시, 왓 뜨라팡 응온, 람캄행 동상, 람캄행 박물관 등의 주요 볼거리는 성벽 안쪽에 몰려 있다. 하지만 성벽 바깥의 볼거리도 빼놓기 아쉽다. 왓 시춤, 왓 프라 파이 루앙, 왓 체뚜폰, 왓 사판 힌 등이 있기 때문이다.
성벽 안쪽과 바깥쪽은 입장료를 따로 받는다. 바깥쪽의 경우 동서남북 각 구역별로 입장료를 내야 하고, 동일 구역에서는 입장권 한 장으로 모두 관람할 수 있다.

긴 목의 여인들이 사는 마을
빠동족 마을

map p.32 - B3

고산족을 설명할 때 자주 등장하는 긴 목의 여인들이 사는 마을. 빠동족 여인들은 여섯 살부터 목걸이를 차기 시작해 열여섯 살이 될 때까지 매년 1~2개씩 개수를 늘려 간다. 최종 무게는 20kg 이상, 길이는 30cm에 달해 상당히 버거운 장식인 셈. 하지만 어릴 적부터 훈련이 되어서인지 신체의 일부처럼 자연스럽기만 하다. 목걸이를 하는 정확한 이유는 밝혀지지 않았다. 빠동족 전설에 등장하는 긴 목을 가진 아름다운 용을 모방하기 위한 것이라고도 하고, 호랑이가 목을 물지 못하도록 하기 위해서라고도 한다. 강하게 보여 타 종족 남자들이 넘보지 못하게 하기 위한 것이라는 설도 있지만, 아직까지 어떤 것도 확인된 바는 없다.
빠동족이 거주하는 지역은 나이 쏘이, 남 삐앙 딘, 후아이 센 따오 등 세 곳이다. 입장료를 내는 대신 사진은 마음껏 찍을 수 있다. 가장 유명한 나이 쏘이 마을은 매홍손에서 북서쪽으로 35km 거리에 있다. 투어로 다녀오는 게 가장 편하지만 성태우, 오토바이로 다녀올 수도 있다. 남 삐앙 딘은 빠이강을 따라 보트로 가야 한다. 매홍손 남쪽의 후아이 데우아 선착장에서 보트를 탈 수 있다.

태국 국민에게 친숙한 사원
왓 아룬

map p.32 - B3

톤부리 왕조의 탁신 왕이 건설한 사원으로 짜오프라야 강변에 있다. 탑의 도자기 장식이 새벽의 햇빛을 받으며 강 건너편까지 빛을 비추는 데에서 '새벽의 사원'이라는 이름을 가지게 되었다. 높이 74m의 대프랑 내부에는 힌두교의 상징 '에라완'과 힌두신 '안드라'의 상이 보관되어 있으며, 석가모니의 일생을 나타내는 네 개의 불상도 주목할 만하다.

Vietnam

1500km² 의 광대한 국립공원
할롱베이

map p.32 - D2

바다 위로 솟아 있는 3000여 개의 기암괴석으로 이루어진 섬들이 만들어 내는 숨 막힐 듯한 경관은 한 번 보면 쉽게 잊혀지지 않는다. 영화 '인도차이나'의 배경이 되었던 곳으로, 할롱이라는 말은 '용이 바다로 내려왔다'는 의미다. 전설에 따르면 한 무리의 용들이 외세의 침략으로부터 사람들을 구했고, 침략자들과 싸우기 위해 내뱉은 보석들은 섬이 되었다고 한다.
배를 타고 할롱베이를 유람하다 보면 파랗고 잔잔한 바다 위에 끝도 없이 솟아 있는 섬들이 과연 보석 같다는 생각이 들기도 한다.
배가 정박할 수 있는 몇몇 섬에서는 기묘한 석회 동굴도 감상할 수 있는데, 바위들이 용을 비롯한 갖가지 동식물 모양을 하고 있다. 1500㎢에 이르는 광대한 지역 전체는 국립공원으로 보호되고 있으며, 1994년 세계문화유산으로 지정되었다.

베트남 남부의 비옥한 삼각주
메콩 삼각주

map p.32 - D5

동남아시아에서 메콩강은 단순한 강이 아니라 생명선과도 같다. 강은 그 자체로 운송로 역할을 할 뿐만 아니라 주변에 경작지를 제공해 동

냐짱 해변

메콩 삼각주

남아시아의 젖줄이 되기 때문이다.
4000㎞ 넘게 흐르던 강은 바다로 빠져 나가기 전 베트남 남부에 퇴적물을 쏟아 내 거대하고 비옥한 삼각주를 이루는데, 이곳을 메콩 삼각주라고 부른다. 베트남 쌀 전체 생산량의 60%가 이곳에서 생산되며, 덕분에 베트남은 현재 세계 3위의 쌀 수출국으로 부상했다. 쌀뿐만 아니라 코코넛, 사탕수수, 열대 과일, 어류 등이 생산되는 풍요의 땅이 바로 메콩 삼각주다.
또한 세계에서 가장 큰 규모를 자랑하는 메콩 삼각주의 수상 시장도 볼거리. 작은 배에서 거대한 상판에 이르기까지 수백 척의 배가 장관을 이룬다. 조용한 듯하지만 끊임없이 움직이는 메콩 삼각주는 마치 시장 경제에 눈을 뜬 베트남의 활력을 상징하는 듯하다.

베트남에서 가장 아름다운 휴양지

냐짱 해변

map p.32 - D4

8세기경 당시 참파 왕국의 수도였던 냐짱은 당시 아시아 해상 교역의 요지였다. 프랑스의 지배 아래 서양인들의 휴양지로 개발되기 시작해 현재는 어업과 리조트 사업이 발달한 베트남의 대표적인 휴양 도시가 되었다.
약 6km에 걸친 긴 해안에 펼쳐진 하얀 모래사장과 맑디맑은 물로 많은 관광객을 불러들이고 있는 곳이 바로 냐짱 해변. 이곳의 광대한 해안선의 모래사장은 햇볕에 반짝이고, 이국적이면서도 친근한 짚을 이용한 파라솔들이 퍽 인상적이다.
이런 휴양지로서의 면모가 현재의 냐짱을 대변하지만, 베트남전쟁 당시 백마 부대의 주둔지로 전쟁의 아픈 기억도 갖고 있는 곳이다.

베트남의 역사를 머금은 도시

후에

map p.32 - D3

베트남 최후의 왕조인 응우옌 왕조의 도읍으로 번성한 곳으로 1993년 세계문화유산으로 등록되었다. 투덕, 카이딘, 민망 등 여러 왕릉이 자리하고 있으며, 그 중 투덕 황제의 능은 가장 많은 방문객들을 불러모으는 곳으로 투덕 황제가 생전에도 사용했던 곳이라고 한다.
위엄을 자랑하는 왕릉뿐만 아니라, 후에성, 타이호아 왕궁, 왕족의 납골관 등, 왕권 시대의 상징을 보여주는 성과 왕궁이 가득한 곳이기도 하다. 하지만, 베트남전 당시의 격전지였던 탓에, 자금성 등을 비롯한 일부 유적은 황폐한 잔해만이 남아 있어, 전쟁의 아픔을 사람들에게 전하고 있다.

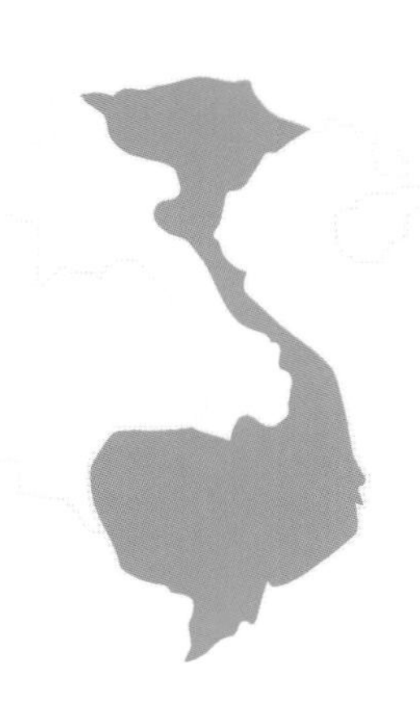

Vietnam

베트남

약 9747만 명 하노이
33만 1690㎢ 베트남어
불교 85.6세
동 쌀, 상아, 소뿔, 보석
3694달러 -2시간 84

다바오의 사마르섬

바나우에의 계단식 논

보홀의 초콜릿 힐

Philippines

필리핀

약 1억 1388만 명 마닐라
30만 76㎢ 필리핀어, 영어
그리스도교 69.55세
필리핀 페소 섬유, 열대 작물
3549달러 -1시간 63

Philippines

보기만 해도 행복한 브라운 언덕

보홀의 초콜릿 힐

map p.33 - D4

세부의 동쪽에 있는 필리핀에서 열 번째로 큰 섬 보홀에는 세계적으로 유명한 초콜릿 힐이 있다. 초콜릿 힐에 있는 힐의 수는 1268개. 각 힐의 형태는 매우 유사하며 높이는 30~50m.

초콜릿 힐이란 이름을 갖게 된 까닭은 푸른 잔디에 뒤덮여 있던 이곳이 건기가 끝날 무렵 아름다운 초콜릿색으로 변하기 때문이다.

처음 이곳을 방문하면 초콜릿 힐이 인공물이 아니라 자연적으로 만들어졌다는 사실이 믿어지지 않는다. 현재까지 어떤 지질학자도 초콜릿 힐이 어떤 과정을 통해 만들어졌는지 확실한 결론을 내리지 못하고 있다.

현지인들 사이에선 약혼자가 있는 처녀를 사랑했으나 실수로 처녀를 죽게 만든 거인의 눈물이 땅에 떨어져 초콜릿 힐이 되었다는 전설이 전해지고 있다.

천혜의 자연환경을 갖춘 곳

다바오의 사마르섬

map p.33 - D5

다바오만의 수많은 섬 중 하나인 사마르섬은 '가든 시티'라는 애칭을 가지고 있는데, 그 물이 크리스털처럼 맑다. 이런 천혜의 자연환경으로 인해 사마르섬은 스노클링과 스쿠버 다이빙 외에도, 배를 타고 인근 섬들을 둘러보는 호핑 투어를 즐기기에 아주 좋다. 해안선을 따라 부드럽게 미끄러지는 백사장부터 가파른 절벽이나 바위, 코코넛나무, 맹그로브, 에메랄드빛 산호초, 작은 어촌 마을 등 그림 같은 열대의 풍경이 아름답기 그지없다. 일몰과 일출도 황홀할 만큼 아름답다.

필리핀에서 드물게 섬 안에는 무슬림 어촌 마을도 있다.

세계에서 가장 아름다운 논

바나우에의 계단식 논

map p.33 - C2

바나우에는 이푸가우 부족이 사는 곳. 바나우에의 계단식 논은 2000년 이상 이푸가우 부족이 산의 경사면을 따라 농사를 지으며 살아온 흔적이다. 지금도 여전히 이푸가우의 농민들은 이와 같은 방식으로 농사를 짓고 있다. 맨손과 투박한 농기구만으로 이룩한 선대의 지혜는 다음 세대에서 그 다음 세대로 전통과 현재가 균형을 이루면서 고스란히 승계되었다. 하늘을 향해 지어진 계단 같은 바나우에의 계단식 논은 인간과 자연이 아름답게 조화를 이루며 살 수 있음을 보여 주는 문화적인 사례다.

바나우에의 계단식 논이 다른 어느 곳보다 아름다운 까닭은 해발 1500m에 이르는 고산지에, 최대 70도라는 가파른 경사로 되어 있기 때문이다. 논의 끝에서 끝까지 연결해 길이를 재 볼 수 있다면 만리장성보다 10배 이상 길 것으로 추정된다. 바나우에의 계단식 논은 1995년 세계문화유산으로 지정되었다.

페트로나스 트윈 타워

페낭 힐

Malaysia

세계에서 가장 높은 트윈 빌딩

페트로나스 트윈 타워 map p.34 - A2

정유 회사 페트로나스의 사옥이지만 회사 사옥이란 의미를 넘어 쿠알라룸푸르의 상징적인 건축물이다. 햇빛을 받아 눈부시게 빛나는 푸른 유리와 은빛 스테인리스로 장식된 외장이 무척 아름답다. 이슬람 건축 양식의 영향을 받았으면서도 현대적인 미를 자랑한다. 높이 452m, 88층의 위용을 자랑하는 페트로나스 트윈 타워는 정면 입구 기준으로 우측이 1관, 좌측이 2관인데 2관은 삼성 건설이 지었다.
2개의 타워 빌딩은 지상 170m 상공에 위치한 스카이 브리지에 의해 연결된다. 스카이 브리지는 트윈 타워의 41층과 42층에서 복층으로 2개의 타워를 연결한다.
페트로나스 트윈 타워는 영화 '엔트랩먼트'의 배경이 되면서 다시 한 번 주목을 받았다. 트윈 타워 뒤편 시민 공원에서 바라보는 조망이 가장 아름답다.

페낭시 전경을 한 눈에

페낭 힐 map p.32 - C5

말레이시아 사람들이 부킷 벤데라라는 이름으로 부르는 페낭 힐은 조지타운 서쪽에 위치한다. 날씨가 맑은 날은 해발 830m의 정상에서 페낭 중심가인 조지타운은 물론 바다 건너 인도네시아까지 보인다.
페낭 힐에 오르기 가장 좋은 시간은 관광객들이 몰려들기 전인 아침 9시경이다. 페낭 힐 정상까지 오르는 산악 기차는 새벽 6시 30분부터 30분 간격으로 운행되는데, 1922년 개통되어 84년이란 오랜 역사를 지니고 있다.
밤에 페낭 힐에 오르면 믈라카 해협을 오가는 배들의 불빛이 화려하다. 역에서 정상까지 오르는 중간중간에 몇몇 작은 역이 있다. 보통 주민들만 타고 내려 관광객들은 무심코 지나치지만 역 주변에 몇몇 작은 호텔과 게스트 하우스도 있다.

말레이시아의 대표적인 고원 휴양지

겐팅 하일랜드 map p.32 - C6

쿠알라룸푸르에서 북쪽으로 50㎞, 해발 2000m 지대에 위치한 겐팅 하일랜드는 말레이시아에서 가장 발달된 대규모의 고원 휴양지다.
겐팅 호텔, 테마 파크 호텔, 아와나 골프 컨트리 리조트와 2개의 테마 파크, 카지노로 구성되어 있다.
수많은 놀이 기구와 국제적인 쇼 등 볼거리가 많아 가족 단위 방문객이 많은 '원 스톱 가족 휴양지'로의 명성도 높다.
겐팅 하일랜드 테마 파크에는 세계에서 몇 곳 없는 스카이다이빙 연습장도 있는데, 이곳 때문에 겐팅 하일랜드를 찾는 사람도 많다. 겐팅 하일랜드에서는 '하일랜드'라는 이름답게 다양한 아웃도어 스포츠도 즐길 수 있다. 산 아래쪽 아와나 환경 공원은 다양한 환경 스포츠를 즐길 수 있는 곳으로 유명하다.

Malaysia
말레이시아

약 3357만 명 · 쿠알라룸푸르
32만 9845㎢ · 말레이어, 영어
불교 · 70.83세
링깃 · 천연 고무, 주석, 철광석, 보크사이트
1만 1371달러 · -1시간 · 60

타만 미니 인도네시아 인다

발리

Indonesia

인도네시아

약 2억 7375만 명 자카르타
192만 2570㎢ 인도네시아어
이슬람교 84세
루피아 나왕, 석유, 천연가스, 주석, 보크사이트
GDP 4292달러 –2시간 62

Indonesia

신들의 땅, 축제의 섬

발리

map p.35-D5

발리는 자와섬 동쪽에 위치한 제주 면적의 3배 정도 되는 섬으로 세계 4대 휴양지의 하나이다. 언덕과 계곡을 따라 테라스처럼 펼쳐진 풍요로운 산간의 풍경은 발리의 비치와 함께 몹시 빼어나다.

인구 대부분이 이슬람교도인 인도네시아에서 발리 인구의 90% 이상은 힌두교도가 차지한다. 하지만 발리에서 이슬람 문화와 힌두 문화는 잘 융화되어 자연과 함께 완벽하게 조화를 이루며 발리만의 문화적 · 종교적 향기를 꽃피웠다. 섬 곳곳에서 볼 수 있는 수많은 사원과 다양한 축제, 예식 등은 '신들의 땅, 발리'에서 신과 함께 살아가는 발리 사람들 모습을 보여 준다. 특히 발리댄스, 음악, 미술, 건축물 들은 발리만의 독특함으로 여행객들을 사로잡는다.

동남아 최고의 불교 유적지

보로부두르 사원

map p.34-B4

보로부두르 사원은 캄보디아의 앙코르와트, 미얀마의 바간과 함께 동남아시아 최고의 불교 유적지로 꼽힌다. 자카르타 시내에서 42㎞ 떨어져 있다.

730~800년경 사일렌드라 왕조가 건축한 것으로 알려져 있는 보로부두르 사원의 기반은 육각형. 그 위에 원형의 3개 층을 건조했고 정상에는 기념비적인 탑이 세워져 있다.

보로부두르 사원의 수많은 탑은 하나의 형체를 이루고, 하나의 형체 또한 탑의 형상을 하고 있다. 사원의 회랑에서 회랑으로 이어지는 공간에는 부처의 일생이 새겨져 있다. 단일 건축물로는 세계 최대의 위용을 자랑하는데, 보로부두르 사원 건축에 사용된 돌만 해도 약 200만 개나 된다.

인도네시아 문화를 모아 놓은 공원

타만 미니 인도네시아 인다

map p.34-B4

1만 3700개의 섬으로 이루어진 인도네시아 전역의 문화를 한눈에 볼 수 있는 곳. 흔히 '타만 미니'라고 불리는 '타만 미니 인도네시아 인다'는 인도네시아 각 지방을 하나의 거대한 공원으로 조성한 곳이다.

자카르타에 있는 타만 미니는 1700여 개, 인도네시아 섬의 문화와 건축물의 다양성을 보여 주도록 디자인되었다. 이를 위해 27개 주의 전통 가옥이 전시 공간으로 사용되고 있고, 호수에는 인도네시아 각 섬들의 미니어처를 조성해 놓았다.

섬 하나 또는 섬의 일부라는 단위로 구획된 한 지역의 문화는 상징적인 건축물 안에 1~2개의 건물과 정원으로 구성되어 있다. 타만 미니를 방문하면, 자와 섬만 보더라도 서부와 중부, 동부 지역이 각각 다른 문화적 형태를 갖고 있다는 것을 알 수 있으며 유사한 문화를 제외하더라도 30개 정도의 완전히 다른 인도네시아 문화를 찾아볼 수 있다.

보로부두르 사원

술탄 아흐메트 모스크

Turkey

아메트 1세가 세운 사원

술탄 아흐메트 모스크 map p.57 - M4

이슬람 지역을 여행하는 즐거움 중 하나는 이슬람교의 예배당인 아름다운 모스크를 볼 수 있다는 것이다. 부드러운 곡선과 강인한 직선이 조화를 이루는 모스크는 저녁 무렵 특히 아름답다.

오스만 제국의 열네 번째 왕인 아흐메트 1세가 성 소피아 사원을 모방하여 세운 사원으로, 사원 근처 지역을 술탄 아흐메트 지역이라 부를 만큼 이스탄불의 상징 중 하나로 꼽힌다.

이스탄불에서 가장 큰 사원으로 오스만 제국 왕들의 종교적인 행사나 선언 등이 이 사원에서 이루어졌다고 한다.

99가지의 푸른색 타일만을 사용해 만들었다고 하여 우리에게는 '블루 모스크'라고도 알려져 있는데, 사원 근처에 배낭 여행자 거리가 형성되어 있어서 배낭을 짊어진 여행자들의 아지트 역할도 한다.

종교적 핍박을 피해 살던 곳

카파도키아 map p.60-D5

튀르키예 수도 앙카라에서 남쪽으로 300㎞ 정도 떨어져 있는 곳. 수백만 년 전 분출된 용암으로 형성된 응회암 지대에 오랜 세월 풍화와 침식 작용을 일으켜 만들어진 기암괴석들이 지구상에 존재하는 곳이라고 믿기 힘들 만큼 독특한 장관을 이룬다.

카파도키아는 종교적 핍박을 피해 이곳에 숨어든 기독교인들이 종교를 지키고자 바위를 깎아 수많은 거주 공간과 교회를 만든 곳이다. 척박한 자연환경도 그들의 강인한 신앙심을 이길 수는 없었으며, 오히려 더욱 훌륭한 은신처를 제공해 준 셈이다. 그들이 남긴 벽화는 오늘날에도 그 아름다움을 뽐내고 있다. 뿐만 아니라 궤레메 국립공원, 대규모 지하 도시 데린쿠유, 버섯바위로 유명한 파샤바, 영화 '스타워즈'의 배경으로 알려진 살리메 마을 등이 주요 볼거리. 이곳의 바위 유적과 궤레메의 국립공원은 1985년 세계문화유산으로 지정되었다.

헬레니즘 시대의 건축물

넴루트산과 안티오쿠스 분묘 map p.60-E5

기원전 1세기경 이 지방을 지배했던 콤마게네 왕국의 안티오코스 1세의 분묘가 넴루트산 정상에 있다. 산 정상의 무덤은 자갈이 곱게 쌓여 고깔을 쓴 모양을 하고 있으며, 그 동쪽과 서쪽에 각각 5개의 신상과 독수리, 사자상이 늘어서 있다.

헬레니즘 시대의 야심 찬 건축물의 하나로 평가받는 무덤과 신상들이지만, 지진으로 인해 몸체로부터 떨어진 신상들의 머리가 여기저기에 놓여 있어서 세월의 흔적이 느껴진다.

산 정상은 해발 2150m로 어느 때 가더라도 추위를

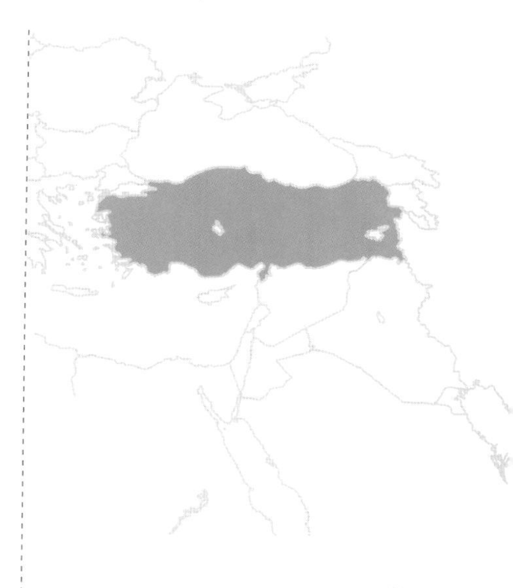

Turkey

튀르키예

약 8478만 명 · 앙카라
77만 9452㎢ · 터키어
이슬람교 · 73세
튀르키예 리라 · 오렌지, 포도, 코르크, 올리브, 직물
9587달러 · -7시간 · 90

카파도키아

각오해야 한다. 이곳에서 보는 일출은 아름답기로 유명하니 놓치지 말고 보는 게 좋다. 추위 속에서 떠오르는 해는 더없이 반갑기만 하다. 신상을 포함한 이 무덤은 1987년 세계문화유산으로 지정되었다.

고대 7대 불가사의 중 하나

에페소스의 아르테미스 신전 map p.57-L6

에페소스는 소아시아 서해안에서 번영했던 고대 도시. BC 6세기부터 건설과 무역으로 번영하여 고대 이오니아 지방의 12개 도시 중 가장 부유한 도시가 되었다. 켈수스 도서관과 하드리안 신전 등은 아름답기로도 유명하며 부분적으로 보존이 잘 되어 있다. 종교적으로도 의미 있는 도시로 사도 바울이 이곳에 머물며 《신약성서》 중 〈고린도서〉와 〈갈라디아서〉를 썼으며, 사도 요한도 성모 마리아와 함께 이곳에서 노년을 보냈다고 전해진다.
이곳을 더욱 유명하게 한 것은 바로 아르테미스 신전이다. 고대 7대 불가사의 중 하나로 꼽히는 이 신전은 BC 6세기 중엽부터 120년에 걸쳐 완성되었다. 길이 120m, 폭 60m의 규모로 그 당시 가장 훌륭했던 아테네의 파르테논 신전보다 2배나 더 크고 웅장한 모습이었다고 한다. 그러나 지금은 외로운 기둥 한 주만이 고대의 번영을 뒤로한 채 관광객을 맞고 있다.

India

무굴 제국 5대 황제 아내의 무덤

타지마할  map p.36-C3

인도를 상징하는 유적지의 하나로, 무굴 제국의 5대 황제였던 샤 자한의 부인인 뭄타즈 마할의 무덤이다.
뭄타즈 마할에 대한 샤 자한의 사랑은 이미 널리 알려진 이야기. 지혜와 총명함으로 사랑받던 그녀가 출산 도중에 세상을 떠나자 샤 자한은 머리가 하얗게 셀 정도로 충격을 받았다. 결국 그는 뭄타즈 마할에 대한 그리움을 화려한 무덤을 건설하는 것으로 대신했다.
타지마할의 건설은 왕비가 죽은 이듬해인 1632년부터 22년 동안이나 계속됐다. 투입된 물량도 인부 20여 만 명, 코끼리 1000마리에 달한다. 타지마할의 장식에는 모자이크의 일종인 피에트라 두라 기법이 사용됐는데, 이것은 르네상스 시대의 이탈리아 피렌체 건축물에서 볼 수 있다. 대리석에 꽃 등의 문양을 판 뒤 그 홈에 각각 다른 색의 돌이나 준보석을 박아 넣는 기법이다. 터키와 중국, 러시아에서 수입된 색색의 돌들이 순백의 대리석과 어우러져 오묘한 빛을 발한다.

자이살메르 왕족들의 무덤

바라 박 map p.36-B3

엄청난 규모에다 건물도 아름다워 이곳만 따로 방문하는 여행객이 있을 만큼 인기가 높다. 바라 박이라는 이름에 '거대한 정원'이라는 뜻이 담겨 있어서인지 무덤이라는 느낌은 전혀 들지 않는다. 더욱이 가까운 곳에 풍력 발전을 위한 풍차도 생겨 낭만적인 풍경을 더해 준다. 바라 박에서 바라보는 석양은 자이살메르 일대에서 가장 아름답기로 소문나 있다.

인도의 모래 구릉 중 가장 큰 곳

삼 샌드 둔 map p.36-B3

자이살메르에서 55km쯤 떨어진 곳에 있는 거대한 모래 구릉. 외국인이 들어갈 수 있는 모래 구릉 중 가장 크기 때문에 관광객이 끊이지 않는다. 특히 겨울철 성수기에는 이곳에서의 일몰을 보기 위해 지프들이 줄을 설 정도. 한때는 모든 낙타 사파리 코스에 1박이 포함되었으나 지금은 입장료를 징수하기 때문에 인근의 다른 곳에 머무는 경우도 많다.

달라이 라마의 저택

쭐라캉과 코라 map p.36-C2

궁전이라는 뜻이 담긴 쭐라캉은 현재 달라이 라마가 거주하는 저택이다. 중국의 빈번한 암살

타지마할

바라 박

삼 샌드 둔

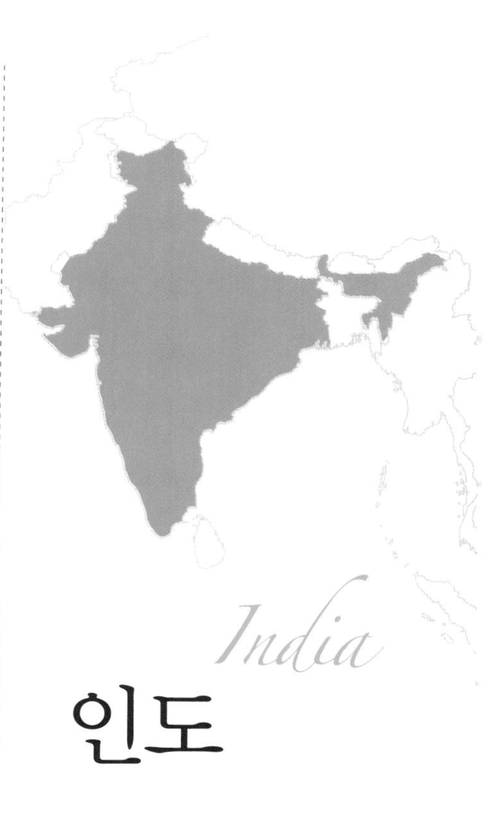
쭐라캉

기도 때문에 보통 때는 경계가 삼엄하지만, 달라이 라마가 단체 접견을 하는 날에는 일반인도 입장할 수 있다. 평상시에는 철조망으로 둘러져 있어 가까이 가는 것조차 힘들다.
여행자에겐 쉽게 들어갈 수 없는 쭐라캉보다 외곽을 둘러싼 산책길인 코라가 더 인기 있다. 티베트의 왕궁인 포탈라궁을 돌며 기원 하던 것에서 유래된 것으로, '코라'라는 말 자체에 '돌다'라는 뜻이 담겨 있다고 한다. 단, 쭉락항의 코라는 맥그로드 간즈에서도 성지에 속하는 곳이라 경건한 자세가 필요하다. 불심을 담아 '옴마니밧메훔'과 같은 진언을 외우는 티베트의 노승이나 난민들의 참배 모습은 정성스러움 그 자체다.

히말라야와 인더스 강이 조화를 이룬 마을

알치

map p.36-C2

눈부신 설산, 히말라야와 도도히 흐르는 인더스강이 조화롭게 어우러진 알치는 레에서 스리나가르 방향으로 70㎞ 떨어진 곳에 위치해 있는 작은 마을. 10세기 말에 린첸 장포 대사가 세운 알치 곰파가 유명해 많은 여행객이 방문하고 있다.
사원 알치 곰파는 내부에 그려진 알치 벽화와 1000여 개의 불상으로 유명하다. 특히 인도를 소개하는 사진집 등에 빠지지 않고 등장하는 알치 벽화는 세련되면서도 정교한 그림 덕에 종종 아잔타와 비교될 정도다. 카슈미르와 간다라 미술의 적절한 배합을 통해 각각의 독특한 아름다움을 잘 살렸다는 평을 받고 있다.

인도인의 산 속 휴식처

다르질링

map p.36-E3

'히말라야의 여왕'이란 애칭으로 통하는 다르질링은 유네스코가 지정한 세계문화유산.
인도의 살인적인 더위를 피하기 위해 영국이 만든 산간 휴양지 가운데 초기에 개발된 곳이다.
원래 이름은 인도 동북부의 중심 세력이었던 시킴 왕국의 도르제링이었지만, 1835년 소유권이 영국으로 넘어가면서 다르질링으로서의 새로운 역사가 시작되었다.
영국은 다르질링 개발을 통해 두 마리 토끼를 잡고자 했다. 하나는 인도에 거주하는 영국인들을 위한 휴양지를 건설하는 것이고, 다른 하나는 기후와 토양을 최대한 활용해 차 재배지로 만드는 것.
유럽에서 유일하게 차를 즐겼던 영국인은 자신들의 기호를 위해 중국에서 찻잎을 수입했는데, 이 비용을 줄이기 위해서라도 자국의 식민지에 차 재배지를 두어야 했던 것이다.
어쨌거나 행운의 여신은 영국에게 미소를 지어 보였다. 때마침 중국에서 수입한 차나무를 콜카타의 식물원에서 재배하는 데 성공하게 되고, 이를 계기로

India

인도

약 14억 756만 명 · 뉴델리
328만 7263㎢ · 힌디어, 영어
힌두교 · 64.9세
루피 · 쌀, 면화, 향신료, 차, 황마, 철강
2277달러 · –3시간 30분 · 91

다르질링

알라푸자와 콜람의 수로 유람

다르질링은 세계적인 홍차 생산지로 발돋움하게 되었기 때문이다.

안마당의 전차가 유명한 사원

비탈라 사원 map p.37 - C5

비자야나가르 왕조 최후의 걸작품으로, 유네스코 세계문화유산의 하나. 사원 내에서 가장 눈길을 끄는 것은 안마당의 전차. 반인반수의 괴물이자 비슈누 신의 탈거리이기도 한 가루다가 모셔져 있다. 화강암으로 된 바퀴와 차축은 실제로도 굴러 갈 수 있게 제작되었다.
비탈라 사원의 또 다른 볼거리는 신전으로 통하는 입구에 있는 56개의 화강암 기둥. 두드리면 각기 다른 소리가 나기 때문에 '음악 기둥'이라고도 불린다. 특별히 청아한 소리가 나는 기둥을 찾고 싶다면 유난히 손을 타 반질반질해진 것을 고르면 된다. 기둥의 하단에는 가상의 동물인 얄리도 새겨져 있다.

불교, 힌두교, 자인교 유적이 가득한 사원

엘로라 map p.37 - C4 · 5

마하라슈트라 주의 양대 볼거리 중 하나로 꼽히는 엘로라 석굴 사원군이 있는 곳.
불교 예술의 보고로 인정받는 아잔타 석굴 사원군과는 달리 불교, 힌두교, 자이나교 유적이 혼재해 있어 다양한 볼거리를 제공한다. 특히 아잔타 유적이 시대 구분 없이 난립해 있는 데 반해 엘로라 유적은 시대별로, 종교별로 가지런하게 정렬돼 있어, 인도의 종교에 대한 특별한 지식이 없더라도 한눈에 그 차이점을 알 수 있다.
엘로라의 석굴 사원군을 시대별로 살펴보면 불교→힌두교→자이나교 순. 6세기경에 불교가 등장한 것을 시작으로 무려 500년이 넘는 동안 힌두교, 자이나교가 차례로 자리를 잡아 나갔다.
특이한 점은 같은 장소에 여러 종교가 거쳐 갔는데도 문화적인 훼손이 전혀 없다는 것. 역사 속에서 빈번하게 등장하는 종교 전쟁을 떠올린다면 이와 같은 현상은 상당히 예외적임을 알 수 있다.

남국의 베네치아

알라푸자와 콜람의 수로 유람 map p.37 - C7

해상 교통이 발달한 알라푸자와 콜람 사이의 수로를 헤치며 항해하는 코스인 수로 유람은 '남국의 베네치아'라 불러도 손색이 없는 곳.
고요히 흐르는 강과 열대의 정취가 느껴지는 코코넛나무, 파란 하늘, 환상적인 노을 등이 어우러진 멋진 모습을 감상할 수 있다.
수로 유람에 참가한 사람은 그저 좋은 곳에 자리 잡고 앉아 있으면 된다. 유람선이 움직이는 대로 몸을 맡기다 보면 두 다리가 고단하지도 않고, 지도를 보느라 머리 아플 일도 없다.
물길이 좁아질 땐 현지인들의 사는 모습을 볼 수 있어 좋고, 넓어지면 어로 작업에 몰두하는 케랄라 주민이나 코친 항에서 보던 중국식 어망 등을 발견할 수 있어 즐겁다. 가끔은 가느다란 육지의 길 하나를 사이에 두고 민물과 바닷물이 찰랑거리는 모습도 볼 수 있다.

인도 회화의 금자탑

아잔타 map p.37 - C4

엘로라와 함께 마하라슈트라 주의 최대 볼거리로 손꼽히는 아잔타 석굴 사원군은 불교 미술의 보고이자 인도 회화의 금자탑으로 평가받는 곳.
BC 2~1세기에 조성된 전기 석굴군과 5~7세기의 후기 석굴군이 섞여 있지만, 각각 남방 불교와 북방 불교의 특징을 띠고 있어 차이는 극명한 편이다.
사실, 아잔타 석굴 사원군은 오랜 기간 모습을 감추고 있었다. 8세기 이후에 인도에서 불교가 쇠퇴, 소멸하면서 무려 1100여 년간이나 밀림 속에 숨어 있었다. 하지만 1819년, 영국군 병사에 의해 우연히 발견되었다.

아잔타

놀라운 것은 발견 당시 벽화의 보존 상태. 사람도 짐승도 발길이 닿지 않던 긴 세월 동안 먼지가 쌓여 벽화의 화려한 색이 고스란히 간직되어 있었다고 한다. 하지만 현재는 벽화의 상태가 심각한 수준. 어설픈 보수 작업으로 보호막 역할을 하던 먼지가 제거되자 오히려 벽화의 색이 바래고 만 것이다. 이와 같은 폐해를 막기 위해 지금은 청소 작업은 물론 카메라 플래시도 금지하고 있다.

아그라의 대표 관광 명소

아그라 요새

map p.36-C3

1565년 무굴제국의 제3대 황제 악바르 대제가 건설을 시작하여 후대 왕들에 의해 지속적으로 증축된 무굴제국의 성채이다. 힌두와 이슬람, 중앙아시아 지역의 건축 양식이 조화를 이루고 있으며, 웅장한 규모와 섬세한 장식은 관광객의 시선을 떼지 못하게 한다.
요새 안에는 진주 모스크라 불리며 완벽한 조형미를 자랑하는 샤 자한의 모티 마스지드를 비롯하여 여러 개의 모스크가 있어 눈을 즐겁게 해 준다.
1983년에 유네스코 세계문화유산으로 지정되어 타지마할과 함께 아그라를 대표하는 관광지로 자리매김했다.

아시아 여러 나라들

Asia

네팔 히말라야 산맥 중앙부에 위치하며, 북쪽으로는 중국의 티베트와 히말라야 산맥을 사이에 두고 있으며, 동·남·서쪽은 인도와 접한다. 세계에서 가장 험한 산악 지대로, 지형 조건으로 빚어진 고립성과 폐쇄성이 오랫동안 지속되어 세계에서 가장 개발이 덜 된 나라다.
약 3004만 명 카트만두 14만 7181㎢ 네팔어 힌두교 60세 네팔 루피 석청(꿀), 동충하, 파시미나(최상급 캐시미어), 카펫 1223달러 -3시간 15분 977

라오스 오래전부터 란상(Lan Xang) 또는 '100만 마리의 코끼리의 땅'으로 알려졌던 곳. 아시아에서 개발이 가장 덜 됐고, 가장 수수께끼 같은 나라 중의 하나로 여겨지고 있다.
약 743만 명 비엔티안 23만 6800㎢ 라오어 불교 59세 키프 쌀, 고구마, 옥수수, 사탕수수, 잎담배 2551달러 -2시간 856

몽골 국토는 넓지만 인구는 적다. 북서쪽으로는 러시아와 국경을 맞대고 있으며, 남동쪽으로는 중국과 닿아 있다. 예전에는 '외몽골'이라 불리던 지역이다.
약 335만 명 울란바토르 156만 4160㎢ 몽골어 라마교 70세 투그릭 밀, 보리, 감자, 토마토 4535달러 0시간 976

미얀마 황금의 땅으로 알려진 곳으로 방글라데시, 인도, 중국, 라오스, 태국과 국경을 접하고 있다. 국토의 50% 이상이 숲으로 덮여 있다. 1989년 국명이 버마에서 미얀마로 바뀌었다.
약 5380만 명 양곤 67만 6577㎢ 미얀마어 불교 56.62세 차트 석유 화학, 아연, 구리, 직물, 섬유, 종이 1187달러 -2시간 30분 95

사우디아라비아 사우디란 '사우드 가(家)의', '사우드 왕조의'라는 뜻이다. 북쪽으로 요르단과 이라크, 동쪽으로 페르시아 만 연안의 쿠웨이트, 바레인, 카타르, 아랍에미리트, 남쪽으로 오만, 예멘에 접하고, 서쪽으로 홍해를 사이에 두고 이집트, 수단, 에리트레아와 마주한다.
약 3595만 명 리야드 224만 8000㎢ 아랍어 이슬람교 56세 리얄 석유, 천연가스, 대추야자, 아라비아고무 2만 3586달러 -6시간 966

스리랑카 18세기 말부터 영국의 식민지였으나 1948년 영국 연방 내의 자치령으로 독립하였으며, 1972년에 국명을 실론에서 스리랑카 공화국으로 개칭하여 영국 연방에서 완전 독립국이 되었다. 유럽과 아시아를 잇는 해상의 요지를 차지하며, 인구는 섬의 남서부에 집중돼 있다.
약 2177만 명 스리자야와르데네푸라 6만 5610㎢ 신할리즈어 불교 73세 스리랑카 루피 홍차, 사탕수수, 보석 3815달러 -3시간 94

시리아 대표적인 아랍 국가로 19세기 말부터 아랍 독립 운동의 거점이 되어 왔으며, 지금은 아랍 통일의 사상 및 운동의 중심지다.
약 2132만 명 다마스쿠스 18만 5180㎢ 아랍어 이슬람교 70세 시리아 파운드 밀, 목화, 석유, 인광석, 소금 2892달러 -7시간 963

싱가포르 말레이 반도의 남쪽 끝, 인도양과 남중국해를 연결하는 길목에 위치한 작은 섬나라. 64개의 섬으로 이루어져 있으며, 면적은 서울 정도.
약 594만 명 싱가포르 682㎢ 말레이어, 영어, 중국어 불교 79.4세 싱가포르 달러 아연, 고무, 주석 공예품, 보석 7만 2794달러 -1시간 65

이라크 이라크는 페르시아어로 '저지(低地)'를 뜻한다. 북쪽은 튀르키예, 서쪽은 시리아, 요르단, 동쪽은 이란, 남쪽은 사우디아라비아, 쿠웨이트에 접하며, 아라비아만에 면해 있다.
약 4353만 명 바그다드 43만 5052㎢ 아랍어 이슬람교 61세 이라크 디나르 석유, 천연가스, 곡물, 야자 5048달러 -6시간 5분 964

이란 옛날에는 국명이 페르시아였으나 1935년에 '아리아인의 나라'라는 뜻의 이란으로 바꾸었다. 동쪽은 아프가니스탄과 파키스탄, 북쪽은 아제르바이잔, 아르메니아, 서쪽은 튀르키예, 이라크에 접하며, 남쪽으로 페르시아만, 오만만을 사이에 두고 아라비아 반도와 마주하고, 북쪽은 카스피해에 면한다.
약 8792만 명 테헤란 165만㎢ 페르시아어 이슬람교 69.3세 리알 석유, 천연가스, 캐비아, 사탕무, 밀 2757달러 -5시간 30분 98

이스라엘 지중해 동쪽 팔레스타인 지방의 아랍 세계에 존재하는 유대인 공화국이다. 19세기 유럽에서 일기 시작한 시오니즘 운동을 배경으로 세계 각지의 유대인들이 팔레스타인 땅으로 이주하여 1948년 5월에 국가를 수립한 탓에 주변 아랍 여러 나라와 적대 관계에 있으며 분쟁이 끊이지 않는다.
약 890만 명 예루살렘 2만 425㎢ 히브리어, 아랍어 유대교 80.6세 세겔 광학 기계, 섬유, 소금 1만 5만 1430달러 -7시간 972

캄보디아 프랑스 식민 지배에 이어 30년 가까이 계속된 전쟁과 크메르 루주의 집권 등 아픈 역사를 간직하고 있는 나라다.
약 1659만 명 프놈펜 18만 1035㎢ 캄보디아어 불교 72세 리엘 쌀, 옥수수, 고무, 목재 1591달러 -2시간 855

쿠웨이트 북서쪽으로 이라크, 남쪽으로 사우디아라비아와 국경을 접하고, 동쪽으로 페르시아만을 사이에 두고 이란과 마주한다. 원래는 사막에 있는 한 부족 국가였으나, 석유에서 얻는 막대한 이권을 바탕으로 근대화가 급속히 진전되고 있다.
약 425만 명 쿠웨이트 1만 7818㎢ 아랍어 이슬람교 76.95세 쿠웨이트 디나르 석유 2만 4812달러 -7시간 965

타이완(대만) 타이완은 원래 부속 제도인 펑후 제도, 뤼다오섬, 란위섬 등 79개의 도서를 합하여 중국의 1개 성(省)인 타이완 성을 이루었다. 1949년 이래 타이베이를 임시 수도로 정하고 있는 타이완 국민 정부의 사실상의 지배 지역은 타이완 및 푸젠성에 속하는 진먼섬과 마쭈섬이다.
약 2386만 명 타이베이 3만 6179㎢ 베이징어 불교, 도교, 유교 76.35세 뉴 타이완 달러 사탕수수, 장뇌 3만 3708달러 -1시간 886

이집트 Egypt

약 1억 926만 명 카이로
99만 7690㎢ 아랍어
이슬람교 71.2세 이집트 파운드
석유, 화학 비료, 곡물
3876달러 －7시간 20

Egypt

고대 7대 불가사의이며 세계문화유산

피라미드

map p.43 - G2

이집트에는 피라미드가 무척 많지만, 카이로에서 버스로 30분 거리에 있는 기자의 3대 피라미드가 대표적이다. 버스가 기자 시가지에 닿으면 멀리 피라미드가 보이는데 그 크기는 상상을 초월한다. 사막이 시작되는 곳에 우뚝 솟아 있는 피라미드를 사진에 담기 위해서는 피라미드에서 멀리 떨어져야 할 정도. 3대 피라미드 중 가장 큰 것이 쿠푸 왕의 피라미드인데, 그 높이가 무려 146.5m에 이른다(현재는 137m). 이 피라미드는 10만 명의 인원이 3개월 교대로 20년에 걸쳐 만들었다고 하는데 기원전 2700년경에 이런 대공사를 벌일 수 있었다는 것은 미스터리가 아닐 수 없다. 쿠푸 왕의 피라미드는 고대 7대 불가사의 중 하나이며, 3대 피라미드 지역 전체는 1979년 세계문화유산으로 지정되었다.

이집트 신전 중 가장 오래된 것

카르나크 신전

map p.43 - G2

현재 남아 있는 고대 이집트의 신전 가운데 최대 규모다. 기원전 1500년에 처음 건립되어 기원전 80년경의 로마 시대까지 증축과 개축이 계속되면서 그리스 정교회와 이슬람교 사원 등으로 사용된 흔적이 남아 있다. 긴 역사만큼이나 많은 변화를 겪어 온 것이다. 이런 이유로 현재는 많은 부분이 훼손된 상태지만, 높이 15m, 지름 3m짜리의 기둥이 134개나 늘어서 있는 대열주실만 보더라도 당시의 위용을 느낄 수 있다.

현재 신전에서는 매일 빛과 소리의 쇼가 진행되는데, 광대한 신전 안을 빛과 소리로 안내하며 진행되어 환상적인 분위기를 만끽할 수 있다. 중왕국과 신왕국의 수도로서 번성하던 이곳 테베 지역은 현재는 룩소르라고 불리는데, 지역 전체가 1979년 세계문화유산으로 지정되었다.

알렉산드로스 대왕의 전설이 깃든 곳

시와 오아시스

map p.43 - G2

이집트에서 가장 아름답고 오래된 오아시스 마을이며 알렉산드로스 대왕의 전설이 고스란히 깃든 신화와 역사의 고장. 기원전 331년 이집트를 정복한 알렉산드로스 대왕은 시와에 있는 아몬 신전에서 신탁을 받고 '아몬 신의 아들'임을 선언했다. 역대 이집트의 파라오들이 얻고자 했던 '아몬 신의 아들' 칭호를 얻은 알렉산드로스 대왕은 이를 계기로 이집트 역사의 일부가 됐다. 시와에는 아직까지 알렉산드로스 대왕이 신탁을 받은 신전과 아몬 신전의 잔해가 남아 있으며, 1990년대 중반에는 영국 고고학자들이 시와에서 알렉산드로스 대왕의 무덤을 발견했다고 발표했지만 아직 확실히 증명되지는 않았다.

피라미드

카르나크 신전

시와 오아시스

마사이마라 국립공원

세렝게티 국립공원

Kenya

아프리카에서 가장 유명한 야생 동물 보호 지역

마사이마라 국립공원 map p.43 - F5

마사이마라는 부족어로 '마사이족이 살고 있는 곳', 즉 마사이족이 사는 마을이란 뜻이다. 이곳은 아프리카의 가장 유명한 야생 동물 보호 지역으로, 살아 숨 쉬는 자연을 만끽할 수 있는 곳이다. 세렝게티 국립공원에 인접한 마사이 마라는 광활한 초원이 펼쳐져 있으며, 얼룩말과 기린, 톰슨가젤, 사자 등의 서식지다. 케냐에서 야생 동물이 가장 많은 곳으로, 끝없이 펼쳐진 초원 위에서 계절에 따라 수만 마리의 누와 얼룩말, 버펄로 등을 발견할 수 있다. 세렝게티와 달리 도로를 벗어나 동물 가까이까지 접근해 관찰할 수 있다.

Tanzania

탄자니아 최대의 국립공원

세렝게티 국립공원 map p.43 - F5

세렝게티는 마사이어로 '끝없는 초원'이란 뜻. 총 1만 4700㎢에 이르는 방대한 사바나 초원에 다양한 동식물이 그들만의 질서를 지키며 살아가고 있다. 백수의 왕 사자에서부터 표범, 하마, 코끼리, 기린 등의 동물, 《어린왕자》에 나오는 전설의 바오밥나무, 각종 선인장, 그리고 동물의 배설물을 청소하는 쇠똥구리에 이르기까지 끊이지 않는 사슬 속에서 서로 깊은 관계를 맺으며 살아간다.

수많은 동물의 서식지

응고롱고로 국립공원 map p.43 - F5

사자, 표범, 얼룩말 등 수많은 동물이 생존 경쟁을 벌이는 응고롱고로는 마사이어로 '삶의 선물'이란 뜻이다. 동서 길이 20㎞, 남북 길이 16㎞에 이르는 화산이 만들어 놓은 이 거대한 구멍에는 수많은 동물이 서식하고 있다. 조류를 제외하고도 자그마치 2만 5000마리가 넘는 동물이 살고 있다고 한다. 엄청난 규모를 자랑하는 분화구와 그 속에 터전을 잡고 서식하는 수많은 동물의 광경도 멋지고, 더욱이 마사이 족과 동물, 그리고 대자연이 함께 어우러진 풍광은 지구촌 그 어느 곳에서도 쉽게 볼 수 없는 응고롱고로만의 자랑이다.

아프리카 최고봉

킬리만자로 map p.43 - F5

아프리카의 최고봉인 킬리만자로는 스와힐리어로 '빛나는 산'을 뜻한다. 킬리만자로 산은 적도 부근에 위치해 있지만 만년설로 유명하다. 하지만 최근 지구 온난화로 인해 빙하가 녹고 산사태가 일어나는 등 심각한 침식 작용이 계속되고 있다.
가로 30㎞, 세로 50㎞의 타원형으로 자리 잡은 화산으로 시라봉, 키보봉, 마웬지봉 등 세 봉우리가 나란히 서 있다. 중앙의 키보봉, 우후루피크는 해발 5895m로 이곳에선 최고봉이다.

Kenya
케냐

약 5300만 명 나이로비
58만 2648㎢ 영어
그리스도교 61세 케냐 실링
사탕수수, 열대 작물, 커피, 옥수수
809달러 －6시간 254

Tanzania
탄자니아

약 6359만 명 다르에스살람
94만 2799㎢ 스와힐리어, 영어
그리스도교 52세 탄자니아 실링
금, 석탄, 주석, 다이아몬드
1136달러 －6시간 255

빅토리아 폭포

케이프타운

Zimbabwe

Republic of South Africa

Zimbabwe

짐바브웨

약 1599만 명 하라레
39만 757㎢ 영어
그리스도교 37.8세 짐바브웨 달러
니켈, 크롬, 담배
GDP 1737달러 -7시간 263

Republic of South Africa

남아프리카공화국

약 5939만 명 프리토리아
121만 9090㎢ 영어, 아프리칸스어
그리스도교 53세 랜드
보석류, 밀, 낙농 제품
GDP 6994달러 -7시간 27

Zimbabwe

나이아가라 폭포에 견줄 만한

빅토리아 폭포

map p.42 좌측소지도

빅토리아 폭포는 크게 짐바브웨와 잠비아 지역으로 구분되어 있으며, 출입구와 관리소는 물론 자생하는 식물과 서식하는 동물도 다른 생태계를 보여 주는 곳으로 유명하다. 또 같은 폭포이면서도 두 나라에서 부르는 지명이 다르다. 짐바브웨에서는 영국 빅토리아 여왕의 이름을 따 '빅토리아 폭포'라고 부르고, 잠비아에서는 천둥소리 내는 연기라는 뜻의 '모시오아 투냐 폭포'라고 부른다.
빅토리아 폭포는 최대 폭 1700m, 가장 깊은 폭포대의 낙차가 108m에 이른다. 미국과 캐나다 사이에 있는 나이아가라 폭포와 비교해 보아도 수량과 높이에서 2배가 넘는 규모를 자랑한다. 수량이 엄청난 만큼 폭포가 만들어 내는 물보라의 높이도 상상을 초월한다.
더욱 믿기 어려운 사실은 물보라의 높이가 인근에 있는 언덕이나 구릉 지역보다 높아 65㎞쯤 떨어진 곳에서도 장대한 폭포의 물보라를 볼 수 있다는 사실이다.
3월 하순부터 8월까지는 건기, 11월부터 4월까지는 우기이다. 8, 9, 12월에는 관광객이 가장 많이 몰리는 때이다.

Republic of South Africa

17세기 네덜란드 이민자들에 의해 만들어진

케이프타운

map p.42 우측소지도

세계의 해안선 가운데 가장 아름다운 케이프 반도. 훌륭한 박물관과 삶의 생생함이 묻어 나는 시장, 잘 정리되어 있는 V&A 워터프런트 등의 현대적 시설이 잘 갖추어져 있어 단순한 아프리카를 상상하면 안 된다. 세계적인 휴양지이자 남아공 최고의 관광지인 케이프타운은 남아공의 입법 수도인 항구 도시다.
17세기 이후 네덜란드 이민자들에 의해 건설되고 영국의 통치를 받은 영향이 그대로 남아 있는 작은 유럽이다. 아프리카라는 말이 어색할 만큼 고전 유럽 양식의 아담한 건물들과 푸른 바다가 조화를 이루어 마치 지중해 유럽의 한 곳에 온 듯한 인상을 준다.
케이프타운은 테이블마운틴(해발 1085m)이라는 천혜의 산으로 둘러싸여 있다. 테이블마운틴은 '마더 시티'라 불리는 케이프타운의 상징. 말 그대로 산 정상이 테이블같이 평평하다. 걸어서 등반하거나 360도 회전하는 케이블카를 타고 올라간다. 정상에 오르면 넓고 푸르게 펼쳐진 대서양과 케이프타운 시내를 한눈에 바라볼 수 있다.

라스베이거스를 닮은 리조트

선시티

map p.42 우측소지도

요하네스버그에서 북서쪽으로 약 130km, 끝이 보

볼더스 비치

이지 않는 평원의 어느 작은 골짜기에 다소곳하게 자리 잡은 선시티는 인공적으로 만들어 놓은 위락 단지로 남아프리카공화국에서 네번째로 큰 규모를 자랑하는 필란스버그 야생 동물 보호 구역의 남쪽 경계 지점에 위치해 있다.
미국 라스베이거스의 모습을 닮아 '남아공의 라스베이거스'라는 애칭도 갖고 있는데, 인공으로 만들어 놓은 호수, 수준급의 골프 코스, 엔터테인먼트 센터와 호텔, 정원, 풀장 등 완벽에 가까운 리조트 형태를 갖추고 있다.
화려한 인테리어와 내부 시설을 자랑하는 '잃어버린 도시의 왕궁'은 옛날이야기 속으로 들어간 듯한 느낌을 준다. 잃어버린 도시의 왕궁 엘리펀트 아트리움을 지나 외부로 나오면 커다란 나무로 조경이 된 정원으로 연결된다.

아프리카에서 펭귄을 만나다
볼더스 비치

map p.42 우측소지도

아프리카 대륙의 최남단, 남극과 가장 가까운 육지로 알려진 볼더스 비치에서는 펭귄을 만날 수 있다. 이곳에 서식하는 펭귄은 자카스 펭귄으로 40~50cm의 신장을 가진 작은 펭귄이다. 사람이 가까이 다가가도 무서워하지 않아 펭귄과 함께 해수욕장에서 수영을 하거나 일광욕을 즐길 수 있다. 단, 펭귄을 다치게 하거나 해를 입히면 벌금이 부과된다고 한다.

남아프리카공화국 최대의 도시
요하네스버그

map p.42 우측소지도

넓은 대륙과 더불어 풍요로운 자연, 그리고 변화하는 아프리카 대륙의 미래를 상징적으로 보여주는 곳이다.
해발 1800m의 고지대에 자리한 요하네스버그는 남아프리카공화국을 제대로 이해하고 싶다면 반드시 들러야 할, 남아프리카공화국의 중심 도시이다.
1886년, 금광이 발견된 후, 일확천금을 노리며 모여든 사람들로 인해 아프리카 최대의 도시로 성장했다. 하지만 급격한 성장으로 인해 흑인과 백인 간의 빈부격차가 심하며, 타 지역에서 불법으로 이주한 사람들로 인해 세계에서 가장 위험한 도시로 꼽히는 불명예를 안고 있기도 하다.

아프리카 여러 나라들 Africa

가봉 동쪽과 남쪽은 콩고, 북쪽은 카메룬 및 적도 기니의 리오무니와 국경을 접한 곳. 제2 차 세계 대전 후 프랑스 공동체 내의 자치 공화국을 형성했고, 1960년 독립했다.
약234만 명 리브르빌 26만 7667㎢ 프랑스어 그리스도교 53세 CFA 프랑 우라늄, 망간, 석유 GDP 8017달러 −8시간 241

나이지리아 서아프리카 연안 국가들 가운데 가장 큰 나라이며, 아프리카 국가들 가운데 인구가 가장 많다. 서남쪽으로 베냉 만, 동남쪽으로 비아프라 만과 접해 있는데, 이 둘은 모두 기니 만에 속해 있다.
약 2억 1340만 명 아부자 92만 3768㎢ 영어 그리스도교 55세 나이라 석유, 열대 작물, 비료, 커피, 옥수수 GDP 2085달러 −8시간 234

리비아 북아프리카 중앙부에 위치하며 북으로는 지중해, 동으로는 이집트, 남동쪽으로는 수단, 남으로는 차드와 니제르, 서쪽으로는 알제리 및 튀니지와 접한다.
약 674만 명 트리폴리 175만 7000㎢ 아랍어 이슬람교 60세 디나르 대추야자, 무화과, 보리, 밀 GDP 6018달러 −6시간 218

모로코 지브롤터 해협을 사이에 두고 유럽의 이베리아 반도와 접하고, 북쪽으로는 지중해, 북서쪽으로는 대서양에 면한 곳. 수도에는 로마 시대의 유적이 많이 있다.
약 3708만 명 라바트 44만 6600㎢ 아랍어, 프랑스어 이슬람교 71세 디르함 섬유, 직물, 오렌지, 포도, 코르크 GDP 3497달러 −9시간 212

세네갈 아프리카 대륙 최서단에 위치한 나라. 북쪽으로 모리타니와의 국경을 타고 흐르는 세네갈 강을 사이에 두고 있으며, 동쪽으로 내륙국 말리, 동남쪽으로 기니, 남쪽으로 기니비사우에 접해 있다.
약 1688만 명 다카르 19만 6712㎢ 프랑스어 이슬람교 62.5세 CFA 프랑 땅콩, 어류 GDP 1606달러 −9시간 221

알제리 동쪽은 튀니지와 리비아, 남쪽은 니제르 · 말리 · 모리타니, 서쪽은 모로코와 각각 국경을 접하고 북쪽은 지중해에 접한 곳. 132년간 프랑스의 식민지로 있다가 1962년 독립했다.
약 4418만 명 알제 238만 1741㎢ 아랍어, 프랑스어 이슬람교 72.3세 알제리 디나르 석유, 천연가스, 향신료, 오렌지, 포도 GDP 3765달러 −8시간 213

잠비아 북서쪽에 콩고, 북동쪽에 탄자니아, 동쪽에 말라위, 남쪽에 짐바브웨, 그리고 남서쪽으로 보츠와나와 나미비아가 위치해 있다.
약 1947만 명 루사카 75만 2614㎢ 영어 그리스도교 35.1세 크와차 동, 코발트 GDP 1221달러 −7시간 260

카메룬 제1차 세계대전 이후 서쪽은 영국, 동쪽은 프랑스 통치를 받았다. 1960년 동카메룬이 독립하고, 다음 해 서카메룬 북부가 나이지리아에 합병되었으며, 남부는 독립 후 동과 연합해 카메룬 연방 공화국을 결성하였으나 1978년 연방제를 폐지했다. 1984년 카메룬 공화국으로 이름을 바꿨다.
약 2720만 명 야운데 47만 5422㎢ 프랑스어, 영어 그리스도교 58세 CFA 프랑 커피, 카카오, 목화 GDP 1662달러 −8시간 237

United Kingdom

영국

약 6728만 명 런던
24만 1752㎢ 영어
그리스도교 80세 파운드
자동차, 화학, 낙농 제품
4만 7334달러 -9시간 44

United Kingdom

400여 년의 역사를 자랑하는 공원

하이드 파크

map p.49 - H7

헨리 8세의 사냥터를 찰스 1세가 공원으로 탈바꿈시킨 곳. 동쪽으로 피커딜리 거리, 남쪽으로 켄징턴 거리, 북쪽으로 옥스퍼드 거리와 연결된다.

하이드 파크 가운데에는 서펜타인이라는 길쭉한 인공 호수가 있다. 1730년 조지 2세의 부인 캐롤라인이 만든 호수로, 이름에는 '뱀처럼 구불구불하다'라는 뜻이 담겨 있다. 주말이나 휴일에는 한가로이 노를 젓는 사람들도 볼 수 있다.

하이드 파크를 돌아볼 때는 북쪽에 있는 서펜타인 근처의 피터팬 동상부터 보는 게 좋다. 서남쪽에 있는 다이애나 황태자비의 거처였던 켄싱턴 궁전에서 시작해도 괜찮다.

일요일 오전, 공원 북동쪽의 마블 아치 옆에 있는 스피커스 코너에 가면 근대 민주주의의 발상지 런던의 모습을 직접 살펴볼 수 있다. 누구나 연단에 올라가 자신의 의견을 말할 수 있는데, 굳이 영어로 말하지 않더라도 분위기를 봐서 박수를 쳐 준다.

영국 왕실의 주궁전

버킹엄 궁전

map p.49 - H7

평범함과 서민적 외관이 인상적인 버킹엄 궁전은 1703년에 세워진 영국 왕실의 주궁전이다. 원래 버킹엄 하우스라는 개인 저택이었으나, 왕실이 매입하면서 지위가 격상되고, 1820년에 궁전의 모습을 갖추었다. 이후 1825년에는 건축가 J. 내시가, 1913년에는 A. 웨브가, 제2차 세계대전 종전 후 폭격을 입은 버킹엄 궁전의 외관을 위해서는 E. 블로어가 투입되어 보수와 증축을 거듭해 오늘날의 모습을 갖추게 되었다.

여기에 근위병 교대식이라는 이벤트가 보태져 대영제국의 정신적 지주이자 근엄한 왕실의 느낌을 더해 주고 있다. 특별 행사 때면 왕실 가족들이 건물 정면의 중앙 발코니에 나와 손을 흔들어 준다.

영국 왕이 대관식을 거행하는 곳

웨스트민스터 사원

map p.49 - I7

장엄한 대리석과 스테인드글라스가 자랑인 고딕 양식의 웨스트민스터 사원은 영국 왕실과 깊은 인연을 맺어 왔다. 참회의 왕, 에드워드가 지은 노르만 양식의 성 베드로 성당이 헨리 3세에 의해 고딕 양식으로 변모하는 등 다양한 건축 양식이 공존하는 이곳에서는 1066년 성탄절에 대관식을 한 윌리엄 왕 이후 지금까지도 대관식과 왕실의 결혼식, 장례식이 계속되고 있다. 현재 이 건물은 영국 국교회와 국립 박물관이 함께 사용한다. 또 1997년에 다이애나 황태자비의 장례식이 치러진 곳으로도 유명하다.

하이드 파크

버킹엄 궁전

웨스트민스터 사원

국회의사당

98m에 이르는 시계탑이 유명

국회의사당

map p.49 - H7

바늘처럼 뾰족한 고딕 양식 건물로, 건축가 배리의 설계에 따라 3만m^2의 부지 위에 세워졌다. 방의 수만도 1100개를 헤아리는 이 거대한 건물은 원래 웨스트민스터 궁전이었다. 1834년에 발생한 대화재로 거의 다 타 버려 12년에 걸친 공사 끝에 재건됐으며, 지금은 국회의사당으로 사용하고 있다.

일반인의 입장이 가능하며 오디오 투어와 가이드 투어 중 선택할 수 있다. 오디오 투어는 회기에 따라 입장이 제한될 수 있다.

98m에 이르는 국회의사당의 상징 시계탑은 빅 벤이라고 불린다. 빅 벤은 1859년 5월 31일에 첫 종이 울린 이래 지금까지 애잔한 음색의 종소리를 15분 간격으로 들려주고 있다.

회화 부문에서는 유럽 최고

내셔널 갤러리

map p.49 - H7

1824년에 38점의 컬렉션으로 시작한 유서 깊은 미술관. 회화 부문에서는 유럽 최고라는 루브르 박물관에도 결코 뒤지지 않는다. 13세기부터 20세기 초까지의 유화 2200여 점을 포함, 스페인, 네덜란드, 이탈리아 르네상스의 회화 작품이 주류를 이룬다. 특히 유명한 작품으로는 레오나르도 다빈치의 '암굴의 성모', 보티첼리의 '비너스와 마르스' 등이다. 매일 1시간(화~목요일 오후 3시)씩 가이드 투어가 있다.

1820년 J. 내시가 만든 광장

트라팔가 광장

map p.49 - H7

1805년 스페인 남쪽의 트라팔가에서 벌어진 해전에서 전사한 해군 제독 허레이쇼 넬슨의 활약상과 그의 영예를 기리고자 1820년 건축가 J. 내시가 만든 직사각형 모양의 광장.

광장을 내려다보는 넬슨 제독의 동상은 높이 55m의 기둥 위에 있으며, 아래쪽 4개의 커다란 부조는 그의 유명한 4대 해전을 묘사하고 있다. 프랑스 해군을 격파한 트라팔가 해전 장면은 정면에 새겨져 있으며, 광장 사방에는 4개의 사자상이 있다.

1841년에 완성된 트라팔가 광장의 주요 건물로는 내셔널 갤러리와 세인트 마틴 인 더 필즈 교회가 있으며, 북쪽에 있는 길이를 재는 표준자도 유명하다.

세계 최초의 국립 박물관

대영 박물관

map p.49 - H7

연간 600만 명 이상이 방문하는 세계 최초의 국립 박물관. 1759년 1월 15일 골동품 연구가 취미인 의사 한스 슬론의 유언에 따라 7만 8575점의 수집품과 4만여 권의 장서를 정부에 기증한 것이 계기가 되어 세워졌다.

19~20세기 강력한 대외 정책을 기반으로 전 세계에서 가져온 역사적 유물을 전시하기 위해 확장을 거듭했으며, 2000년 12월에는 유리와 강철로 된 거미집 모양의 지붕을 씌워 지금의 모습을 완성시켰다.

하지만 이 거대한 전시 공간을 차지하는 전시물 가운데 영국 것을 찾아보기란 결코 쉽지 않다. 그런 까닭에 대영 박물관은 '대영 제국의 전리품 전시장'이라고도 불리는데, 실제로 박물관이 개관한 후 1세기 동안은 영국의 유물이 단 1점도 없었다고 한다.

대영 박물관의 주요 전시품은 600만 점에 이르는 보물 · 골동품 · 보석 · 그림 · 조각 · 메달 등이다. 이들을 꼼꼼히 살펴보려면 1주일도 모자랄 정도.

런던 아이

세인트 폴 대성당

런던 탑

런던 시내가 한눈에 보이는 회전 관람차

런던 아이 map p.49 - I7

영국에서 가장 큰 회전 관람차. 135m 높이까지 올라가면 런던 시내는 물론 맑은 날에는 40km 떨어진 곳까지 보인다.
관람차에 달린 32개의 캐빈이 동시에 돌아가는데, 한 캐빈에는 25명 정도가 탈 수 있다. 한 바퀴 도는 데 걸리는 시간은 30분 정도. 런던 아이의 정식 명칭은 'The British Airways London Eye'로, 영국 항공이 제작 및 유지 비용을 후원한다.

르네상스 양식의 돔성당

세인트 폴 대성당 map p.49 - I7

거대한 돔을 씌운 르네상스 양식의 건물로 런던을 대표하는 성당이다. 앵글로색슨 시대에 목조 건물로 지어진 이래 수차례 화재가 발생했다. 1666년의 런던 대화재 때는 건물이 전소돼 대건축가 렌이 35년을 투자해 재건했다.
성당 벽에는 5m 간격으로 작은 구멍이 뚫려 있는데, 여기에 대고 말을 하면 맞은편에서 그 소리가 정확히 들린다고 한다. 17톤에 이르는 종 그레이트 폴은 오후 1시에 5분간 타종된다.
이곳은 1981년 다이애나와 찰스가 결혼식을 올린 곳으로도 유명하다. 제2차 세계 대전 때 전사한 2만 8000여 명의 군인이 잠든 추모비와 넬슨, 웰링턴, 아라비아의 로렌스 등 200여 명이 묻힌 지하 납골당도 훌륭한 볼거리.

세계에서 가장 큰 다이아몬드를 볼 수 있는 곳

런던 탑 map p.49 - I7

1066년에 건설돼 지금까지 감옥, 행정부, 병기고, 왕립 보물 창고 등 다양한 용도로 이용돼 왔다. 일반에게 공개된 지 300여 년째인 지금의 런던 탑은 런던에서 세 번째로 많은 방문객 수를 자랑하는 관광 명소로서 인기를 누리고 있다.
템스 강변에 위치해 분위기 좋은 고성처럼 보이지만, 감옥으로 쓰였다는 사실을 떠올려 보면 왜 여기에 단두대나 고문 기구가 전시돼 있는지 짐작할 만하다. 이곳에 투옥됐던 대표적인 인물로는 에드워드 5세, 히틀러의 절친한 친구 루돌프 헤스, 헨리 8세의 두 부인 등이 있다.
이곳의 압권은 세계에서 가장 큰 다이아몬드가 박힌 십자가가 있는 보석의 집 귀금속 컬렉션. 왕실에서 사용하던 진기한 금과 은 등 보석류를 전시한 갤러리도 볼만한데, 세계에서 가장 크다는 530캐럿짜리 다이아몬드를 보면 온몸에 전율이 느껴질 정도다. 2868개의 다이아몬드, 17개의 사파이어, 11개의 에메랄드, 5개의 루비, 273개의 진주가 박힌 왕관도 놓치지 말자.

Norway

노르웨이 최대의 미술관

국립 미술관 map p.47 - C4

1836년에 문을 연 노르웨이 최대의 미술관. 1층에는 비겔란의 조각, 2층에는 피카소 · 들라크루아 · 고흐 · 모네 등의 작품이 있다.
하이라이트는 58점에 달하는 뭉크의 작품으로, 22 · 24번 갤러리에 전시돼 있다. 그의 작품 세계를 압축해서 보여 주는 대표작 '절규'가 백미. 길을 걷다가 갑자기 빨갛게 변해 버린 하늘을 보고 놀라서 그 자리에 주저앉을 뻔한 경험이 이 작품의 모티브가 됐다고 한다. 다리 난간에서 귀를 막고 소리를 지르는 모습이 해골을 연상시키고, 굽이치는 선과 부자연스러운 원근감이 내재된 불안과 공포를 표현하는 듯하다. 이 작품은 한때 도둑맞은 것으로 더 유명하다.
그 밖에 노르웨이 작가의 작품 4만여 점과 19세기 후반에서 20세기에 이르는 덴마크 · 핀란드 화가의 작품이 소장돼 있다.

녹아 내린 빙하로 산이 깎인 지형

피오르 map p.47 - B

노르웨이에서 빼놓을 수 없는 즐거움 중 하나가 바로 피오르 여행이다. 노르웨이어인 '피오르'는 '협만', '협곡'이라는 뜻인데, 빙하기와 간빙기를 거치며 녹아 내린 빙하에 산이 깎여 형

성된 지형을 말한다.
노르웨이의 대표적인 피오르는 노르피오르, 하르당에르피오르, 송네피오르 등이 꼽힌다. 그 중에서 총연장 204㎞로 세계에서 가장 긴 송네피오르의 아름다움은 신비함 그 자체다. 칼로 베어 낸 듯 날카롭게 깎인 계곡 사이를 굽이굽이 돌며 대자연의 아름다움을 만끽할 수 있다.
탁 트인 바다 위로 솟아오른 절벽과 그 위에 지어진 예쁜 집 등 형언하기 어려울 만큼 아름다워 관광객의 인기를 얻고 있다.

노르웨이 최고 조각가 비겔란이 20년에 걸쳐 완성

프롱네르 공원

map p.47 - C4

노르웨이 최고의 조각가 비겔란과 그의 제자들이 무려 20여 년에 걸쳐 완성한 공원. 193점의 조각이 푸른 잔디와 예쁜 꽃, 아름다운 호수와 어우러져 연인들의 산책 코스로 사랑받고 있다.
오슬로에서 가장 많은 관광객이 방문하는 곳도 바로 이곳. 17m, 260톤의 화강암 탑인 '모놀리텐'이 압권이며 공원 남쪽에 있는 비겔란 박물관도 유명한 볼거리.
공원 입구에서 모놀리텐 쪽으로 갈 때 '인생의 다리' 위에서 인상을 쓰고 있는 꼬마 조각상을 주목하자. 비겔란 작품 가운데 유일하게 표정을 담은 것인데, 이 조각이 유명해지자 도둑이 다리를 잘라 가 세인의 이목을 집중시키기도 했다.

동계 올림픽 공식 경기장

홀멘콜렌 스키 점프대 & 박물관

map p.47 - C4

스키 박물관에는 2500년 전의 스키를 비롯해 스키의 아버지 노르헤임이 개발한 최초의 스키, 탐험가 아문센과 난센이 극지방 탐험시 사용한 장비 등이 전시돼 있다. 박물관 옆에는 오슬로 시내가 한눈에 들어오는 해발 412m의 홀멘콜렌 점프대가 있다.
19세기 말에 첫 스키 점프 대회가 열리면서 유명해졌는데, 1952년의 동계 올림픽 때 공식 경기장으로 이용됐고, 지금도 3월에는 홀멘콜렌 국제 활강 대회가 열린다.
박물관과 점프대 사이에서는 스릴 만점의 스키 시뮬레이션 게임을 즐길 수 있다.

베르겐의 중심지

브뤼겐

map p.47 - B3

한자동맹을 통해 북유럽 최고의 항구로 떠오른 베르겐의 중심지. 한자동맹 때는 상인 거주지였으나 지금은 레스토랑과 기념품점이 즐비한 상업 지구로 변모했다. 중세 분위기가 물씬 풍기는 목조 건물이 다닥다닥 붙어 있는데, 이는 험준한 지형 탓에 활용 가능한 땅이 적었기 때문이라고 한다. 이 지역은 1979년에 유네스코 세계문화유산으로 지정됐다.

Norway

노르웨이

약 540만 명 오슬로
32만 3758㎢ 노르웨이어
그리스도교 72.05세
노르웨이 크로네 철광석, 조선
GDP 8만 9203달러 −8시간 47

스칸센 야외 박물관

드로트닝홀름 궁전

감라스탄 지구

Sweden

스웨덴

약 1047만 명 스톡홀름
44만 9964㎢ 스웨덴어
그리스도교 79.3세 크로나
도자기, 유리그릇
6만 239달러 -8시간 46

Sweden

웅장하고 화려한 외관

시청 map p.47-E4

스톡홀름의 스카이라인을 형성하는 건물로 중앙역에서 도보로 5분 거리에 있다. 웅장하고 화려한 외관을 자랑하는 이 건물은 스웨덴의 유명 건축가, 랑나르 오스트베리에 의해 설계되어 1923년에 완성됐다. 붉은 벽돌과 스웨덴의 상징인 둥근 황금 지붕, 고딕풍의 유리창이 조화를 이루고, 106m 높이의 전망대에 오르면 감라스탄을 비롯한 시가지 전경이 한눈에 들어온다.
내부의 주요 볼거리로는 매년 12월 10일에 노벨상 축하 만찬회장으로 이용되는 블루홀과 1860만 개의 금박 모자이크로 장식된 무도회장, 황금의 방, 바이킹 양식의 목조 천장이 아름다운 회의장과 거대한 프레스코화로 장식된 왕자의 갤러리 등이 있다.

세계 최초의 야외 박물관

스칸센 야외 박물관 map p.47-E4

1891년에 문을 연 세계 최초의 야외 박물관. 마차를 이용해 스웨덴 방방곡곡에서 통째로 운반해 온 150여 채의 건물과 옛 모습을 재현한 정원과 농가 등이 30만㎡의 광활한 대지에 들어서 있다.
밖에는 늑대, 곰, 사슴 등을 키우는 동물원과 열대 수족관이 있다. 박물관 뜰에서는 여름 축제, 크리스마스 행사, 신년 이벤트 등 다채로운 행사가 열린다. 스칸센은 스웨덴어로 '요새'를 뜻하는데, 박물관이 언덕 위에 자리 잡은 요새처럼 생겼기 때문에 붙은 이름이다.

중세의 모습을 그대로 볼 수 있는 곳

감라스탄 지구 map p.47-E4

18세기 이후 스톡홀름의 중심으로 급성장한 지역으로, 가장 먼저 개발된 스타드스홀멘과 리다르홀멘, 법원이 있는 헬게안스홀멘, 그리고 국회 건물로 둘러싸인 스트룀스보리를 포함한다.
오래된 건물과 골목길 등 중세의 모습을 그대로 보존하고 있는 구시가의 주요 볼거리로는 왕궁과 대성당을 비롯해서 카페, 레스토랑, 기념품점이 밀집된 보행자 거리 등이 있다. 저녁이면 가스등이 켜지는 감라스탄 거리를 유유히 거니는 낭만을 놓치지 말자.

바로크 양식의 왕실 주거지

드로트닝홀름 궁전 map p.47-E4

1756년에 완성된 바로크 양식의 아름다운 건물. 현재 왕실 주거지로 이용되고 있어 600여 개의 방 중 일부만 공개된다.
프랑스 정원 양식의 대가 르노트르의 영향을 받은 바로크 양식 정원과 성의 조화가 인상적인데, 아름다운 꽃이 만발하는 봄에 가면 멋진 사진을 찍을 수 있다. 영국 정원 안에 있는 중국의 성은 건물 외관은 물론 인테리어까지 중국식으로 디자인되어 있어 독특한 분위기를 자아낸다.

시벨리우스 공원

템펠리아우키오 교회

헬싱키 대성당

Finland

루터파 교회의 총본산

헬싱키 대성당 map p.47 - G3

1852년 카를 엥겔이라는 건축가가 네오클래식 양식으로 지었다. 핀란드인 대다수가 믿는 루터파 교회의 총본산. 밝은 녹색의 돔과 웅장한 상아색 건물, 그리고 푸른 하늘의 조화가 완벽하리만치 아름답다. 내부의 화려한 샹들리에와 파이프 오르간을 놓치지 말자.

건축 공모전 당선작

템펠리아우키오 교회 map p.47 - G3

바위에 구멍을 뚫어 만들어서 '암석 교회'라는 별명을 갖고 있다. 1969년의 건축 공모전에서 당선된 티모와 투오모 수오말라이넨 형제에 의해 지어졌다. 자연을 보존하고 교회 건축의 특징을 살리는 것이 콘셉트였다고 한다. 바위 속에 묻혀 있는 듯한 모습이라 찾기 힘드니 주의!

창조성이 돋보이는 둥근 지붕과 천장 주변을 원형으로 잘라 낸 채광창을 통해 들어오는 빛이 포근한 느낌을 준다. 아담한 실내에는 3100개의 파이프를 가진 파이프 오르간이 있어 콘서트도 종종 열린다.

작곡가 시벨리우스의 업적을 기리는 공원

시벨리우스 공원 map p.47 - G3

1967년에 에일라 힐투넨이라는 조경사가 설계한 공원으로 핀란드가 낳은 세계적 작곡가 잔 시벨리우스의 업적을 기리기 위해 조성됐다.

자작나무로 우거진 공원 중앙부에 있는 거대한 스테인리스 파이프와 시벨리우스의 초상 부조가 매우 인상적이다. 공원 서쪽의 바다를 낀 산책로도 운치 있다.

핀란드에서 가장 큰 교회

우스펜스키 대성당 map p.47 - G3

1868년 러시아 점령기에 완성된 정교회 건물로 비잔틴 슬라브 양식을 따랐다. 붉은색 벽돌 건물과 청회색 지붕, 황금색의 첨탑이 아기자기하다. 핀란드에서 가장 큰 정교회 건물로 신도들의 발길이 끊이지 않는다. 바이킹 라인 부두에서 마켓 광장 쪽으로 걷다 보면 오른쪽 언덕에 있어 쉽게 눈에 띈다.

40만 개의 화강암 포석이 깔린 헬싱키의 상징

원로원 광장 map p.47 - G3

헬싱키의 상징으로 통하는 정사각형 모양의 광장으로, 40만 개의 화강암 포석이 바닥에 깔려 있다. 이 광장은 알렉산드르 2세 동상을 중심으로 헬싱키 대성당, 대학, 도서관, 정부 종합 청사 등에 둘러싸여 있으며, 건물은 대부분 1820~1840년에 핀란드 건축 양식으로 지어진 것이다. 노천 카페와 기념품점도 많다.

Finland

핀란드

약 554만 명 헬싱키
33만 8145㎢ 핀란드어
그리스도교 76세 유로
밀, 사탕무, 선박
5만 3983달러 −7시간 358

오줌싸개 동상

그랑 플라스

루벤스의 집

Belgium

벨기에

약 1160만 명 브뤼셀
3만 528㎢ 네덜란드어, 프랑스어
그리스도교(가톨릭교) 73세 유로
초콜릿, 석탄, 철
5만 1768달러 −8시간 32

België

브뤼셀의 마스코트

오줌싸개 동상

map p.51 - G1

브뤼셀의 마스코트이자 최장수 시민으로 통하는 오줌싸개 동상은 1619년 제롬 뒤케누아라는 조각가에 의해 탄생했다. 한때 프랑스의 루이 15세가 모셔 가기(?)까지 한 역사적인 동상이지만, 잔뜩 기대하고 찾아가면 실망할 수도 있다. 60㎝를 넘지 않는 조그만 크기와 묵묵히 볼일 보는 데만 열중하는 모습 때문. 실제로 코펜하겐의 인어 공주 동상과 함께 유럽 양대 썰렁함의 불명예를 다투는 장본인이기도 하다.

벨기에 최고의 고딕 양식

성모 대성당

map p.51 - G1

1352년부터 200여 년에 걸쳐 지은 건물로 마르크트 광장 옆에 있다. 완공을 불과 몇 년 앞둔 1517년 대형 화재가 발생하는 등 사고로 3회의 재건 과정을 거쳐 지금의 고딕 양식 성당으로 태어났다. 현재 벨기에 최고의 고딕 양식으로 인정받고 있으며, 123m 높이의 첨탑에서 한눈에 내려다보이는 안트베르펜 시가지의 전망이 압권이다.
눈썰미가 있다면 이 성당을 어디서 많이 본 듯한 기분도 들 텐데, 만화 영화 '플랜더스의 개'에 등장하는 성당의 외형과 내부가 실제와 거의 똑같기 때문. 안에는 '성모 승천', '십자가에서 내려지는 예수' 등 루벤스의 대작이 전시돼 있다.

고딕 · 바로크 양식 건물로 둘러싸인 광장

그랑 플라스

map p.51 - G1

70×110m의 넓이를 자랑하는 널찍한 광장. 빅토르 위고가 '세상에서 가장 아름다운 광장'이라고 격찬을 아끼지 않은 곳이다. 11세기에 대형 시장이 생기면서 상업의 중심지로 발돋움했으나, 프랑스의 루이 14세가 침공해 쑥대밭이 된 아픈 기억도 가지고 있다. 그 뒤로 4000여 채의 건물이 새로 세워지면서 오늘날의 면모를 갖추었다. 2년에 한 번씩 광장 전체가 꽃으로 뒤덮이는 꽃축제(8월 15일)가 열리는 곳으로도 유명하다. 광장을 둘러싼 고딕 · 바로크 양식 건물의 멋진 분위기를 만끽하려면 찬란한 조명의 야경도 놓쳐서는 안 된다. 그랑 플라스의 대표적인 건물로는 광장을 병풍처럼 에워싼 시청사, 왕의 집, 휠드하우스 등이 있다.

화가 루벤스의 작업실

루벤스의 집

map p.51 - G1

2500여 점의 유작을 남긴 화가 루벤스가 이탈리아에서 돌아와 1640년 숨을 거둘 때까지 살던 곳.
그가 쓰던 작업실과 침실을 개조해 일반에 공개하고 있다. 탁월한 언변과 사교술을 바탕으로 외교관으로 활동하기도 했던 루벤스는 미술사에서 바로크 회화의 대표적인 인물로 꼽히며, 종교화와 초상화에서는 그를 능가할 자가 없었다고 전해진다.

안데르센 유년기의 집

티볼리 파크

Denmark

코펜하겐의 상징

인어 공주 동상 map p.47 - D5

인어 공주가 코펜하겐에 모습을 드러낸 것은 지난 1913년. 칼스버그 맥주의 2대 회장인 카를 야콥센의 의뢰로 에드바르드 에릭센의 손길을 거쳐 아름다운 인어 공주가 탄생했다.

80㎝ 크기의 작은 동상이지만 이를 보기 위해 수많은 관광객이 몰려들어 지금은 코펜하겐의 상징으로 굳건히 자리를 지키고 있다. 몰지각한 테러범(?)의 소행으로 1964년에는 머리, 1984년에는 팔이 잘리는 수모를 겪었으나 지금은 모두 복원됐다.

안데르센이 살던 곳

안데르센 유년기의 집 map p.47 - D5

안데르센이 2~14세의 유년기를 보낸 곳으로 1930년에 복원했다. 안데르센 가족의 애환이 담긴 소박한 장소라 더욱 정감이 간다.

구두 수선공이던 아버지의 작업장을 재현해 놓았고, 안데르센의 유년 시절 유품이 전시돼 있다. 안데르센의 열렬한 팬이기도 한 관리인이 이 집과 안데르센의 일생에 대해 친절히 설명해 준다. 근처의 안데르센 공원도 조용히 산책하기에 그만.

안데르센 자료를 볼 수 있는 곳

안데르센 하우스 map p.47 - D5

《성냥팔이 소녀》, 《미운 오리새끼》 등의 작품으로 어린이들에게 꿈과 희망을 안겨 준 안데르센에 대한 자료를 전시하는 곳.

그의 동화 · 기행문 · 소설 · 편지 · 삽화 · 조각, 그가 사용하던 책상 등 각종 전시물이 가득하다. 안데르센의 생애를 담은 시청각 자료도 흥미롭다. 안데르센이 시민들의 열광적 환호를 받으며 금의환향하는 모습이 대형 벽화로 그려져 있다.

관람을 마친 뒤에는 정원에도 나가 보자. 동화 속 궁전 같은 예쁜 건물과 《미운 오리새끼》에 등장하는 못난이 오리들이 연못에서 노는 모습을 볼 수 있다. 근처에는 파스텔톤의 목조 가옥이 가득한 역사 보존 지구가 있어 사진 찍기에도 좋다.

세계 최초의 테마 파크

티볼리 파크 map p.47 - D5

1843년에 개장한 이래 3억 명 이상 다녀간 세계 최초의 테마 파크. 게오르게 카르스텐슨이라는 재력가가 성곽에 둘러싸인 땅을 사들여 유원지로 만든 것이 이곳의 효시라고 한다.

지금도 현지인은 물론 관광객이 즐겨 찾는 전통의 테마 파크로 명성을 잇고 있다. 각양각색의 음식을 맛볼 수 있는 레스토랑과 30여 종에 달하는 놀이 기구, 팬터마임 등의 각종 퍼포먼스, 수 · 일요일 저녁에 펼쳐지는 야외 음악회와 불꽃놀이 등이 모든 이를 즐겁게 해 준다.

Denmark

덴마크

약 585만 명 코펜하겐
4만 3094㎢ 덴마크어
그리스도교 77.8세
덴마크 크로네 화훼
6만 7803달러 −8시간 45

브란덴부르크 문

Germany

독일

약 8341만 명 베를린
9만 9373km² 독일어
그리스도교(개신교)
79.3세 유로 소시지, 맥주, 낙농제품
5만 802달러 -8시간 82

Germany

프러시아 제국의 개선문

브란덴부르크 문 map p.52 - F2

과거 동독과 서독이 나뉘었을 당시 우리의 판문점과 함께 분단의 상징으로 유명했던 장소. 독일이 통일되던 날, 텔레비전을 통해 철옹성과 같던 베를린 장벽이 무너지는 감동적인 장면을 전 세계인이 지켜보기도 했다.
아테네 신전의 문을 본떠 만들었으며 브란덴부르크 문 위에는 승리의 4두 마차가 있는데, 이 마차는 나폴레옹에게 빼앗겼다가 1814년에 다시 찾은 것이라고 한다.

독일 통일 때 수많은 인파가 몰린 곳

체크포인트 찰리 박물관 map p.52 - F2

1961년 8월 13일 베를린 장벽이 처음 세워질 때의 모습, 1989년 11월 9일 베를린 장벽이 무너질 때 수백만 인파가 운집한 브란덴부르크 문, 자유를 향해 탈출을 시도한 사람들 모습을 담은 사진 등을 전시하고 있다. 그 밖에 눈길을 끄는 전시품은 하수도, 철책, 1인용 경비행기, 자동차 등을 이용해 탈출한 800여 명의 기록이다. 자유를 갈망하던 160여 명이 탈출을 시도하다 목숨을 잃었다는 기록은 가슴을 찡하게 한다.
벽 박물관에서 20m쯤 떨어진 곳에는 동서 베를린의 국경 검문소였던 체크포인트 찰리가 남아 있다. 통일되기 전까지는 외국인에 한해 이곳을 거쳐 동·서 베를린을 오갈 수 있었다. 동쪽 진영과 서쪽 진영의 병사 사진이 검문소 앞에 붙어 있으니, 양쪽에서 사진을 찍어 보자.

고대 건축물 전시관

페르가몬 박물관 map p.52 - F2

베를린 구 박물관 건립 100주년에 맞춰 세워진 박물관으로 연간 60만 명 이상이 찾는 곳. 이 박물관은 1875년 베를린 국립 박물관의 주도로 페르가몬 유적을 발굴하면서 발견된 페르가몬 제단, 아테네 신전, 바빌론의 이슈타르 문 등 고대 건축물을 전시하기 위해 세워졌다.
전시실은 그리스·로마의 고전 유물, 서아시아 유물, 이슬람 유물 등으로 나뉘어 있다. 놓치지 말아야 할 것은 헬레니즘 문화의 정수를 보여 주는 중앙 홀의 페르가몬 제단이다.
페르가몬은 헬레니즘의 번성기였던 기원전 150년 무렵 오늘날의 터키 지역을 관할하던 수도였으며, 이 제단은 승전을 기념하고 수호신인 아테네 여신을 모시기 위해 만들어졌다. 이슈타르 문과 밀레투스의 시장 문 등도 눈여겨볼 만하다.

구시청사 & 천문시계

프리드리히 2세의 여름 별궁

상수시 궁전

map p.52 - F2

상수시는 '걱정이 없다'라는 뜻의 프랑스어. 프랑스의 베르사유 궁전을 모방해서 18세기에 지어졌으며, 프로이센의 왕 프리드리히 2세가 여름 별궁으로 사용했다. 로코코 양식의 백미로 꼽히며, 궁전 안에는 프리드리히 2세의 집무실, 평소 그가 존경했다는 볼테르의 방 등이 있다.
프리드리히 2세는 그림 수집과 철학자 초대를 즐겼는데 그의 맘에 든 볼테르에게는 3년간 여기서 살라고 제안하며 방을 만들어 줬다고 한다. 하지만 어찌 된 영문인지 볼테르는 이 방에서 단 하룻밤도 잔 적이 없다고. 궁전 옆에 있는 갤러리는 독일에서 가장 오래된 미술관으로 루벤스, 반 다이크 등의 작품을 전시한다.

디즈니의 '잠자는 미녀의 성'의 원형

노이슈반슈타인성

map p.52 - E5

뮌헨에서 2시간 거리인 퓌센에 자리한 로마네스크 양식의 고성. 1868년 바이에른 왕국의 루트비히 2세가 취미삼아 건립한 성이었지만, 이 성으로 인해 바이에른 경제가 파탄이 나는 위기를 맞기도 했다. 산과 어우러진 풍경이 장관으로, 뮌헨을 방문하는 사람들은 반드시 찾는 관광의 명소가 되었다.

Czech

체코에서 색이 화려한 건물

틴 성당

map p.53 - G3

1365년에 세워진 고딕 양식의 성당으로, 체코 색이 가장 강한 건물이다.
꼭대기가 금빛으로 빛나는 2개의 첨탑 높이는 80m. 1621년 가톨릭 성당으로 개조되면서 첨탑 사이에 있던 후스파의 상징인 황금 성배가 녹여져 마리아상으로 만들어지는 수모(?)를 겪기도 했다. 후스파는 일반인에게도 영성체 때 포도주를 마실 수 있게 해 성배주의자라고도 일컬어진다.

고딕 양식으로 지어진 프라하의 대표 명소

구시청사 & 천문시계

map p.53 - G3

구시가 광장에서 가장 인상적인 건물. 1338년 전통 고딕 양식으로 지어졌으나 제2차 세계 대전 때 화재로 상당 부분이 파괴됐고, 전후 복원 공사를 거쳐 지금의 모습을 갖추었다.
구시청사의 탑은 1364년에 69.5m 높이로 세워졌는데 독특한 디자인의 천문시계가 설치돼 있어 유명하다.
엘리베이터와 계단을 이용해서 올라가면 프라하 시내가 내려다보이는 전망대가 있다. 구시청사 안에는 역사 박물관, 예배당, 집무실 등이 있는데, 예배당으로 들어가면 천문시계 내부를 견학할 수 있다. 구시

Czech

체코

약 1051만 명 프라하
7만 8866㎢ 체코어
그리스 정교 75세 코루나
사탕무, 구리
2만 6378달러 －8시간 420

카를교

프라하 전경

체스키크룸로프성

청사의 천문시계는 인형, 천문시계, 달력이 복합적으로 구성돼 있다.
매시 정각이면 시계에서 12사도의 인형이 나와 움직이다가 창 안으로 사라진다. 그리고 시계 꼭대기에 닭이 나와서 울면 끝. 이 모습을 보려고 수많은 관광객이 몰려들지만 큰 기대를 갖고 볼 만한 것은 아닌 듯.
중세에는 '시간은 돈'이라는 개념을 강조하기 위해 높은 곳에 시계탑을 만드는 게 유행했는데, 구시청사의 시계탑이 그 대표적인 예다.

프라하 성의 야경을 감상할 수 있는 곳

카를교

map p.53 - G3

카를 4세가 1357년에 놓기 시작한 다리. 원래 놓여 있던 다리가 1342년의 홍수로 유실되자 당시의 토목 기술을 총동원해 폭 10m, 길이 520m의 다리를 1406년에 완공했다. 다리 양쪽의 탑은 원래 통행료를 징수할 목적으로 세웠다고 한다.
구시가와 연결된 동쪽 탑에는 블타바 강이 내려다보이는 전망대가 있다. 카를 교는 보행자 전용이라서 언제나 노점상, 거리의 예술가, 관광객들로 북적인다.
구시가에서 프라하 성을 볼 때 카를 교 오른쪽에 조그만 공원 같은 크리조브니헤 광장이 있다. 다리 쪽으로 가면 벤치가 있는데, 블타바 강과 프라하성의 야경이 아주 잘 보이는 굿 포인트!

대통령 관저

프라하성

map p.53 - G3

흐라트차니 언덕 위에 위치한 프라하성은 9세기 중엽에 짓기 시작해 14세기에 지금의 모습으로 완공됐다.
프라하성은 멀리서 보면 하나의 건물처럼 보이지만, 실제로는 궁전, 정원, 성당 등의 여러 건물로 이루어져 있다. 늘 단체 관광객으로 붐비므로 일찍 가는 게 좋다.
현재 성의 일부는 대통령 관저로 사용되어 정문에 위병이 부동자세로 서 있으며, 하루에도 몇 번씩 교대식이 거행된다. 위병이 서 있는 대통령 관저 왼쪽 입구로 들어가면 작은 정원과 함께 프라하성이 시작된다.
정원 앞의 마티아스 문을 빠져 나가 제2정원으로 들어가면 초기에 세워진 프라하성이 보이고, 그 옆에 1686년에 만들어진 바로크 양식의 분수가 보인다. 오른쪽이 왕궁 미술관인데 그 옆으로 난 터널(?)을 지나면 화약교라는 다리 너머로 카를 정원과 함께 벨베데르가 나온다.

세계 300대 건축물 중 하나

체스키크룸로프성

map p.53 - G4

보헤미아성 중 프라하성 다음으로 규모가 큰 체스키크룸로프성은 세계 300대 건축물 중 하나로 체코의 대표적인 관광 명소다.
성은 13세기 중엽 대지주였던 비트코프치에 의해 고딕 양식으로 지어졌으며, 도시 최고의 황금기를 누렸던 14~17세기 초에 이곳을 지배했던 로즘베르크 가문에 의해 르네상스 스타일로 증개축되었다.
1602년 이후 합스부르크 왕가의 사유지가 되었다가 에겐베르크 가문에 선물로 하사된 후 유난히 예술에 조예가 깊던 크룸로프 공에 의해 화려한 바로크 양식의 건축물이 세워졌다.
이후 19세기 중반까지 슈바르젠베르크에 의해 로코코 양식이 새롭게 가미돼 현재의 모습을 갖추게 되었다.
성은 4개의 정원과 큰 공원으로 이루어져 있고 사이사이에 무도회장, 바로크 극장, 예배당 등 40여 개에 달하는 건축물이 들어서 있다.
성의 정문인 붉은 문 안으로 들어가면 성에서 가장 오래된 건축물인 르네상스 양식의 흐라데크 타워가 있다. 타워는 마을 어디서나 볼 수 있으며, 타워 내부에서도 마을의 전경을 감상할 수 있도록 공개한다.

개선문

에펠 탑

파리 하면 가장 먼저 떠오르는 대표적 기념물

에펠 탑

map p.50-F2

1889년의 만국 박람회를 위한 기념물 공모전에서 106개의 공모작을 제치고 당선된 구스타브 에펠의 작품이다. 320.75m 높이의 탑을 세우는 데 1만 8000개의 철골과 250만 개의 리벳이 사용됐고, 50명의 엔지니어와 132명의 숙련공이 투입됐다고 한다.
건설 초기에는 파리의 미관을 해친다는 이유로 모파상을 비롯한 프랑스 지식인과 시민들의 거센 항의에 부딪히기도 했으나, 오늘날은 파리 최대의 관광 수입원으로 자리 잡았다. 제2차 세계 대전 이후로는 텔레비전 송신탑으로 이용되고 있다. 안전과 미관을 고려해 7년에 한 번씩 50톤의 페인트를 들여 도색 및 보수 작업을 한다.
2층 전망대에는 기념품점과 우체국이 있고, 3층 전망대에서 내려다보는 파리의 전경이 환상적이다. 성수기에는 탑을 오르기 위해 1시간 이상 기다리는 것이 보통이다.

에투알 광장의 대표적 상징물

개선문

map p.50-F2

12개의 대로가 방사상으로 뻗은 에투알 광장의 대표적 상징물. 나폴레옹이 1805년에 있었던 독일 · 오스트리아 · 이탈리아 연합군과 싸워 이긴 아우스터리츠 전투를 기념하기 위해 로마의 개선문을 본떠 지었다.
공사 기간만 30년이 걸렸는데 정작 나폴레옹 자신은 생전에 완성을 보지 못하고 주검만이 개선문을 통과해 앵발리드로 향했다고 한다. 이후 빅토르 위고의 장례 행렬과 제1차 세계 대전의 승전 퍼레이드가 이 문을 지나갔으며, 1944년 8월에는 이 자리에서 드골이 파리 해방 선언을 했다.
높이 50m, 너비 45m의 거대한 개선문 벽에는 나폴레옹의 승전 부조를 비롯, 전쟁에서 공을 세운 600여 장군의 이름이 새겨져 있다. 옥상에서는 샹젤리제 거리를 한눈에 조망할 수 있다.

세계를 대표하는 패션과 유행의 거리

샹젤리제 거리

map p.50-F2

샹젤리제는 그리스 신화에서 낙원을 의미하는 '엘리제'와 들판을 뜻하는 '샹'의 합성어. 16세기 조경의 달인 르 노트르가 늪지대를 정비해 세계에서 가장 화려한 거리로 탈바꿈시켰다.
개선문이 있는 에투알 광장에서 콩코르드 광장까지의 1.8㎞ 대로에 항공사, 은행, 극장, 노천 카페, 서점 등이 들어서 있다.

프랑스 혁명 때 마리 앙투아네트가 처형당한 곳

콩코르드 광장

map p.50-F2

1792년 기마상이 파괴된 이후 루이 15세 광장, 혁명

France

프랑스

약 6453만 명 · 파리
54만 3965㎢ · 프랑스어
그리스도교(가톨릭교) · 78.3세 · 유로
와인, 낙농 제품, 반도체, 광학 기기
4만 3519달러 · -8시간 · 33

로댕 미술관

노트르담 대성당

루브르 박물관

의 광장 등으로 불렸다. 1793년 기요틴이라 불리는 교수대가 브레스트 지방을 상징하는 동상 옆에 설치됐고, 같은 해 5월 13일부터 1795년까지 3년에 걸쳐 마리 앙투아네트, 루이 16세, 당통, 로베스피에르 등 1343명이 이곳에서 목숨을 잃었다. 아이러니하게도 기요틴을 고안해 낸 사람도 이곳에서 교수형을 당했다.
주요 도시를 상징하는 8개의 동상, 이집트의 룩소르 궁전에서 가져온 광장 중앙의 오벨리스크, 밤이면 영롱한 빛을 발하는 2개의 분수 등이 혁명의 피로 얼룩진 장소임을 잊게 할 정도로 아름답다.

로댕의 작업 공간

로댕 미술관

map p.50-F2

1728년에 지어진 로코코풍의 아름다운 저택. 이곳에서 1908년부터 죽을 때까지 9년 동안 작업한 로댕이 죽기 1년 전 자신의 작품을 국가에 기증해 미술관으로 문을 열게 되었다.
정원 오른쪽에 '생각하는 사람', 왼쪽에 '칼레의 시민'과 '지옥의 문'이 있다. 1~2층 17개의 전시실로 이루어진 비롱관에는 하얀 대리석을 섬세하게 조각한 '키스', '이브' 등의 작품이 있으며, 그의 제자이자 애인이던 카미유 클로델의 작품도 함께 전시하고 있다. 건물 뒤의 잘 정돈된 정원도 아름답다.

파리에서 가장 아름다운 건물

노트르담 대성당

map p.50-F2

빅토르 위고의 대표작 《노트르담의 꼽추》로 잘 알려진 성당. 화사한 햇살이 비칠 때면 더욱 경이로운 스테인드글라스와 장미의 창과 회색빛 대리석의 깊은 그림자 때문에 파리에서 가장 아름다운 건물로 꼽힌다.
이 자리에서 잔 다르크의 명예 회복 심판, 나폴레옹의 대관식이 열렸으며, 드골 장군이나 미테랑 전 대통령 등 유명인의 장례식도 거행됐다. 69m 높이의 웅장한 성당 건물은 쉴리라는 사제가 1163년 공사를 시작해 170여 년을 거쳐 완성했다. 건물 자체가 주는 위엄, 성당을 수놓은 조각의 섬세함, 절제와 균형 잡힌 내부 공간 등이 탄성을 자아낸다.
안으로 들어가면 《성경》에 기록된 주요 사건을 연대순으로 나열한 나무 벽이 있다.

세계 3대 박물관

루브르 박물관

map p.50-F2

세계 3대 박물관으로 꼽히는 루브르 박물관은 원래 파리를 방어하기 위해 13세기에 세운 요새였다. 이후 샤를 5세가 거처하면서 왕궁이 됐고 프랑수아 1세 때 왕실 소유 미술품을 전시하는 박물관으로 바뀌었다. 이어 카트린 드 메디시스가 튈르리 궁전과 센 강 남쪽 갤러리 공사를 시작했고, 나폴레옹 3세가 1852년에 북쪽 갤러리를 완성하면서 오늘날 루브르의 모습을 갖추었다.
엄청난 규모의 궁전이 박물관으로 바뀌면서 나폴레옹은 원정국에서 약탈한 예술품으로 이곳을 채워 감과 동시에 해외 예술품의 대대적 매입을 병행했다. 덕분에 다양한 국적의 예술품이 루브르의 창고를 가득 메웠고, 계몽 사상가의 주장에 힘입어 일반에 공개되기에 이른 것이다.
1981년에는 미테랑 대통령의 그랑 루브르 계획으로 전시관이 확장되고, 1989년에는 박물관 앞에 유리 피라미드를 세우면서 대변신을 하게 된다.
현재 루브르 박물관의 225개 전시실에는 그리스 · 이집트 · 유럽의 유물, 왕실 보물 · 조각 · 회화 등 40만 점의 예술품이 전시돼 있다.

최고 재판소였던 곳

오르세 미술관

map p.50-F2

이 미술관의 전신은 최고 재판소로 지어진 오르세궁이다. 1804년의 화재로 건물이 전소되자 만국 박람회 100주년을 기념해 기차역을 세웠다. 하지만 이용객 감소로 1937년에 기차역이 폐쇄되면서 호텔, 영화 세트장 등으로 이용되

오르세 미술관

몽생미셸

베르사유 궁전

기도 했다.

결국 이탈리아 건축가 아울렌티의 17년에 걸친 노력에 힘입어 1986년 12월 1일 미술관으로 다시 태어났다. 그는 강철과 유리로 구성된 아름다운 내부와 32m 높이의 유리 돔에서 쏟아져 내리는 자연광으로 실내를 더욱 돋보이게 해 찬사를 받았다. 기상 변화에 따라 조명을 컴퓨터로 조정하는 것도 오르세 미술관의 자랑이다.

이곳에 루브르 박물관, 국립 박물관 등 도처에 흩어져 있던 작품을 모아 놓았는데 주요 작품은 1848~1914년의 회화, 조각, 건축, 사진 등이다. 모네, 르누아르, 고흐, 세잔, 드가 등의 인상파 작품과 19세기 말의 살롱파, 사실주의 작품이 많다.

찬란했던 프랑스 문화를 볼 수 있는 곳
베르사유 궁전

map p.50-F2

찬란했던 절대 왕권 절정기의 상징 베르사유는 1682년부터 1789년까지 프랑스의 정치적 수도이자 통치 본부였다. 프랑스 역사상 최고의 왕권을 누렸던 태양왕 루이 14세는 프롱드의 난 이후 파리의 루브르 궁에 싫증을 느껴 사냥터였던 베르사유에 화려한 궁전을 짓고 방대한 정원을 조성한 후 거처를 옮겼다.

1662년부터 1710년까지 50년에 걸친 대공사 끝에 탄생한 베르사유 궁전은 그 규모가 매우 웅장하여 화려함의 극치를 보여 준 당대 최고의 작품.

베르사유 궁전을 제대로 보려면 아침 일찍 서둘러야 한다. 궁전과 정원의 부속 건물이 일찍 폐관하기 때문에 오후에 가면 제대로 볼 수 없다. 일단 도착하면 제일 먼저 갈 곳은 프랑스 왕실의 화려한 역사가 응축된 궁전이다. 여러 개의 관람 코스가 있는데 볼 수 있는 방에 따라 내용 및 비용이 달라진다. 원하는 코스로 궁전을 돌아본 다음 아기자기함과 거대함이 적절히 융합된 아름다운 정원을 돌아본다. 정원은 일반적으로 대운하 → 그랑 트리아농 → 프티 트리아농 → 왕비의 촌락 순서로 보는 것이 좋다. 베르사유 궁전을 둘러보는 데에는 5~6시간이 걸린다.

바다 위의 아름다운 성
몽생미셸

map p.50-D2

바다 위에 떠 있는 고색창연한 성으로 유명한 몽생미셸은 프랑스 북부 브르타뉴와 노르망디의 경계에 자리 잡고 있다. 원래 숲으로 둘러싸인 곳이었으나 갑자기 몰아닥친 해일에 모두 떠내려가고 지금의 섬만 남았다.

이 앙상한 바위섬에 수도원이 지어지기 시작한 것은 708년. 수도원이 완성되기까지 800여 년이 걸렸다니 서구의 불가사의로 꼽힐 만하다.

몽생미셸에 얽힌 이야기도 많다. 수도원 완성과 더불어 순례자와 수도사가 몰려들었는데 섬으로 건너가다 갑자기 밀려드는 바닷물에 목숨을 잃은 이가 부지기수였다는 슬픈 전설도 전해 온다.

오늘날에는 순례자 대신 바다 위에 떠 있는 기묘한 수도원을 보기 위해 관광객들이 주로 찾고 있다. 빅토르 위고는 '프랑스에서 몽생미셸의 비중은 이집트에서 피라미드가 차지하는 것과 같다'라고 했는데, 이를 증명하듯 이곳을 방문하는 관광객은 해마다 250만 명이 넘는다고 한다.

콜로세움

포로 로마노

Italy
이탈리아

약 5924만 명 · 로마
30만 1277㎢ · 이탈리아어
그리스도교(가톨릭교) · 78세 · 유로
포도, 올리브, 견직물, 피자, 스파게티 등의 음식
3만 5551달러 · -8시간 · 39

Italia

로마에서 가장 큰 원형 극장
콜로세움
map p.56 - E4

콜로세움이라는 이름은 '거대하다'는 뜻의 콜로살레에서 유래했으며, 정식 명칭은 플라비오 원형 극장이다.
72년 베스파시아누스 황제가 세운 것으로 둘레 527m, 높이 48m에 이르는 거대한 극장. 불과 8년이라는 짧은 기간에 이토록 웅장한 건물을 손색없이 지은 로마인의 건축 기술에 놀라움을 금할 수 없다.
건물은 1층부터 도리아, 이오니아, 코린트 양식 등 4개 층이 서로 다르게 지어졌다. 5만여 명이 수월하게 입장할 수 있도록 80개가 넘는 아치 문이 있었고, 관객은 10분이면 모두 자리를 잡을 수 있었다고 한다.
지금의 콜로세움은 마치 반으로 동강 난 것 같은데 이는 지진의 영향이 매우 컸다. 콜로세움의 허물어진 잔해는 중세 · 르네상스 시대에 왕궁, 다리, 산 피에트로 대성당의 건축 자재로 이용되기도 했다.

고대 로마의 중심지
포로 로마노
map p.56 - E4

콜로세움에서 베네치아 광장 쪽으로 가는 길에 넓게 자리 잡고 있는 이곳은 고대 로마의 중심지 역할을 하던 곳이다.
'포로(foro)'는 '공공 광장'이라는 의미로 '포럼(forum)'의 어원이기도 하다. 상업, 정치, 종교 등 시민 생활에 필요한 모든 기관이 밀집해 있던 지역이다.
공화정 말기에 율리우스 카이사르는 로마 중심부의 확대를 계획하고 카이사르 포룸을 건축했다. 포룸은 카이사르가 최초로 창안한 건축 양식으로 거의 직사각형으로 생겼는데, 한쪽 변에는 신전을 두고 다른 변에는 원기둥을 줄지어 받쳐 만든 상가나 재판소들이 있었다.
일반인의 출입이 금지되는 엄숙한 장소라고 생각하기 쉽지만, 이곳은 로마 시대 말기까지 시민들이 활발하게 생활하던 공간이었다. 포룸은 카이사르 외에도 많은 황제가 추가로 건설했으며, 포룸이 모여 있는 로마의 중심부를 포로 로마노라고 불렀다. 지금은 화려한 과거를 짐작하게 하는 기둥과 초석만 놓여 있을 뿐이지만, 역사적 사실을 배경으로 당시의 모습을 상상하면서 보면 보는 즐거움이 더욱 커진다.

'로마의 휴일'에서 여주인공이 아이스크림 먹던 곳
스페인 광장
map p.56 - E4

영화 '로마의 휴일'로 유명해진 이곳이 지금의 이름으로 불리게 된 것은 과거 교황청의 스페인 대사관이 이 근처에 있었기 때문.
영화 '로마의 휴일'에서 오드리 헵번이 아이스크림을 먹는 장소가 바로 이곳이다.
계단 오른쪽에 영국의 서정 시인 키츠와 셸리의 집이 있다. 여름에는 유명 디자이너의 패션쇼가 열리기도 해 운이 좋으면 세계적인 디자이너와 모델도

스페인 광장

바티칸 박물관

산 마르코 성당

피사의 사탑

볼 수 있다.
계단 아래의 작은 광장에는 조각가 베르니니의 아버지 피에트로 베르니니의 작품인 '난파선의 분수'가 있다. 그는 홍수가 났을 때 여기까지 배가 떠 내려온 것에 착안해 분수를 만들었다고 한다. 분수의 물은 사람이 마실 수 있게 물 나오는 곳이 조금 멀리 떨어져 있다. 광장 앞에 똑바로 뻗은 거리는 쇼핑으로 유명한 콘도티 거리다.

역대 로마 교황의 거주지

바티칸 박물관

map p.56 - E4

명실공히 세계 최고의 박물관이라 해도 손색이 없는 곳. 역대 로마 교황의 거주지였던 바티칸 궁전을 18세기 후반에 박물관으로 개조해 공개하고 있다. 관람하는 데 시간이 많이 걸리고 기다리는 줄도 엄청나게 길기 때문에 만사 제쳐 놓고 바티칸 박물관부터 보는 게 현명하다.
16세기 초 교황 율리우스 2세는 바티칸을 세계를 아우르는 권위의 중심지로 만들기 위해 화가, 조각가 등 수많은 예술가를 로마로 초빙했는데, 그 가운데에는 미켈란젤로나 라파엘로 같은 당대 최고의 예술가도 상당수 끼어 있었다. 인간적으로는 포악하다는 평을 듣던 교황이지만 당대 최고의 예술가에게 건축과 장식을 맡겨 오늘날 바티칸 박물관의 기초를 다져 놓았으니, 그의 높은 예술적 안목과 열성에는 감사(?)해야 할 듯. 그 후 600년에 걸쳐 바티칸 박물관은 전 세계의 명작을 수집해 현재의 모습을 갖추었다.

로마네스크 양식과 비잔틴 양식의 결합

산 마르코 성당

map p.56 - E2

12사도 가운데 한 사람인 산 마르코의 유해를 모시기 위해 세운 성당이다.
그의 유해는 9세기의 베네치아 상인이 목숨을 걸고 이집트의 알렉산드리아에서 훔쳐 온 것인데, 이집트인이 이슬람교도라는 점에 착안해 그들이 금기시하는 돼지고기 밑에 유해를 숨겨 들여왔다고 한다. 이후 산 마르코는 날개 달린 사자로 상징되는 베네치아의 수호 성인이 됐다.
성당 건물은 로마네스크 양식과 비잔틴 양식이 절묘하게 혼합돼 있으며, 종교적 의미를 떠나 예술적 가치도 매우 뛰어나다.
성당 입구 위에 있는 힘찬 모습을 한 네 마리 청동 말 조각은 기원전 4~2세기의 것으로, 십자군이 13세기에 콘스탄티노플(지금의 이스탄불)에서 전리품으로 가져온 것이다. 한때 나폴레옹이 프랑스로 가져가기도 했지만 그의 하야 후 돌려받았다. 외부에 전시된 것은 모조품이며 진품은 성당 안에 있다.

세계 7대 불가사의

피사의 사탑

map p.56 - D3

두오모의 부속 종탑으로 흰 대리석으로 만들어진 아름다운 기둥. 1173년 피사 출신의 건축가 피사노가 공사를 시작해 1350년 시모네가 완성했다. 모래로 된 약한 지반과 단 3m밖에 안 되는 석조 토대 때문에 3층이 완성된 초기부터 기울어지기 시작했다.
일단 공사를 중지하고 연구해 본 결과, 기울기는 해도 무너지지는 않으리라는 결론을 내려 공사를 재개했다. 그리고 정말 쓰러지지 않고 삐딱하게 선 보기 드문 형태의 사탑이 탄생했다. 사탑이 한창 기울어지고 있을 때의 양쪽 높이는 북쪽 55.22m, 남쪽 54.52m로 70㎝의 차이가 있었다. 그러나 1990년부터 입장을 금지시키고 사탑을 조금씩 끌어 올리는 작업을 시작해 2001년에 공사를 마무리했다.

로마 시대의 유적을 한눈에

폼페이

map p.56 - F4

기원전 8세기부터 휴양지로 개발된 폼페이. 로마인은 여기에서 풍요롭고 화려한 생활을 누렸다. 그러나 79년 8월 24일 베수비오 화산의 거

폼페이 유적

두오모

프라도 미술관

대한 폭발로 인해 화려했던 폼페이는 한순간에 멸망하고 말았다.
오랜 세월 사람들의 기억에서 잊혀졌던 폼페이는 18세기에 발굴되면서 다시금 빛을 보게 됐다. 다행히 용암이 아닌 화산재에 덮여 있던 폼페이는 2000여 년 전의 생활상을 그대로 간직하고 있는데, 호화로운 욕탕, 원형 극장, 윤락가와 유흥가, 거주지와 상가 등은 지금과 비교해 봐도 전혀 손색없는 시설을 갖추고 있어 당시의 높은 생활 수준을 짐작하게 한다.
유적 규모가 꽤 넓어서 전체를 한 바퀴 돌아보는 데 2~3시간 걸린다. 주요 볼거리가 모인 서쪽 구역만 보는 데는 1시간이면 충분하다.
폼페이 유적지에서는 로마 시대 부유층의 호화로운 저택, 상수도 시설, 포장도로, 상점 등을 옛 모습 그대로 볼 수 있다. 3m가 넘는 화산재 속에 파묻혀 있던 도시는 현재 70% 정도 발굴된 상태다. 참고로 베수비오 화산은 1631년에도 폭발해 2만여 명이 희생됐고 1973년과 1979년에도 분화가 있었다.

피렌체의 상징인 꽃의 성모 교회

두오모

map p.56 - D3

피렌체의 상징 두오모는 강성한 피렌체 공화국의 종교적 중심지였다. 원래 이름은 '산타 마리아 델 피오레 성당'으로 '꽃의 성모 교회'를 뜻한다. 반원형의 둥근 천장을 의미하는 두오모는 '돔'의 어원이기도 하다.
1296년에 공사가 시작돼 170여 년 만에 완성된 아름다운 성당 두오모는 브루넬레스키가 설계했다. 성당 외벽은 흰색, 분홍색, 녹색의 대리석을 기하학적 형태로 장식했으며, 거대한 돔은 골조를 이중으로 사용하는 정교한 건축 기법을 도입했다. 성당에는 3만 명까지 들어갈 수 있다.
114m 높이의 내부에는 베네데토 마이아노의 십자가, 안드레아 델 카스타뇨와 베첼로가 그린 2개의 대규모 기마천상화, 로비아의 채색 도판으로 만든 아름다운 릴리프가 있다.
컵을 씌운 듯한 반원형 지붕, 큐폴라에 그려진 바사리의 프레스코화 '창세기', '최후의 심판', 그리고 본당 뒤에 있는 미켈란젤로의 '피에타' 등이 볼거리. 464개의 계단을 따라 큐폴라로 올라가면 피렌체를 한눈에 볼 수 있는 전망대가 나온다.

Spain

중세 미술을 한눈에 볼 수 있는 곳

프라도 미술관

map p.54 - E2

세계 3대 미술관 중 하나. 도리아·이오니아 건축 양식을 가미한 신고전주의 양식으로 지어졌다. 건축 당시 자연사 박물관으로 만들 계획이었으나 페르난도 7세에 의해 왕립 미술관으로 바뀌었다.
중세에서 18세기에 이르는 6000여 점의 작품이 전시돼 있는데, 16·17세기의 것이 주를 이룬다. 스페인을 대표하는 화가 그레코, 벨라스케스, 고야의 작품이 많다.

기독교에 이슬람 양식을 가미한 건축물

사그라다 파밀리아 성당

map p.55 - H2

1882년에 착공했으며 1883년에 가우디에게 공사가 인계됐다. 원래 네오고딕 양식으로 설계됐으나 1세기 넘게 흐른 지금은 기독교에 이슬람 양식을 가미한 무데하르 양식과 자연주의가 가미된 초현실주의 양식으로 지어지고 있다.
아직 미완성 상태이며 기부금만으로 공사가 진행되고 있다. 성당 앞뒤 부분은 그리스도의 생애를 묘사한 부조로 장식돼 있다. 지하에는 성당에 관한 기록과 사진을 전시하는 자료실과 가우디의 묘가 있다.

사그라다 파밀리아 성당

알람브라 궁전

구엘 저택

성모 마리아 탑은 2021년 12월에 완공되었으며, 양옆으로 '성 루카 복음 사가 탑'과 '성 마르코 복음 사가 탑'이 2022년 12월에 완공되었다. 공식적으로는 가우디 사망 100주기인 2026년에 완공될 예정이라고 한다.

유럽 최고의 이슬람 건축물

알람브라 궁전

map p.54 - E4

그라나다의 상징이며 유럽에 현존하는 이슬람 건축물 가운데 최고 걸작으로 꼽힌다. 1238년부터 짓기 시작해 수세기에 걸쳐 부분별로 완성시켰다. 알람브라는 아랍어로 '붉은 성'을 뜻하는데, 벽면에 철분이 많이 포함돼 있어 전체적으로 붉은색을 띠기 때문이다.
알람브라 궁전을 돌아볼 때는 그라나다 문을 시작으로 매표소 → 헤네랄리페 → 아세키아 정원 → 왕궁 → 카를로스 5세 궁전 → 알카사바 → 벨라의 탑 → 1348년 이슬람 최후의 왕조 때 세워진 심판의 문 순서로 이동하면 된다.

무대 의상 박물관

구엘 저택

map p.55 - H2

바르셀로나를 대표하는 신흥 부르주아 구엘을 위해 만든 저택으로 람블라 거리에 위치해 있다. 가우디가 자신의 최대 후원자인 구엘을 위해서 1886~1889년에 설계한 집으로 세계문화유산으로 지정되었다. 내부는 알람브라 궁전을 떠올리게 하는 다양한 모양의 원기둥 127개와 기이한 형태의 굴뚝과 탑으로 장식돼 있다.
궁전 같은 모양의 건물에 가족실은 지하에 위치하며, 건물 중앙의 수직적 공간은 커다란 포물선 모양의 돔으로 채워져 있고, 별 모양의 창문은 매우 독특하다. 옥상에는 대리석 기둥이 여기저기 놓여 있는데, 이 기둥들은 각각 독특한 가우디 스타일을 하고 있으며 저녁이 되면 조명을 받아 더욱 아름답다.

스페인 · 아메리카 박람회장

스페인 광장

map p.54 - C4

건축가 아니발 곤살레스의 작품으로 1929년에 열린 스페인 · 아메리카 박람회장으로 이용됐다.
양쪽에 2개의 탑이 있는 반원형 건물이 특히 눈에 띄는데, 안에는 스페인 각지의 역사적 사건을 타일로 묘사한 작품이 있다.
광장의 많은 분수와 벤치도 모두 타일로 장식돼 있어 감탄이 절로 난다. 스페인의 대표적인 작가 세르반테스 서거 300주년을 기념해 세운 기념비가 광장 중앙에 있다.

Spain

스페인

약 4749만 명 · 마드리드
50만 5990㎢ · 에스파냐어
그리스도교(가톨릭교) · 78.93세
유로 · 오렌지, 포도, 코르크
3만 116달러 · −8시간 · 34

융프라우요흐

Switzerland

스위스

약 869만 명 · 베른 · 4만 1284㎢
독일어, 프랑스어, 이탈리아어
그리스도교(가톨릭교) · 78.9세
스위스 프랑 · 치즈, 시계
9만 3457달러 · -8시간 · 41

Switzerland

유럽에서 가장 높은 곳

융프라우요흐

map p.51 - I3

'젊은 처녀의 어깨'를 뜻하는 융프라우요흐는 유럽에서 가장 높은 곳(3454m)에 위치한 역으로도 유명하다.
이곳이 세계적 관광 명소로 이름을 날리기 시작한 것은 등산 열차가 운행되기 시작한 1912년. 아돌프 쿠에르첼러가 바위산을 관통하는 철로를 설계했고, 16년이라는 긴 공사 끝에 지금의 노선이 완성됐다.
등산 철도 개통과 더불어 전망대가 설치됐으며, 현재는 태양열과 눈 녹은 물을 이용해 운영하는 환경 친화적인 전망대가 여행객들을 맞이하고 있다.
베르너 오버란트 지역 최고의 봉우리인 융프라우가 보이는 전망대에는 다양한 볼거리와 편의 시설이 있다.
눈에 띄는 것은 유럽에서 가장 높은 곳에 있는 우체국(1층 로비), 빙하를 깎아 만든 얼음 궁전(4층), 플라토 전망대(4층) 등이다. 플라토 전망대에서는 한여름에도 눈을 밟는 짜릿한 경험을 할 수 있으며, 유리로 덮인 스핑크스 전망대에서는 눈 덮인 알프스의 봉우리들과 유럽에서 가장 긴 알레치 빙하의 전망을 모두 즐길 수 있다.
밖으로 나가면 눈썰매, 개썰매, 스키, 빙벽 타기, 빙하 트레킹 등의 즐길거리가 있는데 눈썰매는 무료. 스핑크스 전망대로 가는 길에 유료 인터넷 PC가 있으며 셀프서비스 레스토랑에서는 한국 컵라면도 판다.

스위스의 대표적인 산

마터호른

map p.51 - H4

해발 4478m의 마터호른은 스위스와 이탈리아 국경 지대에 있으며, 스위스의 알프스 봉우리 가운데 제일 마지막으로 정복됐다. 독일어로 '목초지의 뿔'을 의미하는 마터호른은 스위스의 대표적인 산이다.

국제 적십자의 활동을 홍보하기 위한 박물관

국제 적십자 & 적신월 박물관

map p.51 - H3

앙리 뒤낭이 국제 적십자를 창설하는 데 직접적 동기를 제공한 솔페리노 학살부터 보스니아-헤르체고비나와 르완다 학살에 이르기까지 다양한 자료를 통해 전쟁의 참상을 알리고 인류애의 필요성을 호소하고 있다.
적십자 운동은 거의 모든 나라에 존재하며, 세계적으로 자원봉사자를 포함한 활동 인원이 약 1억 명 정도라고 한다. 적신월은 이슬람권의 요구로 만들어진 이슬람을 상징하는 초승달이다.

성 슈테판 성당

쇤브룬 궁전

Austria

합스부르크 왕국의 정궁

왕궁

map p.53 - H4

'도시 속의 도시'라고 할 만큼 대규모의 건물 10개가 600여 년에 걸쳐 세워진 곳이다. 13세기부터 오스트리아 · 헝가리 제국이 멸망한 1918년까지 합스부르크 왕국의 정궁이었다. 지금은 대통령 집무실, 스페인 승마 학교, 국립 박물관 등으로 사용된다.
20세기 초만 해도 이 주변은 귀족이나 세도가와 연을 맺으려는 사람들로 늘 붐볐다고 한다.
워낙 규모가 커 건물 외부만 돌아보는 데에도 상당한 시간이 소요된다. 제대로 돌아보려면 하루 정도는 할애해야 한다.

12세기에 세워진 오스트리아 최고의 고딕 성당

성 슈테판 성당

map p.53 - H4

빈의 상징이자 혼이라고까지 일컬어지는 건물로, 12세기에 세워진 오스트리아 최고의 고딕 성당.
23만 개의 벽돌로 지어졌으며, 세계에서 세 번째로 높은 137m의 첨탑 슈테플이 특히 유명하다. 곳곳에 건축의 거장 필그람의 흔적이 엿보인다.
정문을 감싸고 있는 전면부는 13세기 로마네스크 양식, 높은 뾰족탑과 현란한 스테인드글라스는 고딕 양식, 주제단은 바로크 양식으로 지어졌다. 이곳에서 모차르트의 화려한 결혼식과 초라한 장례식이 거행되기도 했다.
높이 솟은 북탑과 남탑에 올라 빈을 내려다보는 것도 좋다. 또한 역대 황제들의 장기를 비롯해 흑사병으로 사망한 2000여 명의 유골이 있는 지하 무덤 카타콤베를 방문해 보는 것도 색다른 경험이 될 것이다.

마리 앙투아네트가 살았던 곳

쇤브룬 궁전

map p.53 - H4

합스부르크 왕국의 여름 궁전. 마리아 테레지아의 숨결을 가장 잘 느낄 수 있으며, 아름다운 정원과 화려한 인테리어가 유명하다.
쇤브룬은 '아름다운 분수'를 뜻하는데, 여기에서 마리아 테레지아와 그녀의 딸 마리 앙투아네트가 살았다.
나폴레옹의 빈 점령기(1805~1809년)에는 프랑스 전시 사령부로 사용되기도 했으며, 1918년에는 제1차 세계 대전에서 패한 황제 카를 1세가 오스트리아 · 헝가리 제국의 종말을 선언하기도 했다.
이 궁전은 마리아 테레지아가 벨베데르 궁전 인수에 실패하면서 전면적으로 개조됐는데, 궁전의 짙은 황색은 그녀가 가장 좋아하던 색이라고 한다. 구왕궁이 합스부르크 왕국의 웅장함을 상징하는 반면 쇤브룬 궁전은 마리아 테레지아의 여성적인 취향이 잘 반영돼 있다.

Austria

오스트리아

약 892만 명 빈
8만 3857㎢ 독일어
그리스도교(가톨릭교) 80세
유로 석유, 석탄, 철
5만 3268달러 −8시간 43

국립 고고학 박물관

파르테논 신전

Greece

그리스

약 1045만 명 아테네
13만 1957㎢ 그리스어
그리스 정교 78.7세 유로
포도, 올리브
2만 277달러 -7시간 30

Greece

고대 그리스 유물이 전시되어 있는 곳

국립 고고학 박물관

map p.57 - J6

그리스 문명을 이해하기 위해서라면 꼭 가 봐야 할 곳. 선사 시대부터 미케네 시대, 기원전 7~5세기의 아르카이크 시대, 기원전 5세기~서기 330년의 고전 시대 등으로 나뉜 50개의 전시실에 그리스 문명의 유물 · 조각이 차례대로 전시돼 있다. 고대 그리스에 관한 유물로는 영국의 대영 박물관과 함께 세계 최고 수준을 자랑한다.

여신 아테네를 모시던 신전

파르테논 신전

map p.57 - J6

아테네의 수호신인 지혜의 여신 아테나를 모시던 신전. 익티노스의 설계로 기원전 438년에 완성됐다. 가까이서 보면 불룩 올라온 바닥이나 불규칙한 기둥 간격이 부자연스러워 보이지만, 이는 착시 현상을 감안해 멀리서 볼 때 가장 자연스럽게 보이도록 한 것이다.

신전은 넓이 30m, 길이 70m로 지붕 밑의 장식은 빨강, 파랑, 금색으로 치장되었다. 본전에는 12m 높이의 아테나상이 있었다고 하나 지금은 행방이 묘연하다. 기록에 의하면 이 거대한 여신상의 피부는 상아, 갑옷과 투구는 황금, 방패 안쪽 뱀의 눈은 보석으로 치장돼 있었다고 한다. 그 원형은 고고학 박물관에 있는 로마 시대의 모작을 보면 짐작할 수 있다. 원래 웅장한 모습이었을 신전은 1687년 베네치아 군의 포격으로 지금처럼 파괴됐으며, 신전 정면 중앙부를 장식한 부조 등 주요 유물은 모조리 약탈당해 런던의 대영 박물관으로 옮겨졌다.

지금도 그리스 정부의 문화재 반환 시도가 계속되고 있으며, 이는 두 나라 외교의 뜨거운 감자가 되고 있다.

산토리니에서 꼭 가야 할 곳

이아

map p.57 - K6

섬의 북쪽 끝에 있는 작은 마을. 하얀 벽과 파란 지붕의 교회, 오밀조밀 늘어선 집들이 아름다운 이곳 풍경은 광고를 통해 우리에게도 친숙하다.

이아의 석양은 아름답기로 소문나 있는데 저녁 무렵 붉게 타오르는 노을을 바라보노라면 황홀할 정도다. 곳곳에서 야생 고양이를 볼 수 있는데 한결같이 깨끗하고 도도한 모습이다. 워낙 사람에 익숙한 까닭에 가까이 가도 별로 경계하지 않아 기념 사진을 찍기에도 좋다.

신에게 제사를 지내던 150m의 언덕

아크로폴리스

map p.57 - J6

신에게 제사를 지내던 곳이라 고대에는 아무나 함부

이아

로 올라갈 수 없었던 곳이다. 하지만 지금은 아테네 여행에서 빼놓을 수 없는 명소로 변해 언제나 관광객으로 북적인다.
해발 150m의 언덕이라 시내 어디서든 보이며, 이곳에서 내려다보는 아테네의 전망도 일품이다.
아크로폴리스를 돌아볼 때 언덕 가장자리를 따라 거닐며 시내를 내려다보는 것도 잊지 말자. 바로 아래로 원형 극장인 디오니소스 극장, 몇 개의 기둥만 남아 있는 제우스 신전, 하드리아누스 문이 보일 것이다. 현대적인 건물 사이에 폐허처럼 남아 있는 유적이라 금방 눈에 띈다.
아크로폴리스의 계단은 대리석이라 미끄러운데다 가파르기까지 하니 조심해야 한다.

미노타우로스라는 괴물을 가둔 미궁

크노소스

map p.57 - K7

기원전 2000년경에 미노스 왕이 건설했다고 한다. 하지만 그때 지은 궁전은 지진으로 무너지고 지금의 유적은 기원전 1700년경 재건된 것이다.
그리스 신화에는 미노타우로스라는 괴물을 가두기 위해 만든 미궁이 크노소스 궁전이라고 되어 있다. 신화 속의 존재로 생각되던 미노아 문명은 1900년에 시작된 에번스의 발굴에 의해 햇빛을 보게 됐다.
유적은 안뜰을 사이에 두고 동서로 구성돼 있는데 서쪽부터 관람한다. 궁전의 한 변의 길이는 160m이며 복잡하고 거대한 규모를 자랑한다. 4층으로 이루어진 내부에는 1200개가 넘는 방이 있던 것으로 추정된다. 건물은 왕궁과 신전을 겸했는데, 동쪽이 왕궁, 서쪽이 신전으로 사용됐다고 한다.

전설이 된 도시 델피의 다양한 유적들

델피 유적

map p.57 - J5

기독교의 이교 금지 정책으로 델피는 전설 속의 도시가 됐지만, 1829년부터 시작된 프랑스 학자들의 발굴에 의해 세상에 그 모습을 드러냈다. 유적을 돌아보고 있노라면 마치 시간을 거슬러 올라가 고대의 신전에 참배하러 온 듯한 느낌을 받게 된다. 아테네인의 보물 창고, 아폴로 신전, 소극장, 경기장, 마르마리아 등의 유적지를 볼 수 있다.
아테네인의 보물 창고는 아폴로 신전으로 올라가는 참배의 길에 있다. 여러 개의 창고 가운데 유일하게 거의 완벽한 형태로 복원시켜 놓았다. 세로 10m, 가로 6m의 작은 규모지만 도리스식 기둥 등에서 예전의 화려한 모습을 상상할 수 있다.
아폴로 신전은 기원전 370년 무렵에 세워진 길이 60m, 폭 23m의 신전. 38개의 도리스식 기둥과 함께 내부에는 아폴로상, 지하에는 옴파로스(현재 델피 박물관에 소장)가 있었다고 한다. 신탁을 받을 때는 정면에 있는 대제전에 희생물을 바치며 제사를 올렸다. 신전 벽에는 일곱 현인의 격언이 새겨져 있는데 그 중에는 소크라테스의 '너 자신을 알라'도 있다.
마르마리아는 델피 유적 입구에서 도로를 따라 15분 정도 걸어 내려가다 오른편에 있는 지혜의 여신 아테네의 성역. 대리석을 채굴하던 채석장이어서 '대리석'이라는 뜻의 마르마리아라는 이름이 붙여졌다. 규모는 델피 유적보다 작지만 더 인상적이라고 하는 사람도 많다. 3개의 기둥과 토대만 남아 있으며 아폴로 신전과 함께 델피 기념엽서에 자주 등장한다.

트레티야코프 미술관

크레믈

전승 공원

Russia

러시아

약 1억 4510만 명 모스크바
1707만 5400㎢ 러시아어
러시아 정교 65.5세 루블
캐비아, 밀, 원유, 철강, 석탄, 아연
1만 2173달러 −6시간 7

Russia

모스크바의 중심 성벽

크레믈 map p.60 - E1

이곳은 모스크바 강변을 둘러싸고 있는 성벽으로 모스크바의 핵심이다. 둘레는 2.2㎞이고 넓이가 28만 ㎡로 성벽은 견고하게 지어졌다.
크레믈은 1156년에 유리 돌고루키가 작은 언덕 위에 목조 성채를 쌓은 것을 시작으로 1367~1368년에 하얀 돌벽으로 확장되었다가, 다시 러시아인과 이탈리아인의 합작으로 1495년 현재의 성벽이 건축된 것이다. 크레믈이란 원래 '성벽'을 의미하는 러시아어로, 모스크바의 크레믈은 긴 역사를 통해 서서히 확대되어 황제의 성으로 번영했다.

11세기 이후의 러시아 미술품 전시

트레티야코프 미술관 map p.60 - E1

러시아에서 가장 유명한 미술관으로 상트페테르부르크의 에르미타시에 버금가는 이 미술관은 11세기 이후의 러시아 미술품의 명작이란 명작은 모두 수집되어 있다.
19세기의 상인이며 공업 자본가인 트레티야코프 가의 두 형제가 경쟁적으로 수집한 작품들을 국가에 헌납하여 지금까지 전해 오는 것이다.
1856년에 개관한 이곳에는 14세기 말에서 15세기 초에 정력적으로 활동한 천재 화가 안드레이 루블료프의 걸작 '삼위일체'를 비롯해 레핀의 '이반 대제와 아들', 수리코프의 '공작 모로조프', 페로프의 '도스토옙스키' 등 수많은 명작이 전시돼 있다.

러시아 역사의 산 현장

붉은 광장 map p.60 - E1

구 소련 시절, 5월 1일과 11월 7일에 혁명 기념 퍼레이드를 하던 곳으로, 모스크바의 심장과도 같은 곳이다. 길이 695m, 폭 130m, 넓이 7만 3000㎡로 이루어진 이 광장은 러시아 역사의 산 현장이라 할 수 있다.
'붉다'의 뜻을 지닌 '크라스나야'는 러시아어 고어에서는 '아름답다'는 뜻이었다. 15세기 말에는 단순한 상거래가 이루어지던 장소여서 상업광장으로 불렸고, 1571년 화재로 점포들이 전소된 뒤에는 화재광장으로 개칭되기도 했다.
광장 주위에 크레믈, 아름다운 탑들, 바실리 성당, 미닌과 포자르스키의 동상, 러시아 호텔, 국립 역사 박물관, 레닌 묘, 모스크바 호텔 등이 있어 감탄사가 절로 나올 만큼 아름답다.

제2차 세계대전 승리 50주년 기념으로 지은

전승 공원 map p.60 - E1

제2차 세계대전 승리 50주년을 기념하기 위하여 1995년에 완공된 곳으로, 넓은 규모와 웅장한 승리 탑이 눈길을 끈다. 전쟁이 1417일 동안 계속되어서

여름 궁전

국립 에르미타시 박물관

이삭 성당

예카테리나 궁전

승리탑 높이를 141.7m로 정했다고 한다.
과거 러시아 군대의 출정식과 승리 후 귀환해서 기념 행사를 하던 곳이었는데, 나폴레옹 전쟁 후 쿠투조프 장군(나폴레옹을 물리친 러시아의 장군)이 여기에서 기념식을 가졌다.
기념관 앞의 탑에는 게오르기라는 러시아 정교 승리의 신과 제2차 세계 대전 당시의 격전지 이름이 조각되어 있다. 승리탑 뒤에는 제2차 세계 대전 기념관이 있는데, 당시 사용한 무기, 사진, 자료 등이 전시되어 있다.

18세기에 지어진 화려한 궁전

여름 궁전

map p.60 - D1

상트페테르부르크 시내에서 차로 약 1시간 거리에있는 궁전으로, 1714년 표트르 대제의 명에 의해 지어졌다. 궁전은 윗공원과 아래공원으로 나뉘고, 대궁전과 작은궁전, 정원, 250개의 분수, 아름다운 가로수길 등이 있다. 고유의 이름이 붙은 아름다운 분수도 아주 많다. 핀란드 만과 접한 곳에 500m에 이르는 운하를 만들어서, 수로로 겨울 궁전과 해발 100m 바비곤 언덕의 여름 궁전까지 닿을 수 있게 해 놓았다. 공원 내에는 260여 개의 고대 그리스 · 로마 신화 영웅들의 조각상이 있다.

세계 3대 박물관 중 하나

국립 에르미타시 박물관

map p.60 - D1

에르미타시 박물관은 루브르 박물관, 대영 박물관과 더불어 세계 3대 박물관으로 꼽힌다. 세계적으로 귀중한 가치를 지닌 역사적 · 예술적 전시품들을 모아 놓은 러시아 최고의 박물관이다. 이곳에 소장된 300만 점에 이르는 작품에는 레오나르도 다 빈치, 라파엘로, 미켈란젤로, 렘브란트, 루벤스, 피카소 등 세계적으로 유명한 예술가들의 작품들이 포함되어 있다.
러시아 황제들의 주거지였던 겨울 궁전은 표트르 1세에 의해 네바 강변에 세워졌으나, 본격적인 미술품 수집은 예카테리나 2세 때부터 시작되었다. 미술품 수집을 상당히 좋아했던 그녀는 자신이 수집한 미술품들을 따로 보관하기 위해 겨울 궁전 옆에 별관을 세웠으며, 이 건물의 이름을 '에르미타시'라고 지었다.
이후 여러 황제가 미술품 수집을 계속하면서 전시 공간을 넓히기 위해 건물을 증축했다. 1852년 니콜라이 1세가 처음으로 대중에게 소장품들을 공개했으며, 1917년 혁명 이후 러시아 제국이 붕괴되면서 에르미타시는 국립 박물관이 되었고 모든 개인 소장품은 국유화되었다.

러시아 최대 규모의 화려한 성당

이삭 성당

map p.60 - D1

러시아 최대 규모이며 상트페테르부르크의 대표적인 성당으로, 1818년부터 무려 40여 년에 걸쳐 지어졌다. 투입된 인원(10만 명)과 물자만으로도 바티칸 성당과 맞먹는다.
동서 길이 111.2m, 남북 폭 97.6m, 높이 101.5m, 수용 인원 1만 4000명 등 거대한 규모를 자랑하며, 내부는 《성경》 속 장면과 150명의 성인을 묘사해 놓았다. 우랄 산맥에서 생산된다는 초록색의 공작석으로 만든 모자이크 조각 기둥 등의 화려함은 보는 이들을 놀라게 한다.

러시아 바로크 양식의 걸작

예카테리나 궁전

map p.60 - D1

예카테리나 여제에게 정권이 넘어간 시기에 유명한 건축가 라스트렐리가 예카테리나 대궁전과 작은 별관을 지었다.
러시아 바로크 양식의 걸작으로 평가받고 있으며, 실내 장식이 매우 호화스럽다. 도금한 거대한 홀, 거울로 치장된 접견실, 호박으로 꾸민 객실 등은 러시아 황실의 허영을 반증한다.
대궁전에서 나와 정원을 바라보면 입이 절로 벌어진다. 정원을 둘로 나누는 운하와 그 아래 공

노보데비치 수도원

원에 있는 에르미타시, 그리고 그로트(작은 별관) 등이 정원 일대에 있는데, 그 모습이 실로 장관이다.

소련 시대의 계획 도시

아카뎀고로도크

map p.61 - N1

아카뎀고로도크는 시내에서 30㎞ 정도 떨어진 곳에 설계되었는데, 숲을 그대로 둔 상태에서 건물과 도로만 닦았기 때문에 현재에도 모든 건물이 숲속에 숨어 있는 모습이다.

과학 기술의 발달을 기치로 내건 소비에트 정부의 노력으로 1957년에 만들어진 계획 도시다. 현재 총 120개의 연구소가 곳곳에 들어서 있으며, 기초 과학이 강한 러시아의 동력원 역할을 한다.

이곳에는 러시아 과학 아카데미 시베리아 분소와 노보시비르스크 대학을 비롯한 30여 개의 대학 연구소가 모여 있다. 1958년 설립된 핵물리 연구소는 직원만 2900명에 이르는 물리학 분야 러시아 최대의 연구소로, 입자물리학 등에서 세계 최고 수준으로 인정받는다.

시베리아 횡단 열차의 시발역

블라디보스토크 기차역

map p.59 - N5

시베리아 횡단 열차의 시발역으로, 혁명 전에 지어진 건축물 가운데 가장 아름다운 것 중 하나. 1912년에 세워져 수차례 복원 과정을 거친 이곳에서는 오늘날에도 모스크바, 베이징, 몽골 등 횡단 열차 주요 정착지의 티켓을 구입할 수 있다.

세계에서 가장 깊고 깨끗한 호수

바이칼 호수

map p.59 - K4

세계에서 가장 깊고 깨끗하며, 유일 호수로는 가장 많은 담수량을 자랑하는 천혜의 호수다.

수심 200m부터는 연중 수온이 영상 4℃라서 여름에도 발을 담그기 어려울 정도로 차갑다. 길이 640㎞, 폭은 넓은 곳이 80㎞, 좁은 곳이 27㎞이고, 그 깊이는 1637m인 이 거대한 바이칼 호수는 11월 중순부터 얼기 시작해 12월 말이 되면 호수 전체가 언다. 이때의 얼음 두께는 80~120㎝나 되어서 지역 주민의 중요한 교통로가 된다고 한다.

호수에는 칭기즈 칸의 무덤이 있다는 전설이 깃든 섬을 비롯해 22개의 크고 작은 섬이 있으며, 바이칼 호수와 그 주변에 2600여 종의 동식물이 사는데 이 중 80%가 다른 지역에는 없는 세계 희귀종들이다.

모스크바 대공 바실리 3세가 세운

노보데비치 수도원

map p.60 - E1

레닌 언덕에서 시내 방향 왼편에 있는 이 수도원은 모스크바 대공 바실리 3세가 리투아니아로부터 스몰렌스크를 빼앗은 기념으로 1524년에 세운 것. 안에는 12개의 망루가 있는데 수도원의 주목적은 수도원 겸 감시소의 역할이었던 것. 스몰렌스크 사원을 기준으로 십자가를 이루며 세워져 있는 것이 특징이다. 또 이곳에는 소련 당 서기장이었던 흐루쇼프의 묘와 트레티야코프 형제, 역사가 솔로비요프, 천재 성악가 샬랴핀, 문학가인 고골, 체호프 등의 묘가 있다.

블라디보스토크 기차역

바이칼 호수

유럽 여러 나라들 Europe

네덜란드 히딩크의 나라. 합법적으로 성(性)전환이 가능한 나라. 북해, 벨기에, 독일과 접하고 있는 네덜란드 국토의 대부분은 수세기에 걸친 바다 간척 사업으로 확장된 것. 국토의 반 이상이 해수면 아래에 있어 대부분이 평지와 늪지대이며, 남동쪽의 림뷔르흐에서나 언덕을 볼 수 있을 정도여서 조금만 경사진 곳이 있어도 산이라고 불릴 정도다.

약 1750만 명 암스테르담 4만 1526㎢ 네덜란드어 그리스도교(가톨릭교) 79세 유로 치즈, 화훼, 자동차, 기계, 석유 5만 8601달러 −8시간 31

루마니아 예전 동구권 국가들의 특권이었던 체조로 명성을 얻은 나라. 독재자 차우셰스쿠를 내몰고 새롭게 태어난 나라다. 중세풍의 아름다운 성들과 잘 보존된 자연환경이 감탄을 자아낸다. 발칸 반도의 북동부에 위치하며 북부는 러시아, 북서부는 헝가리, 남서부는 불가리아에 둘러싸여 있으며, 동부는 흑해에 접해 있다.

약 1933만 명 부쿠레슈티 23만 7500㎢ 루마니아어 루마니아 정교 72.1세 루마니아 레우 철광석, 석유 1만 4862달러 −7시간 40

룩셈부르크 벨기에의 남쪽, 독일의 서쪽, 프랑스의 동쪽에 위치하며, 이들 세 나라에 둘러싸여 있는 내륙국이다. 나폴레옹이 '유럽의 골동품'이라고 불렀던 작은 나라. 중세 봉건제의 유물적 존재로서, 또 독일과 프랑스 사이의 완충국으로서 중요한 의미를 지닌다.

약 64만 명 룩셈부르크 2586㎢ 룩셈부르크어 그리스도교(가톨릭교) 72세 유로 철, 석탄 13만 5683달러 −8시간 352

모나코 이탈리아와 국경을 접하는 프랑스의 알프마리팀 주에 의해 삼면이 둘러싸여 있다. 남쪽으로 지중해에 면한 해안을 따라 길이 3㎞, 너비 500m의 땅을 그 영역으로 하며, 바티칸 시국에 이어 세계 제2의 소국이다. 입헌군주국으로, 독립국이면서도 프랑스의 보호 아래 있으며, 국제 연합에는 가입하지 않았다.

약 4만 명 모나코 1.95㎢ 프랑스어 그리스도교(가톨릭교) 72세 유로 관광 자원 23만 4315달러 −8시간 377

불가리아 유럽 대륙의 남동쪽에 있는 발칸 반도의 남동부에 있는 나라. 수도 소피아는 도나우 강으로 흘러드는 이스쿠르 강의 두 지류가 흐르며, 산을 등지고 있어 경치가 아름답고, 푸른 숲이 우거진 공원이 많아 '녹색의 도시'로 알려져 있다. 유럽에서 가장 오래된 도시의 하나. 고대에는 트라키아인의 식민지였다.

약 689만 명 소피아 11만 994㎢ 불가리아어 그리스 정교 73세 레바 장미유 1만 1635달러 −7시간 359

슬로바키아 1993년에 체코와 분리되어 독립하였다. 국토의 대부분이 산악지대로 국내는 물론 인근 국가들로부터 겨울 스포츠를 즐기려는 사람들의 발길이 끊이지 않는다. 북부는 체코, 폴란드, 남부는 오스트리아, 헝가리와 국경을 접하고 있다.

약 545만 명 브라티슬라바 4만 9036㎢ 슬로바키아어 가톨릭, 프로테스탄트 복음 교회 75세 슬로바키아 코루나 와인 2만 1088달러 −8시간 421

아일랜드 아일랜드섬은 유럽에서 세 번째로 큰 섬. 북대서양 북동부에 위치한다. 1921년 영국에서 독립하였으나 전체 32개 군 중에서 26개 군만이 아일랜드가 되었다. 수도는 더블린. 킬케니, 골웨이 등이 대표적인 도시이다.

약 499만 명 더블린 7만 273㎢ 영어, 게일어 가톨릭, 아일랜드 교회 80세 유로 의약품, 수산품 9만 9152달러 −9시간 353

우크라이나 유럽 동남부에 위치하며 동쪽으로 러시아, 북쪽으로 러시아와 벨라루스, 서쪽으로 폴란드·체코·헝가리·루마니아·몰도바, 남쪽으로 흑해와 아조프 해에 면한다. 국토 면적은 한반도의 약 2.7배로 서쪽 카르파티아 산맥 지대와 크림반도를 제외하면 전 국토의 81%가 경작 가능 지역이며 이 중 60%가 비옥한 흑토 지대다. 882년 키예프 공국으로 건국한 이래 750여 년간 몽골, 헝가리, 소련의 지배를 받다가 1991년 소련으로부터 독립을 선언했다.

약 4353만 명 키예프 60만 3700㎢ 우크라이나어 그리스도교 69세 흐리브니아 밀, 천연가스 4836달러 −7시간 380

포르투갈 지중해, 북서 유럽, 아프리카, 아메리카를 잇는 해상 교통의 결절점에 있어 '지리상의 발견' 시대에는 스페인과 더불어 많은 영토를 보유했던 해양 국가. 하지만 식민지 무역에서 획득한 부를 국내의 근대 산업 형성에 사용하지 못함으로써, 유럽에서는 후진국에 머물러 있다.

약 1029만 명 리스본 9만 2365㎢ 포르투갈어 그리스도교(가톨릭교) 77.9세 유로 코르크, 철, 관광 2만 4262달러 −9시간 351

폴란드 10세기 후반에 피아스트 왕조를 중심으로 통일 국가를 이루어 14세기경에는 황금기를 이루기도 했으나, 18세기에는 프러시아, 러시아, 오스트리아에 멸망하는 불운을 겪기도 했다. 특히 제2차 세계 대전 후 국토의 대부분이 전쟁에 의해 폐허가 되고 아우슈비츠의 슬픈 역사도 갖고 있지만, 쇼팽과 코페르니쿠스, 퀴리 부인, 바웬사 등을 낳은 나라이기도 하다.

약 3831만 명 바르샤바 31만 2685㎢ 폴란드어 그리스 정교 75.1세 즈워티 선박, 철강, 밀, 낙농 제품 1만 7841달러 −8시간 48

헝가리 개혁의 물결이 요동치고 있는 나라 헝가리는 공산 이데올로기가 무너지고 있는 동구권 국가 중에서도 가장 빠르게 변화하고 있다. 보행자 도로인 바치 거리를 따라 늘어서 있는 우아한 상점들은 동구권에서는 찾아보기 힘든 갖가지 상품들이 풍부하게 진열되어 있다. 특히 부다페스트는 도나우 강의 아름다운 야경으로 유명하다.

약 971만 명 부다페스트 9만 3030㎢ 헝가리어 그리스 정교 85세 포린트 석탄, 천연가스, 보크사이트 1만 8773달러 −8시간 36

지구촌 사회 · 문화 · 경제의 중심

North America

United States of America

미국

약 3억 3700만 명 워싱턴
963만 3350km² 영어
그리스도교(개신교) 77.9세
달러 자동차, 반도체, 무기
GDP 6만 9288달러 −13시간 1

Russia

샌프란시스코와 소살리토를 잇는 다리

골든게이트

map p. 66 - B4

1937년에 개통되었으며 샌프란시스코와 북쪽의 소살리토를 잇는 웅장하고도 아름다운 다리로 많은 사람의 사랑을 받고 있다.
지금은 누구나 인정하는 샌프란시스코의 상징이지만 착공 당시에는 안개, 바람 등 지형적인 악조건으로 '건설이 불가능한 다리'로 여겨지기도 했다. 실제로 4년간의 공사 기간에 11명의 목숨이 희생된 아픔도 간직하고 있다.
주변은 '골든게이트 국립 레크리에이션 지역'으로 지정돼 아름다운 녹지가 잘 보존되어 있다. 군사 요새이던 프리시디오와 멀리 링컨 공원까지도 포함하기 때문에 제법 넓다.

미 서부 대표 국립공원

요세미티 국립공원

map p. 66 - C4

빙하가 빚어낸 계곡과 크고 작은 폭포들이 그림처럼 펼쳐져 있는 요세미티는 미 서부의 국립공원 가운데 가장 사랑받는 곳.
자연주의자 존 뮤어의 헌신적인 노력에 힘입어 1890년에 국립공원으로 지정된 이래, 해마다 4000만 명에 이르는 관광객이 방문하고 있어 그 인기를 실감케 한다.
요세미티에는 캘리포니아 오크, 삼나무 등의 식물군과 함께 200여 종에 이르는 야생 조류, 곰, 사자, 사슴 등이 서식하고 있어 자연 생태계의 보고로도 손꼽힌다.
요세미티를 상징하는 볼거리로는 전 세계에서 다섯 번째로 높은 요세미티 폭포, 세계 최대의 화강암 바위이자 전 세계 암벽 등반가들의 사랑을 받는 엘 캐피턴, 하프 돔 등이 있다.

로스앤젤레스를 한눈에 볼 수 있는 종합 예술 센터

게티 센터

map p. 66 - C5

고급스러운 수집품으로 가득한 게티 미술관을 비롯해 연구소, 교육 센터, 야외 정원 등이 있는 종합 예술 센터. 로스앤젤레스의 전경이 한눈에 내려다보이는 언덕에 위치해 있다.
인기가 많은 곳은 게티 미술관. 동서남북의 4개 건물로 이루어진 미술관은 지하 1층, 지상 2층 규모. 각 건물 지하에 고대 미술품과 조각을 전시하며, 1층은 사진이나 장식 미술품 등을 전시한다.
1층의 기획 전시장에서는 현대 작가들의 작품도 감상할 수 있고, 2층에서는 자연 채광 아래 생생한 느낌을 전달하는 유럽 회화를 볼 수 있다.
게티 센터 한쪽을 차지하는 중앙 정원에는 무려 500여 종의 식물이 서식하고 있어 눈길을 끈다. 특히 정원 한가운데의 '꽃 미로'는 게티 센터의 또 다른 작품

요세미티 국립공원

게티 센터

유니버설 스튜디오

디즈니랜드

으로 평가받기에 손색이 없다.

숨 쉬는 자연사 박물관
그랜드캐니언
map p. 66 - C4

그랜드캐니언은 지구의 역사가 고스란히 담긴 살아 숨 쉬는 자연사 박물관이다. 신이 빚어낸 최고의 걸작이라 불리며 미국의 국립공원 가운데 가장 많은 관광객을 끌어모을 만큼 초절정의 인기를 누리고 있다.

특히 총길이 446km, 평균 폭 16km를 자랑하는 그랜드캐니언의 웅장한 협곡은 마치 거대한 미로를 방불케 해 보는 이의 시선을 단번에 사로잡는다.

지형이 너무 복잡한 까닭이었는지 스페인의 장군 가르시아가 방문한 뒤 300여 년이 지난 1880년대에 이르러서야 그랜드캐니언의 자연환경과 지질 현상에 대한 연구서가 최초로 출간됐다고 한다.

그랜드캐니언의 신비로움이 하나씩 모습을 드러내면서 훼손도 점차 심해졌다. 루스벨트 대통령은 1903년 그랜드캐니언을 방문한 자리에서 "인류 역사의 산 교육 현장을 고스란히 보존해 후세에 물려 주자"고 연설을 해 그랜드캐니언 살리기에 앞장서기도 했다.

이런 노력에 힘입어 그랜드캐니언은 1919년에 국립공원으로 지정됐고 현재는 1600여 종에 이르는 식물, 78종의 야생 동물, 18종의 파충류 등이 서식하는 생태계의 보고로 인정받고 있다.

볼거리가 풍성한 영화 테마 파크
유니버설 스튜디오
map p. 66 - C4

모든 연령층에게 폭넓게 사랑받는 테마 파크로, 영화 도시로서의 매력을 충분히 느낄 수 있는 곳이다. 유니버설 스튜디오는 로스앤젤레스의 영화 스튜디오 가운데 규모가 가장 크고 볼거리가 풍부해 연간 7000만 명이 넘는 관광객이 찾아오는 인기 관광 코스.

유니버설 스튜디오는 라이브 공연 위주의 엔터테인먼트 센터를 비롯해 스튜디오 센터, 뉴 스튜디오 투어 등 3개의 테마로 이루어져 있다.

유니버설 스튜디오에서 둘러볼 만한 곳은 워터월드, 터미네이터 2: 3D 등의 라이브 쇼와 ET, 쥐라기 공원 등의 탈거리. 또한 가끔씩 거리에 등장해 분위기를 돋우는 무명 배우들의 연기도 양념 삼아 볼만하다.

세계 최고의 종합 리조트
디즈니랜드
map p. 66 - C5

말이 필요 없는 디즈니의 왕국이자 최고의 종합 리조트. 알록달록한 디즈니의 캐릭터들은 어린이뿐 아니라 어른들에게도 대단한 인기를 누리고 있다. 거대한 디즈니랜드 리조트 안에는 기존의 디즈니랜드 공원과 2001년 2월에 문을 연 캘리포니아 어드벤처, 1월에 문을 연 다운타운 디즈니랜드까지 모여 완벽한 하모니를 이룬다.

디즈니랜드는 모두 7개의 테마로 구성되어 있다. 어느 지점에나 대표적인 볼거리가 1~2개는 있으므로 취향에 맞는 곳을 선택하는 것이 최선! 디즈니랜드에서 대표적인 탈거리로 꼽히는 것들로는 인디아나 존스 어드벤처, 카리브의 해적, 로저 래빗의 카 툰 스핀 등이다.

미국에서 가장 오래된 장미 시험장
포틀랜드 장미 정원
map p. 66 - B2

'장미의 도시' 포틀랜드를 상징하는 곳. 1917년에 설립된, 미국에서 가장 오랜 역사를 자랑하는 장미 시험장이다.

최적의 방문 시기는 장미가 만개하는 5~6월. 이때는 언덕 아래로 펼쳐진 포틀랜드 다운타운의 모습과 함께 한창 물이 오른 400여 종의 장미를 감상할 수 있다. 물론 그 밖의 시즌에도 포틀랜드 시민들의 휴식처로 사랑받고 있어 주말이면 벤치에 앉아 달콤한 데이트를 즐기는 연인들이나 독서 삼매경에 빠진 사람들을 많이 볼 수 있다.

메트로폴리탄 박물관

엠파이어 스테이트 빌딩

시공을 초월한 보물이 가득한 곳

메트로폴리탄 박물관

map p.67-D2

프랑스의 루브르 박물관, 영국의 대영 박물관, 그리고 미국의 메트로폴리탄 박물관 등은 인류가 보유한 최고 · 최대의 보물 창고다. 이 중에서도 뉴욕 맨해튼 한가운데에 위치한 메트로폴리탄 박물관은 총면적 13만㎡에 달하는 건물 전체가 시공을 초월한 문화적 보물들로 가득 찬 곳.

미술의 문외한이라도 하루는 꼬박 투자해야 할 정도로 방대한 유물들을 전시하고 있는데, 상설 전시하는 유물의 4배에 달하는 유물이 더 소장되어 있다니 과연 세계 제일이라 할 만하다.

지하 1층에서는 그리스 조각과 장식 미술, 1층에서는 이집트 미술, 그리고 2층에서는 아메리카 미술과 20세기 미술 작품들을 눈여겨볼 것.

시간이 허락된다면 맨해튼 북쪽에 위치한 클로이스터스 미술관도 방문해 볼 것을 권한다. 클로이스터스 미술관은 메트로폴리탄의 당일 입장권이 있으면 무료로 입장할 수 있는 분관으로, 장엄한 분위기의 종교 미술 컬렉션이 보는 이를 압도한다.

영화 '킹콩'의 무대

엠파이어 스테이트 빌딩

map p.67-D2

영화 '킹콩'의 피날레를 장식한 뉴욕의 상징. 381m의 높이, 102층으로 이루어진 이 건물은 1930년대 대공황 당시 착공되어 2년 만에 완공되었으며, 당시 유행하던 아르데코풍의 장식이 건물 곳곳에 남아 있다.

지하의 티켓 판매소에서부터 줄을 서서 표를 산 뒤, 엘리베이터를 타고 80층까지, 다시 86층 전망대로, 102층 전망대까지 최소 1시간 이상은 줄을 서야 오를 수 있다. 그나마 전망대에 올라도 좁은 공간에 어깨를 부딪힐 만큼 많은 사람으로 인산인해를 이뤄 제대로 감상하기가 쉽지 않으니 가능하면 아침 일찍 가는 것이 좋다.

신이 만든 걸작품

나이아가라 폭포

map p.67-C2

뉴욕에서 자동차를 몰고 8시간 정도 북쪽으로 올라가면, 캐나다 국경과 마주한 작은 도시 버펄로가 나온다. 매년 1500만 명이나 되는 관광객들이 이 작은 국경 도시를 찾는 이유는 단 하나, '신이 만든 걸작품'으로 불리는 나이아가라 폭포를 보기 위해서다.

나이아가라 폭포는 높이 56m, 너비 320m에 달하는 미국 폭포와 높이 54m, 너비 675m에 이르는 캐나다 폭포로 나뉘고, 두 폭포 한가운데의 고트섬이 강을 가르고 있다.

고트섬에서 바라보는 미국 폭포의 모양은 신부의 베일과 같다고 해서 '브라이들 베일(bridal veil)'이라는 애칭을 가지고 있으며, 캐나다 폭포의 모양은 말굽과 같다고 해서 '호스슈(horse shoes)'라고 불린다. '안개 아가씨'라는 이름의 배를 타면 폭포 바로 아래까지 다가가 스릴 넘치는 폭포수 샤워(?)를 즐길 수 있다.

자유와 평등을 상징하는 미국의 심벌

자유의 여신상

map p.67-D2

자타가 공인하는 뉴욕의 얼굴마담이자 자유와 평등을 상징하는 미국의 심벌.

미국 독립 100주년을 기념하여 프랑스에서 기증한 이 여신상은 맨해튼 남쪽 끝에서 약 3㎞ 떨어진 리버티 섬에 있다.

프랑스 조각가 프레데리크-오귀스트 바르톨디는 여신의 조각에 앞서 1871년에 미국을 답사했지만, 그로부터 10년이 훨씬 지난 1886년에야 이 조각은 현재의 위치에 우뚝 서게 되었다.

여신의 모델은 바로 바르톨디 자신의 어머니. 조각을 부분별로 해체한 후 프랑스에서 미국까지 배로 운송했

백악관

스미스소니언 박물관

워싱턴 기념탑

그랜트 파크

으며, 이를 다시 조립하는 형태로 이 거대한 조각상은 완성되었다.
리버티 파크에는 여신상과 관련된 박물관이 있으며, 이곳에서 바라보는 맨해튼의 전망도 무척 아름답다.

미국 대통령 관저

백악관

map p. 67 - C3

청와대만큼이나 익숙한 이름 백악관. 미국의 대통령 관저로, 전 세계 여론의 이목이 집중되고, 때로는 역사적 결단이 이루어지는 장소이기도 하다.
그러나 대통령 관저가 처음부터 화이트 하우스였던 것은 아니다. 1814년 전쟁으로 인해 폐허가 된 관저를 재건하면서 벽면을 흰색 페인트로 칠했는데, 이때부터 사람들은 이곳을 화이트 하우스라 부르게 되었다. 전체 132개의 방 중 일부를 방문객에게 개방하고 있는데, 방문을 원하는 사람은 비지터 센터에 미리 신청해야 한다.

세계에서 가장 높은 석조 구조물

워싱턴 기념탑

map p. 67 - C3

워싱턴 캐피털 힐의 한가운데, 하늘을 향해 까마득히 솟아오른 워싱턴 기념탑이 자리 잡고 있다.
169m의 이 기념탑은 세계에서 가장 높은 석조 구조물로 기록되어 있으며, 구조물의 끝으로 갈수록 좁아지는 오벨리스크 형태다. 이 탑을 건설한 목적은 이름 그대로 미국의 초대 대통령 조지 워싱턴을 기념하기 위해서였다.
중간에 일어난 남북전쟁 때문에 완성하기까지 무려 37년이나 걸렸으며, 이로 인해 탑의 3분의 1 이후부터는 이전과 같은 돌을 구하지 못해 색깔이 약간 다른데, 육안으로도 확인할 수 있다. 탑 정상의 전망대까지는 엘리베이터를 이용해서 1분 남짓이면 도달할 수 있으며, 정상에서 내려다보는 워싱턴의 전망은 감동적이기까지 하다.

17개의 박물관과 미술관, 동물원

스미스소니언 박물관

map p. 67 - C3

1848년에 운명한 영국의 과학자 제임스 스미슨은 자신의 전 재산을 미국의 워싱턴 DC에 기증했다. 스미스소니언 박물관은 그의 이름을 딴 하나의 거대 문화 재단으로, 17개의 박물관과 미술관, 동물원이 모여 협회를 이루고 있다.
워싱턴 기념탑과 국회의사당 사이에 밀집되어 있는 국립 자연사 박물관, 허시혼 미술관, 프리어 갤러리, 항공 우주 박물관 등이 모두 스미스소니언 박물관 협회에 속해 있으며, 스미슨의 유언에 따라 협회 산하의 모든 박물관은 무료로 개방된다.

미시간 호를 매립해 만든 공원

그랜트 파크

map p. 67 - C3

시카고 동쪽, 미시간 호를 매립해서 만든 넓은 공원. 공원 한가운데에 있는 버킹엄 분수는 세계에서 가장 아름다운 분수로 손꼽히며, 분출 높이 또한 세계 최고로 알려져 있다.
이곳에서 바라보는 빌딩가의 모습은, 도시도 자연만큼이나 아름다울 수 있다는 사실을 일깨워 주듯이 빼어난 스카이라인을 자랑한다.
그랜트 파크와 연결된 북쪽으로는 새롭게 조성된 밀레니엄 파크가 이어지는데, 밀레니엄 파크의 새로운 명물 밴드 셸은 놓치지 말아야 할 볼거리. 조각가 프랭크 게리가 디자인한 이 조형물은 마치 거울로 만들어진 거대한 조개를 연상시킨다.

스탠리 파크

몽트랑블랑 국립공원

로키 산맥 밴프

Canada
캐나다

약 3816만 명 오타와
997만 610㎢ 영어, 프랑스어
그리스도교(개신교) 80세
캐나다 달러 목재, 펄프
5만 2051달러 −13시간 1

Canada

밴쿠버 최대 규모의 공원
스탠리 파크
map p. 64 - B2

밴쿠버 다운타운 서쪽에 위치한 스탠리 파크는 밴쿠버에서 최대, 북미에서 세 번째로 큰 공원.
122만 평의 넓은 공원 내에는 밴쿠버 수족관과 동물 농장, 프로스펙트 포인트 등이 조성되어 있으며, 시월(Sea Wall)이라는 이름의 해안 산책로도 10㎞ 길이로 조성되어 있다.
공원에 심어져 있는 아름드리 나무들은 100여 년 전 중국에 수출되기도 했는데, 현재는 휴식과 피크닉을 즐기는 시민들에게 사랑받고 있다. 스탠리 파크는 바다를 향해 삐죽 튀어나온 반도 형태로, 공원 전체를 빙 둘러싼 바다와 오래된 나무, 잘 조성된 잔디 등이 빼어난 조화를 이룬다.

캐나다 최고의 스키장 리조트
몽트랑블랑 국립공원
map p. 65 - L2

퀘벡주의 로렌시아 고원 지대는 캐나다에서 가장 큰 스키장을 이루고 있는 리조트 지역. 그 가운데에 몽트랑블랑 국립공원이 있다.
겨울에는 완만한 경사를 가진 천혜의 스키장으로, 여름에는 호수와 강, 숲이 조화를 이룬 최고의 피서지로 각광받는다. 퀘벡 지역의 특징답게 프랑스 문화의 영향을 받아 프랑스 알프스와 비슷한 분위기로 꾸며진 산장과 마을들이 눈길을 끈다. 곤돌라를 타고 해발 875m의 정상까지 올라갈 수 있는데, 정상에는 레스토랑과 전망대가 있으며 이곳에서 바라보는 호수와 퀘벡 지역의 전망이 무척 아름답다. 몬트리올에서 버스로 1시간 30분 정도 거리.

해발 2000m가 넘는 고봉에 둘러싸인 곳
로키 산맥 밴프
map p. 64 - C1

그림엽서 속에 등장하는 잘 자란 침엽수림과 눈 덮인 산, 깊이를 가늠할 수 없는 맑은 호수…. 캐나디안 로키의 시발점인 아름다운 도시 밴프는 이 모든 것이 함축되어 있는 곳이다.
해발 2000m가 넘는 고봉에 둘러싸여 있으며, 사계절 내내 온천과 하이킹, 래프팅, 스키 등 즐길거리와 볼거리가 무궁무진하다. 캐나다 최초의 국립공원으로 개발되었으며, 유황 온천의 발견으로 더욱 각광받게 되었다.
대자연의 광활함과 그 자연을 보존한 채 형성된 리조트 등이 아름다운 밴프는 매년 캐나다에서 가장 휴가를 보내고 싶은 도시 1위로 손꼽힌다.

1000여 개의 섬이 만들어 내는 풍경
사우전드 제도
map p. 65 - K3

토론토와 몬트리올의 중간쯤에 호수를 낀 작은 도시 킹스턴이 있다. 수많은 관광객이 이곳을 찾는 이유는 단 하나, 사우전드 제도를 관광하기 위해서다.

사우전드 제도

올드 퀘벡

성요셉성당

CN 타워

캐나다에서 가장 아름다운 곳으로 손꼽히는 사우전드 제도는 말 그대로 세인트로렌스 강에 떠 있는 '1000여 개의 섬'으로 이루어진 곳. 섬들이 만들어 내는 아름다운 풍경은 물론 낚시, 세일링, 스쿠버 다이빙 등의 수상 스포츠도 즐길 수 있어 많은 사람이 찾는다. 우리가 알고 있는 '사우전드 아일랜드 드레싱'도 바로 이 일대의 레스토랑에서 시작되었다.

세계 두 번째 규모의 성당

성 요셉 성당

map p. 65 - L2

세계에서 가장 많은 사람이 찾는 성당 중 하나. 앙드레 신부에 의해 1904년 처음 세워졌을 때만 해도 겨우 1000여 명을 수용할 수 있는 예배당이었으나, 현재는 돔의 높이(97m)만으로는 로마의 산피에트로 대성당에 이어 세계 두 번째를 자랑하는 규모다. 몬트리올 교외의 높다란 언덕에 위치해 전망이 좋으며, 내부에는 1만 명을 수용할 수 있는 예배당과 유물 전시실 등이 있다.

이 성당이 유명해지기 시작한 것은, 창설자인 앙드레 신부가 신앙의 힘으로 병자들을 치료하면서부터였다. 성당 내부에는 환자들이 버리고 간 목발이 곳곳에 걸려 있는데, 모두 앙드레 신부의 치료를 받고 걸어서 돌아간 사람들 것이라고 한다. 그 후 이곳은 마치 순례 코스처럼 알려지게 되었다.

캐나다 속의 프랑스

올드 퀘벡

map p. 65 - L2

퀘벡 시는 지역별로 특색이 넘치는 도시다. 크게 절벽 위의 어퍼 타운과 절벽 아래의 로어 타운으로 나뉘는데, 그 중에서도 특히 18세기 성벽으로 둘러싸인 어퍼 타운의 올드 퀘벡 지역이 가장 독특하고 매력 넘치는 곳으로 손꼽힌다. 퀘벡 지역은 캐나다 속의 프랑스로 불리는데, 올드 퀘벡은 그 문화의 정수라고 할 수 있다. 마치 중세 유럽의 고풍스런 도시에 들어온 듯한 착각을 불러일으킬 정도다.

성벽을 넘으면 올드 퀘벡으로 들어가는 시간 여행이 펼쳐진다. 샤토 프롱트나크 호텔을 시작으로 다름 광장, 트레조르 거리 등 중세풍의 건물과 조형물들이 이어진다. 무명 화가와 관광객들로 거리는 활기를 띠고, 거리 양쪽으로 기념품점과 부티크 등이 즐비하다.

콘크리트 지지물 없이 지어진 세계 최고 높이

CN 타워

map p. 67 - C2

토론토의 상징이자 캐나다의 상징으로 불리는 CN 타워는 높이 553.33m로, 콘크리트 지지물 없이 지어진 세계 최고 높이의 타워로 기록되어 있다. 토론토 시내 한가운데에 자리 잡고 있으며, 높이 447m의 전망대 스카이 포드에서는 시내 전경은 물론 온타리오호까지 한눈에 내려다 보인다. 날씨가 맑은 날은 멀리 나이아가라 폭포의 장관도 조망할 수 있다. 바닥이 유리로 되어 있는 글라스 플로어와 360도 회전하는 타워 레스토랑은 CN 타워의 또 다른 명소.

한가롭고 감미로운 섬 순례

솔트스프링섬

map p. 64 - B2

밴쿠버와 밴쿠버섬 사이에 있는 솔트스프링섬은 풍요로운 자연과 유기농 식품 등 자연 친화적인 생활을 즐기는 사람들이 사는 평화로운 섬이다. 밴쿠버나 빅토리아에서 당일치기로 찾아볼 수 있는 솔트스프링섬에 가보자.

웅장한 자연의 매력

화이트호스

map p. 62 - F2

겨울철이면 매일 오로라를 볼 수 있는 곳. 시내에서 약간 떨어진 곳에서 더욱 선명하고 웅장한 오로라를 볼 수 있다. 캐나다의 최고봉이자 유네스코 세계유산으로 등록되어 있기도 한 클루아니 국립공원도 화이트호스의 백미. 높은 산과 빙하, 빙원으로 뒤덮여 있어, 쉽게 볼 수 없는 장관을 자랑하는 곳이다.

소칼로 광장

테오티우아칸

치첸이트사

멕시코

Mexico

약 1억 2671만 명 멕시코시티
196만 4375㎢ 스페인어
그리스도교(가톨릭교) 76세
멕시코 페소 은, 석유, 설탕
9926달러 −14시간 52

Mexico

멕시코의 가장 큰 고대 도시

테오티우아칸

map p. 68 - C4

1987년 유네스코 세계문화유산으로 지정된 곳으로, 멕시코에서 보존이 가장 잘된 원주민 도시. 멕시코시티의 동쪽 50㎞에 위치한 가장 큰 고대 도시로, AD 150년경에 세워져 1908년 복원된 70m 높이에 248계단인 '태양의 피라미드'를 비롯해 수많은 피라미드가 산재해 있다.

2.5㎞에 달하는 테오티우아칸의 중심 거리인 '사자의 거리'는 테오티우아칸을 둘로 나눈다. 피라미드는 이 길을 중심으로 양쪽에 건설되었고, 전체적인 도시의 윤곽을 이 길을 시작으로 설계했다.

AD 2세기에 완성되었을 것으로 추정되는 '태양의 피라미드'는 세계에서 가장 큰 피라미드 가운데 하나. 볕에 말린 벽돌과 흙으로 만들어졌고, 그 위는 자갈과 돌이 덮고 있으며 밝은 색의 치장 회반죽이 피라미드의 특이한 빛을 발산한다.

4층으로 이루어진 '달의 피라미드'는 '태양의 피라미드'보다 작지만, 더 높은 곳에 있어 테오티우아칸이 한눈에 들어온다.

세계에서 두 번째로 넓은 광장

소칼로 광장

map p. 68 - C4

'기반석'이라는 뜻의 소칼로는 사방 240m의 넓은 광장으로, 1520년에 코르테스가 만들었다. 세계에서 두 번째로 넓은 소칼로 광장 중앙에는 멕시코 국기가 휘날리고, 메트로폴리탄 성당과 궁전이 광장을 둘러싸고 있다.

광장 주변에는 역사적인 건축물 외에도 공공 건물, 레스토랑, 호텔 등이 있으며, 마제스틱 호텔에서는 소칼로가 한눈에 내려다보인다. 메트로폴리탄 성당은 라틴 아메리카의 유명한 성당 건축물 가운데 하나이고, 궁전에서는 멕시코 역사를 보여 주는 디에고 리베라의 벽화들을 감상할 수 있다.

마야 최대의 유적지

치첸이트사

map p. 68 - E3

칸쿤에서 205㎞ 거리, 3시간 30분 정도 걸리는 유카탄 반도의 중앙에 있는 마야 문명의 최대 유적지. 칸쿤에서의 1일 투어가 가능하며, 마야인의 천문학 기술을 보여 주는 피라미드 엘 카스티요와 비취 유물 등이 볼거리다. 피라미드 내부는 매일 2회 공개되므로 시간을 맞춰서 가는 게 좋다.

치첸이트사 내에 있는 볼코트는 165m 길이의 중앙아메리카 최대 규모의 경기장. 볼코트에서는 볼 게임이라는 경기가 열렸는데, 일종의 종교적 의미를 담은 것. 두 팀은 경기장 벽에 높이 달아 놓은 링에 고무공을 통과시키기 위해 상대방과 경쟁을 했는데, 지는 팀은 죽임을 당하게 되었다. 볼코트는 거의 모든 유적지에서 발견되며 그 중에서 가장 큰 것이 치첸이트사의 것이다.

고대 잉카 문명이 남아 있는 South America

페루의 정교한 금세공이 눈부신 곳

황금 박물관

map p. 72 - B4

리마에 있는 박물관. 모치카, 치무, 비쿠스 문화의 유산인 금은 세공품, 도자기, 직물, 목걸이와 홀(왕이 자신의 권위를 상징하는 의미로 들고 다니는 물건), 장례식 때 사용되던 가면 등을 전시해 놓았다. 전시물들은 고대 페루의 발전된 금세공과 야금 기술을 증명해 준다.

잉카 제국의 요새

사크사우아만

map p. 72 - C4

잉카 제국의 수도를 방어하던 거대한 요새다. '독수리여, 날개를 펄럭이라'는 뜻을 지닌 이곳은 유판키 왕 때부터 만들어지기 시작했는데, 높이 7m에 무게 126톤의 엄청나게 큰 돌들로 이루어져 있다.
또 정상에는 거대한 해시계를 설치했는데, 당시 주요 농작물이던 감자와 옥수수의 재배 및 수확 시기를 가늠하기 위해서였다고. 사크사우아만 앞에서는 지금도 해마다 6월 24일이면 인티라이미라는 태양제가 열린다.
사크사우아만의 유적은 거석을 3층으로 쌓아 올려서 만들었다. 석조 기술은 잉카의 석조처럼 빈틈이 없으며 특히 절벽 쪽(시가지 쪽)은 높이 5m, 360톤이나 되는 거석을 사용했다.

아마존 정글의 가장 아름다운 곳

푸에르토말도나도

map p. 72 - D4

지구에서 제일 큰 나무, 힘센 강줄기, 커다란 개구리가 공존하는 푸에르토말도나도는 생태학적으로 잘 보존되어 있는 곳 중 하나다. 아마존 정글의 가장 아름다운 곳으로 알려져 있다.

잃어버린 잉카 문명을 간직한 도시

마추픽추

map p. 72 - C4

마추픽추는 남미에서 가장 잘 알려진 잉카의 유적지다. 미국인 하이럼 빙엄이 우연히 발견하기 전까지 그 누구도 존재를 모르고 있었기 때문에 '잃어버린 도시'라고 불린다.
열일곱 군데의 양수장과 왕자의 묘 입구 양쪽 아래에 둥근 구멍이 많이 뚫려 있고, 돌 속이 구불구불하게 안쪽으로 뚫려 있어서 빙엄은 '독사의 통로'라고 불렀다. 신전 앞쪽으로 가면 돌출부가 나오고, 이곳에 해시계가 있다.

페루

약 3372만 명 · 리마
128만 5216㎢ · 스페인어
그리스도교(가톨릭교) · 71.2세
솔 · 스웨터, 벽걸이 장식
GDP 6692달러 · −14시간 · 51

대통령궁

레콜레타 묘지

Argentina
아르헨티나

약 4528만 명 부에노스아이레스
279만 1810㎢ 스페인어
그리스도교(가톨릭교) 75.4세
아르헨티나 페소 양, 타조, 젖소
1만 729달러 –12시간 54

Chile
칠레

약 1949만 명 산티아고
75만 6626㎢ 스페인어
그리스도교(가톨릭교) 78.6세
칠레 페소 철강, 섬유
1만 6503달러 –14시간 56

Argentina

화려한 핑크빛 궁전
대통령궁
map p. 73 - B5

벽이 온통 분홍색으로 칠해져 있어서 카사 로사다(장밋빛 집)라고 불리는 대통령궁은 5월 광장의 동쪽에 있다. 대통령 관저는 핑크빛 내부로 유명하며, 대통령궁답게 화려한 가구로 가득하다. 지하에는 역대 대통령들의 유물이 전시된 박물관이 있으며, 주변에 빨갛고 파란 유니폼을 입은 산마르틴 근위병들이 보초를 서고 있다.

70여 개의 문화재가 산재
레콜레타 묘지
map p. 73 - B5

1882년에 만들어진 곳으로 부에노스아이레스에서 가장 오래된 묘지다. 묘지에 따라 그 지위의 높고 낮음을 평가하는 아르헨티나 사람들에게는 최상의 장소. 전통적인 장식과 조각상들이 화려해 묘지 같은 느낌이 들지 않을 정도. 총 6400개의 납골당이 있으며, 이 중 70개가 문화재로 지정되어 있다. 역대 대통령 13인과 일명 '에비타'로 불리는 마리아 에바 두아르테를 비롯해 여러 유명 인사가 잠들어 있다.

색깔 있는 작은 마을
보카 지구
map p. 73 - B5

'입'이란 뜻을 가진 보카 지구는 아마도 부에노스아이레스에서 가장 컬러풀한 지역일 것이다. 항구를 따라 위치해 있으며, 다양한 색으로 페인트칠을 한 작은 집이 많아 마치 스칸디나비아의 작은 마을에 온 듯한 느낌을 준다. 메인 스트리트는 카미니토인데, 많은 공예품과 미술품을 파는 상점과 전형적인 이탈리안 술집들이 늘어서 있어 볼거리가 많다.

Chile

19세기부터 사용된 대통령 관저
모네다 궁전
map p. 71 - B6

아르마스 광장의 남서쪽 500m 지점에 크고 넓게 자리 잡고 있는 스페인풍의 건축물이 있는데, 이것이 바로 19세기 중반부터 대통령 관저로 사용되는 모네다 궁전이다. 1743년 착공 당시 조폐국 건물로 사용하기 위해 만들었기 때문에 '돈'이라는 뜻의 모네다라는 이름으로 불리고 있다. 1973년 살바도르 아옌데가 이끄는 사회주의 칠레 정부에 대항해 피노체트가 쿠데타를 일으켰는데, 아옌다가 끝까지 저항하다 최후를 맞이한 곳으로 유명하다.

19세기 건축물이 남아 있는 칠레의 항구 도시
발파라이소
map p. 71 - B6

발파라이소는 칠레의 유명한 항구 도시로, 산티아고에서 북서쪽으로 120㎞ 정도 떨어져 있다. 밝은 색깔의 집들로 가득 찬 언덕, 언덕을 올라가는 푸니쿨

이구아수 국립공원

러, 셀 수 없을 정도로 많이 쌓아 올린 계단들이 마치 그림 같다.

이곳 항구는 1840년대 칠레산 밀의 수요가 증가했을 때와 캘리포니아 골드 러시 시대에 매우 번성했으나, 파나마 운하가 생기면서 쇠락의 길을 걸었다. 하지만 발파라이소의 시내와 항구에 남아 있는 거대한 건축물들이 19세기의 영화를 고스란히 보여 주고 있다.

Brazil

인디오 생활 용품 전시

이피랑가 공원

map
p. 73 - D3

1822년에 만들어진 공원으로 페드루 1세 대로의 끝에 위치해 있으며, 독립 기념 공원이라고도 불린다. 포르투갈 황태자 페드루 1세가 말 위에서 칼을 빼 들고 '독립이냐, 죽음이냐'를 부르짖으며 브라질 독립 선언을 행한 자리에 1922년 독립기념상이 세워졌다. 공원 안에는 브론즈 조각의 독립기념상 외에도 기하학 무늬로 깎아 낸 정원 등이 있다. 이피랑가 공원 내에 있는 파울리스타 박물관은 인디오의 생활 용품과 근대 상파울루의 역사적 유품과 자료를 중심으로 전시하고 있으며, 특히 귀족의 생활 용품이나 구식 총 등이 볼만하다.

예수 그리스도상이 있는 리우데자네이루 중심지

코르코바두 언덕

map
p. 73 - E3

아주 오래 전부터 리우데자네이루 사람들이 리우데자네이루의 중심지로 여기던 곳. 1931년 브라질의 독립 100주년을 기념하기 위해 예수 그리스도상이 만들어졌다.

페드루 1세는 푸른 숲을 통과해 코르코바두의 정상까지 오르는 열차가 다닐 수 있게 만들라고 명령했고, 현재까지도 이 길은 당시보다는 현대화된 트램이 운행되고 있다. 주변의 숲 역시 아직까지 그 푸름을 간직하고 있다.

이곳에 있는 예수 그리스도상은 높이 30m, 좌우로 벌린 두 팔의 너비 28m, 무게 1145톤에 이르는 규모. 예수 그리스도상을 사진에 담으려면 거의 누운 자세에서 하늘을 향해야 할 정도.

동상의 내부에서는 리우데자네이루의 시내 경관은 물론 코파카바나 해안과 이파네마 해안의 유려한 곡선까지도 감상할 수 있는 전망대가 있다. 이곳을 방문하려면 맑은 날 오후 3~4시가 가장 좋은데, 이때에는 도시에 황혼이 내려앉는 모습이 한 폭의 그림 같다. 그렇다고 구름이 가득한 날을 피할 필요는 없다. 왜냐하면 구름을 가르고 예수 그리스도상 뒤에서 솟아나는 태양은 코르코바두가 제공하는 절경 중의 하나이기 때문이다.

Brazil

브라질

약 2억 1433만 명 · 브라질리아
854만 7403㎢ · 포르투갈어
그리스도교(가톨릭교) · 71.9세
헤알 · 커피, 카카오, 밀
7519달러 · −12시간 · 55

코파카바나

거대한 화강암과 수정으로 이루어진 언덕

팡 데 아수카르

map p.73-E3

바다의 위협으로부터 대륙을 지키는 파수꾼처럼 내륙 해안선 가장자리에 자리 잡고 있는 거대한 화강암과 수정으로 이루어진 언덕.

396m 높이로 코르코바두 언덕에 비해 높은 편은 아니지만 이곳에서 바라보는 경관만큼은 코르코바두에 뒤지지 않는다. 특히 팡 데 아수카르 정상에서 바라보는 코르코바두의 모습은 정말 아름답다. 코파카바나 해안과 이파네마 해안 그리고 주변 도시들, 대서양도 한눈에 들어와 아름다운 경관을 즐길 수 있다.

바다 쪽으로 돌출해 있어서 마치 바다에서 도시를 내려다보는 듯한 착각을 불러일으킨다. 해 질 무렵에 이곳에 오르면 기온이 많이 떨어지므로 스웨터를 준비해 가는 게 좋다.

세 나라 국경에 걸쳐 있는 세계 제1의 폭포

이구아수 국립공원

map p.73-C4

이구아수 폭포는 브라질, 아르헨티나, 파라과이 등 세 나라 국경에 걸쳐 있는 세계 제1의 폭포이자 세계 제1의 관광 명소. 브라질과 아르헨티나, 파라과이 국경을 따라 흐르는 세계에서 가장 큰 강인 파라나 강과 이구아수 강이 합류하는 지점의 36km 상류에 이구아수 폭포가 있다.

나이아가라 폭포가 미국과 캐나다 양국에서 보는 모습이 다르듯이, 이구아수 폭포도 브라질에서는 전체적인 폭포의 장관을 볼 수 있고, 아르헨티나에서는 좀 더 가까이에서 폭포의 모습을 감상할 수 있다.

275개의 폭포가 직경 3km, 높이 80m에서 낙하하는 이구아수는 빅토리아 폭포보다 넓고 나이아가라 폭포보다 높은 곳에서 떨어진다. 이구아수에서 가장 유명한 폭포는 '악마의 목구멍'이라 불리는 곳. 100m 밑으로 곤두박질하는 세찬 물살이 탄성을 자아내게 할 만큼 인상적이다.

브라질 최고의 해안

코파카바나

map p.73-E3

리우데자네이루 하면 제일 먼저 코파카바나 해안을 떠올릴 만큼 세계적으로 유명한 관광지이자 휴양지. 5km에 달하는 흰 백사장은 활처럼 굽어 있으며, 1년 내내 세계 각지에서 몰려든 관광객과 대담한 수영복 차림의 아름다운 여성들로 북적댄다. 코파카바나 해안과 접해 있는 아틀란티카 대로는 고급 호텔과 맨션, 레스토랑, 카페 테라스 등이 즐비해 평일 밤에도 수많은 사람으로 붐빈다.

남아메리카 여러 나라들

South America

베네수엘라 스페인의 정복자가 마라카이보 호수 위에 세워진 인디오의 가옥을 보고 베네치아를 연상해서 '베네수엘라(작은 베네치아)'라고 명명한 곳. 베네수엘라는 1498년 콜럼버스의 탐험대에 의해 발견되었다. 식민 초기, 마라카이보 지방이 독일 상인에게 양도되었던 짧은 기간(1528~1556년)을 제외하고는 300년간 스페인의 지배를 받았다.

약 2820만 명 카라카스 91만 6445㎢ 스페인어 그리스도교(가톨릭교) 72세 볼리바르 석유, 금, 다이아몬드, 철광석 9960달러 -13시간 58

볼리비아 남아메리카 중앙에 위치하고 있으며 헌법상 수도는 수크레지만 정부와 국회는 라파스에 있다. 국경의 동쪽과 남쪽은 브라질, 남동쪽은 파라과이, 남쪽은 아르헨티나, 그리고 서쪽은 페루 및 칠레와 접하고 있다. 안데스 산맥의 가장 넓은 지역이 국토를 지난다.

약 1208만 명 라파스 109만 8581㎢ 스페인어 그리스도교(가톨릭교) 74세 볼리비아노 천연가스, 석유, 각종 광물 3415달러 -13시간 591

에콰도르 북쪽으로 콜롬비아, 남쪽으로 페루, 서쪽으로 태평양을 접한다. 안데스 산맥이 중앙을 지나가 국토가 남북으로 뻗어 있다. 그래서 지형이 서부의 해안 지대, 중앙 산지, 그 사이의 고원 분지군, 동부의 아마존 강 상류 저지대 등으로 나뉜다. 기온이 낮고 비가 많이 오는 데다 기온의 연교차도 크지 않아서 인간이 살기에 가장 적당한 곳이다.

약 1780만 명 키토 27만 2045㎢ 스페인어 그리스도교(가톨릭교) 72.5세 미국 달러 석유, 수산물 5935달러 -14시간 593

우루과이 북쪽은 브라질, 서쪽은 아르헨티나에 둘러싸인 나라다. 국토가 물결치듯 오르락내리락하는 지형으로 이루어져 있으며, 2개의 낮은 산맥이 있다. 서쪽은 지형이 고른 편이고, 동쪽은 해변과 해안의 모래 언덕으로 되어 있다. 겨울에도 온화한 날씨라서 서리조차 거의 내리지 않는다.

약 343만 명 몬테비데오 17만 6215㎢ 스페인어 그리스도교(가톨릭교) 78세 우루과이 페소 가죽, 목재 1만 7021달러 -12시간 598

콜롬비아 커피 하면 가장 먼저 떠오르는 나라. 그래서인지 콜롬비아를 커피의 원산지로 착각하는 사람이 많다. 19세기 초 프랑스로부터 베네수엘라를 거쳐 커피가 도입되었는데, 지금은 세계 2위의 커피 생산량을 자랑한다.

약 5152만 명 보고타 114만 1568㎢ 스페인어 그리스도교(가톨릭교) 75세 콜롬비아 페소 바나나, 커피, 열대 작물, 감자, 옥수수 6131달러 -14시간 57

쿠바 중앙아메리카 서인도 제도의 공화국. 아메리카 대륙 최초의 공산 국가로서 '카리브 해에 떠 있는 붉은 섬'으로 비유되며, 지리적 위치 때문에 동서 양대 세력이 충돌하는 국제 정치의 요충지가 되어 왔다.

약 1126만 명 아바나 11만 861㎢ 스페인어 그리스도교(가톨릭교) 78.6세 쿠바 페소 열대 작물, 커피, 담배, 비료, 섬유 9499달러 -13시간 53

Australia

14년 동안 지어진 시드니의 상징

시드니 오페라하우스

map p. 79 - I6

착공에서 완공까지 14년이 걸린 오스트레일리아의 상징. 전 세계적으로 손꼽히는 아름다운 건축물로 바다를 향해 날개를 펼치듯 돌출해 있는 모습이 조개껍데기 같기도 하고 오렌지 조각 같기도 하다.

1957년 시드니를 상징할 수 있는 건축물의 필요성을 절감한 뉴사우스웨일스 주 정부는 디자인 콘테스트를 통해 전 세계 건축가의 설계도를 공모했다. 32개국 232점의 작품 가운데 당선의 영광은 덴마크의 건축가 이외른 우촌에게 돌아갔다.

하늘과 땅, 바다 어디에서 봐도 완벽한 곡선을 그리며 전체적인 모습이 보이도록 설계된 것이 다른 작품들과의 차별점이었다.

오페라하우스는 콘서트 홀을 중심으로 오페라 극장, 드라마 극장, 연극관 등 4개의 공연장으로 되어 있다. 이 밖에 5개의 연습실, 60개의 분장실, 리허설룸, 레스토랑, 바, 도서관, 갤러리 등이 있다. 입구의 안내 데스크에서 공연 스케줄과 가이드 투어에 대한 안내를 받을 수 있다.

세계에서 다섯 번째로 긴 다리

하버 브리지

map p. 79 - I6

1923년에 착공되어 1932년에 완공된 세계에서 다섯 번째로 긴 다리. 1920년대에 불어닥친 경제 공황을 타개하고 실업자를 구제하기 위한 목적으로 건설되었다.

다리는 시드니 북부와 남부를 오가는 페리가 통과할 수 있도록 조금 높게 건설되었다. 다리 위의 아치가 마치 옷걸이 같아서, 흔히 '올드 코트행어(old coat hanger ; 낡은 옷걸이)'라는 애칭으로도 불린다.

하버 브리지를 받치고 있는 4개의 교각 가운데 남동쪽 교각 상단에는 전망대가 설치되어 있다. 정상에는 어깨 높이 정도의 유리막이 둘러져 있는데, 이곳에서 바라보는 전망이 눈이 시릴 만큼 아름답다.

250만km² 넓이의 웅장한 산악 지대

블루 마운틴 국립공원

map p. 79 - I6

시드니 서쪽 약 100km 지점, 푸른빛의 울창한 원시림이 살아 숨 쉬는 곳. 블루 마운틴 국립공원은 퀸즐랜드 주에서 빅토리아 주까지 이어지는 산맥의 일부로, 넓이가 250만km²에 이르는 웅장한 산악 지대다.

산 전체는 유칼립투스 원시림으로 덮여 있는데, 이 나무들에서 분비된 수액이 강한 태양 빛에 반사되면 안개조차 푸르러 보인다. 멀리서 보면 마치 산 전체가 푸른 운무에 휩싸인 것 같다.

블루 마운틴에 가는 가장 큰 목적은 일명 '세 자매 바위'의 장엄한 자태를 감상하기 위해서다. 그 다음은 세 자매 바위를 둘러싸고 있는 푸른 산을 다각도로

Australia

오스트레일리아

약 2592만 명 / 캔버라 / 768만 6850km² / 영어 / 그리스도교 / 81세 / 오스트레일리아 달러 / 양털, 쇠고기, 버터, 밀, 보크사이트 / 5만 9934달러 / +1시간 / 61

블루마운틴 국립공원

사우스 뱅크 파크랜드

마운트 쿠사

쿠란다

탐험해 보는 것. 바다처럼 넓은 원시림을 케이블카를 타고 내려다보거나, 두 발로 직접 밟아 보는 부시 워킹 체험이야말로 블루 마운틴을 제대로 감상하는 방법이다.

브리즈번강을 한눈에 볼 수 있는 곳

마운트 쿠사

map p.79-I5

브리즈번 시내 애들레이드 스트리트에서 버스를 타고 20~30분 가면 해발 270m의 나지막한 야산이 나온다. 시내에서 서쪽으로 7㎞ 떨어진 이곳은 굽이치는 브리즈번강과 시내를 한눈에 내려다볼 수 있는 곳. 마치 비행기를 타고 공중에서 내려다보는 것처럼 시가지의 모습이 360도 파노라마로 펼쳐진다.

산 아래에는 보타닉 가든과 토머스 브리즈번 천문대가 있고, 식물원에서 다시 5분쯤 드라이브 코스를 올라가면 전망대가 나온다. 전망대에서 바라보는 풍경은 상상 그 이상. 이곳에서 보는 브리즈번은 커다란 숲과 같이 전체가 한눈에 들어오기 때문. 멀리 저 혼자 모턴 베이까지 흘러가는 브리즈번강의 물줄기가 마치 살아 꿈틀거리는 것처럼 느껴진다.

문화 예술의 종합 선물 세트

사우스 뱅크 파크랜드

map p.79-I5

브리즈번 강 남쪽, 강을 따라 형성된 16헥타르의 녹지대는 브리즈번에서 빼놓을 수 없는 명소이자 이 도시의 상징과도 같은 곳이다.

퀸즐랜드 박물관, 미술관, 퍼포밍 아트 센터와 나란히 늘어선 이곳에는 공원과 산책로, 페리 터미널, 인공 해변, 쇼핑센터, 공연장에 이르기까지 그야말로 다양한 문화 시설과 휴양 시설이 어우러져 있다. 마치 문화 예술의 종합 선물 세트를 보는 듯한 느낌.이 밖에 한 블록만 지나면 만나는 아이맥스 영화관과 야생 동물 센터도 인기 만점. 곳곳에 설치된 꽃길과 철제 아치가 무척 아름답다.

울창한 열대 우림 사이에 있는 전원 마을

쿠란다

map p.79-H3

케언스에서 북서쪽으로 34㎞ 떨어져 있는 전원 마을. 울창한 열대 우림 가운데에 있어서 우림 사이를 헤치고 지나가는 관광 열차와 우림 위를 지나가는 스카이레일 등 교통수단 자체가 하나의 관광 상품이 된 곳이다.

시장이 열리는 날에는 마을 전체가 축제 분위기에 휩싸일 정도. 웅장한 폭포, 열대의 자연을 체험할 수 있는 자연 공원 그리고 환상적인 나비 보호 구역까지, 볼 것도 많고 즐길 것도 많은 이 매력적인 마을을 보려면 하루를 꼬박 투자해야 하며, 그만큼 하루가 온전히 즐거운 곳이기도 하다.

New Zealand

전망이 멋진 휴식처

케이프 레잉가

map p.75-C1

가슴이 확 트일 만큼 푸른 바다가 세상 끝에 이른 듯한 막막함마저 안겨 주는 곳, 바로 케이프 레잉가다. 화룡점정처럼 서 있는 등대 밑으로 태즈먼해와 태평양이 넘실거린다.

태풍이 불 때면 두 바다가 만나는 이 지점에서 10m 이상의 성난 파도가 일렁대기도 한다. 또 등대 불빛이 아주 밝아 35㎞ 밖에서도 볼 수 있다.

사람들이 알고 있는 것과는 달리, 뉴질랜드의 최북단은 이곳이 아니다. 실질적인 최북단은 케이프 레잉가에서 동쪽으로 30㎞ 떨어진 서빌 클리프. 길이 하도 험해서 일반인의 통행을 금지하고 있다.

차량이 달릴 수 있는 마지막 지점 케이프 레잉가 주차장부터 등대까지는 걸어서 10분쯤 걸린다. 그 거리조차 시야를 가리는 것이 없어서 한눈에 들어올 정도. 등대까지 난 길을 따라 걸은 뒤 등대 앞에서 사진 찍고 돌아오면 뉴질랜드를 정복(?)한 듯한 기분마저 들 것이다.

마오리 족 전설에 따르면 이곳은 마오리 족의 영혼이 시작되는 장소라고 한다. 그곳으로 들어가는 열쇠는 케이프 레잉가에 있는 포후투카와나무 뿌리에 감아 놓았다고 하니, 시간이 나면 한번 찾아보는 것도 재미있지 않을까?

케이프 레잉가

와이토모 동굴

호비튼 마을

반딧불이를 만날 수 있는 동굴

와이토모 동굴 map p. 75 - C2

동굴이 처음 발견된 것은 1887년. 현지 마오리 부족장 타네 티노라우와 영국인 측량 기사 프레드 메이스가 아마 줄기로 만든 뗏목을 타고 지하 통로를 통해 동굴 안으로 들어갔다. 촛불에만 의지한 채 그들이 통로로 삼은 곳은 바로 오늘날 관광객들이 동굴 탐험을 마치고 바깥으로 나오는 지점이었다.
동굴 안으로 들어간 그들은 눈을 의심할 수밖에 없었다. 무수히 반짝이는 별들이 바로 동굴 천장에 매달린 수천 마리 반딧불이의 빛이었기 때문이다. 그 뒤 정부의 자세한 측량을 거쳐, 1988년부터 일반인에게 공개되었다.
동굴 탐험은 매 시각 30분마다 시작하는 투어를 통해서만 할 수 있으며, 가이드와 함께 최대 50명이 한꺼번에 동굴을 관람하게 되어 있다.

뉴질랜드의 자연을 느낄 수 있는 곳

호비튼 마을 map p. 75 - C2

호비튼 마을은 영화 '반지의 제왕'에서 중간계(Middle Earth)의 배경, 즉 호빗들이 사는 마을이다. 영화를 본 사람이라면 배경만으로도 영화의 장면들을 떠올릴 수 있을 것이다.
호비튼 마을의 정확한 위치는 일반인에게 공개하지 않는다. 개별 여행자들이 몰려들 경우 자연을 훼손할 우려 때문인데, 가이드가 딸린 투어를 통하면 방문할 수 있다. 하루 최대 12회의 가이드 투어는 관광안내소 및 인터넷에서 신청할 수 있다.

뉴질랜드 최초의 국립공원

통가리로 국립공원 map p. 75 - C2

세계문화유산에 빛나는 통가리로 국립공원은 북섬에서 가장 높은 산과 원시림, 독특한 화산 지형을 지닌 뉴질랜드 최초의 국립공원이다.
8만ha에 이르는 국립공원은 루아페후산, 응가우루호에산, 통가리로산으로 이루어져 있으며, 이 중에서 가장 높은 루아페후산은 활화산으로 유명하다. 가장 최근의 활동은 1995년과 1996년의 대폭발과 2007년의 분화가 있다.
한편 루아페후 산에는 북섬 최고의 스키장인 와카파파와 투로아가 있어서, 스키 리프트를 타고 국립공원의 수려한 절경을 감상할 수 있다. 눈 덮인 화산의 절경을 감상할 수 있는 또 하나의 방법은 통가리로 크로싱에 참가하는 것. 본격적인 트레킹 외에 와카파파 빌리지 주변의 하이킹 코스도 잘 조성되어 있다.

New Zealand

뉴질랜드

약 513만 명 웰링턴
27만 534㎢ 영어, 마오리어
그리스도교 76.25세
뉴질랜드 달러 양철, 양모, 양고기
4만 8802달러 +3시간 64

통가리로 국립공원

미션 베이

호머 터널

뉴질랜드에서 가장 높은 산

마운트 쿡 map p. 75 - B3

해발 3754m의 마운트 쿡은 뉴질랜드에서 가장 높은 산. 남섬을 가로지르는 서던 알프스 산맥의 높은 산 중에서도 단연 돋보이는 곳.
마운트 쿡을 중심으로 해발 3000m가 넘는 18개의 봉우리가 계곡 사이사이를 메우고 있다. 마운트 쿡을 둘러싸고 있는 700㎢의 드넓은 영토는 1986년 세계자연유산으로 지정되었다.
이곳의 이름은 영국의 탐험가 제임스 쿡에서 유래했지만, 마오리 족은 이곳을 아오라키라고 부른다. 아오라키는 '구름을 뚫는 산'이라는 뜻. 이름 그대로 마운트 쿡 정상은 구름을 뚫고 드높은 곳에 있으며, 정상에는 만년설이 쌓여 있다. 햇빛에 반사된 얼음들은 푸른색으로 빛나며, 녹아 내린 빙하는 테카포 호수에까지 이른다.

오클랜드의 대표적인 바닷가

미션 베이 map p. 75 - C3

시내에서 타마키 드라이브를 따라 자동차로 20분 거리에 있는 오클랜드의 부촌. 타마키 드라이브는 아름다운 오클랜드 하버의 모습을 감상할 수 있는 최고의 드라이브 코스로 손꼽힌다. 날씨에 따라 바다의 물빛이 달라지고, 밀물과 썰물에 따라 바닷가의 모습이 달라지는 곳. 바다 건너 봉긋하게 솟은 랑이토토 섬이 병풍처럼 둘러져 있어서 큰 파도나 해일에도 안전한 천혜의 지형이다.
바닷가 바로 뒤쪽에는 일명 크리스마스트리라 불리는 포후투카와나무가 줄지어 서 있는데, 애칭처럼 크리스마스 시즌이 되면 실처럼 가늘고 붉은 꽃을 피운다.

남반구의 알프스

호머 터널 map p. 75 - A4

'남반구의 알프스'라는 애칭이 실감 날 정도로 밀포드 사운드의 높이 솟은 산세를 뚫고 달려온 길 끝에 버티고 선 1차선의 호머 터널.
서던 알프스 산맥을 통과하는 길이 1270m의 터널로, 무려 18년 동안의 난공사 끝에 개통됐다. 지금과 같은 건설 장비가 없었던 1950년대에, 인부들이 일일이 땅을 파서 암반을 폭파시켜 가며 완성시킨 것이라고 한다. 지금도 터널 안은 어두컴컴하고 경사가 급하며, 아무런 조명 장치도 없다. 게다가 차량 두 대가 아슬아슬하게 지나갈 정도로 좁아서 스릴마저 느껴질 정도.
터널을 지나면서부터는 구불구불 내리막길이 이어지며, 비라도 오는 날이면 빙하가 녹은 물이 마치 눈물처럼 흘러 장관을 연출한다. 눈앞에 펼쳐지는 자연이 하나의 생명체처럼 위대해 보인다.

오세아니아 여러 나라들

Oceania

파푸아뉴기니 오스트레일리아 북부, 인도네시아 동부에 위치한 파푸아뉴기니는 세계에서 두 번째로 큰 섬인 뉴기니의 동쪽 절반과 북부 및 동부에 있는 많은 작은 섬으로 이루어져 있다. 뉴기니섬의 나머지 절반은 인도네시아의 일부인 이리안자야다.

약 995만 명 포트모르즈비 46만 2840㎢ 피진어, 영어 그리스도교(개신교) 58.47세 키나 코코야자, 커피, 고무, 차 GDP 2916달러 +1시간 675

피지 우리나라 남동쪽에서 약 8000㎞ 떨어진 곳에 위치해 있으며, 수많은 남태평양의 섬나라로 향하는 관문이기도 하다. 330여 개의 산호섬으로 이루어진 섬들을 모두 모으면 우리나라 경상도 크기만하다.

약 93만 명 수바 1만 8272㎢ 피지어, 영어 그리스도교 약 76세 피지 달러 참치 GDP 5086달러 +3시간 679

ㄱ

가고시마 29–C9
가나 40–B3
가나가와 29–G7
가나자와 28–F6
가노야 29–C9
가다그 37–C5
가다메스 42–C1
가덕도 21–F8
가라쓰 29–B8
가론강 50–E4
가루아 40–C3
가르다호 51–J4
가르디즈 39–I2
가보로네 40–D5
가봉 40–C4
가스가 21–H10
가야 36–E4
가야산 21–F8
가오미 24–E2
가오슝 27–B4
가오유호 24–E3
가오저우 25–C6
가이아나 70–D2
가자 38–B2
가지아바드 36–C3
가지안테프 38–C1
가지푸르 36–D3
가케로마섬 29–B10
가트 42–D2
가티노강 67–D1
간강 25–D5
간디나가르 36–B4
간디담 36–B4
간몬해 21–H10
간쑤성 22–D2
간저우 23–E3
갈라치 57–M2
갈레시아 54–B1
감비아 40–A3
강가나가르 37–B3
강계 20–D3
강릉 21–F6
강원도 21–F6
강화도 21–D6
개성 21–D6
개스코인강 78–A4
갠네트피크 66–E3
갠쟈 60–G4
갠지스강 36–E4
거금도 21–E9
거런춰 22–B2
거문도 21–E9
거제 21–F9
거제도 21–G9
거주 32–C2
거차군도 21–C9
건지섬 50–C2
게메나 43–D4
게어드너호 76–C5
게인즈빌 68–F2
겐트 52–A3
겔마 56–B6
경기만 21–D6
경상남도 21–F8
경상북도 21–F7
경주 21–G8
계룡산 21–E7
고군산군도 21–D8
고금도 21–D9
고다바리강 37–D5
고도 열도 29–B8
고락푸르 36–D3
고론탈로 35–F2
고르간 39–F1
고마쓰 28–F6
고베 29–E7
고베르나도르발라다리스 70–E4
고비 사막 22–D1
고빈드발라브호 36–D4
고시키지마 열도 29–B9
고아 37–B5
고양 21–D6
고오리야마 28–H6
고이아니아 70–E4
고이아스 70–D4
고조프비엘코폴스키 53–G2
고초섬 56–F6
고치 29–D8
고틀란드섬 47–E4
고틀란드 47–E4
고후 29–G7
곤다 36–D3
곤데르 38–C6
골웨이만 49–B6
과나레 70–C2
과달라하라 63–H5
과달카날 76–D3
과달키비르강 54–D4
과디아나강 54–C4
과비아레강 70–C2
과야킬만 70–A3
과이마스 63–G5
과테말라 68–D5
과히라 반도 70–B1
관모봉 20–G2
관타나모 69–G3
괄리오르 36–C3
괌섬 76–C2
광둥성 25–D6
광시좡족자치구 25–C5
광위안 24–B3
광저우 23–E3
광주 21–D8
교토 29–E7
구나 36–C4
구나시리섬 28–J2
구라시키 29–D7
구루미 21–H10
구마모토 29–C8
구미 21–F7
구사우 42–C3
구시로 28–J3
구아라푸아바 71–D5
구아르다 54–C2
구아포레강 70–C4
구와하티 36–F3
구이강 25–C6
구이린 23–E3
구이양 22–D3
구이저우성 25–B5
구자란왈라 36–B2
구지라트 37–B2
구치노에라부섬 29–B9
군마 28–G6
군산 21–D8
굴바르가 37–C5
궁가산 22–D3
궁거얼산 22–A2
궁주링 23–F1
규슈 29–C8
그단스크 53–I1
그디니아 53–I1
그라나다 54–E4
그라니스크 만 47–E5, 53–I1
그라츠 53–G5
그란카나리아 42–A2
그랑생베르나르 고개 56–B2
그랑파라디소산 56–B2
그래니트피크 66–E2
그랜드 운하 49–D6
그랜드래피즈 67–A2
그랜드테턴산 66–E3
그레나다 69–J5
그레이머스 75–B3
그레이트디바이딩 산맥 76–D4
그레이트배리어섬 75–C2
그레이트배리어리프 76–C4
그레이트베어호 62–G2
그레이트빅토리아 사막 76–B4
그레이트샌디 사막 66–B3, 76–B4
그레이트솔트호 63–G4
그레이트솔트레이크 사막 66–D3
그레이트슬레이브호 80–B11
그레이트오스트레일리아만 76–B5
그레이트이나과섬 69–H3
그로닝겐 52–C2
그로드노 53–K2
그로스그로크너산 52–F5
그로즈니 60–G4
그르노블 51–G4
그리니치 49–I7
그리스 57–J5
그린란드해 62–N2
그린란드 62–L2
그린리버 66–E3
그린베이 63–I4
그린즈버러 63–I4
그림스베튼산 46–B1
그산토스–레툰 60–C5
글래스고 48–F4
글렌데일 66–D5
글렌모어 48–E3
글로스터 49–G7
글류테르틴산 47–C3
글리비체 53–I3
금강 21–E7
금오도 21–E9
기니만 42–C4
기니 40–B3
기니비사우 40–A3
기리디 36–E4
기리시마 29–C9
기마라스섬 33–C4
기브슨 사막 76–B4
기아나 고원 70–D2
기이 수도 29–E8
기즈번 75–D2
기타큐슈 29–C8
기후 29–F7
길버트 제도 76–E3
김제 21–D8
김책 20–G3
김해 21–F8
까마우곶 32–C5
까마우 32–D5
깜파 32–D2
껀터 30–B2, 32–D4
꾸이년 30–B2

ㄴ

나가 31–D2, 33–C3
나가노 23–G2, 28–G6
나가사키 29–B8
나가오카 28–G6
나게르코일 37–C7
나고야 29–F7
나그푸르 37–C4
나도르 54–E5
나디아드 36–B4
나라 29–E7
나로드나야산 58–G3
나르마다강 37–C4
나르바 80–C2
나리타 29–H7
나마크호 39–F2
나망간 61–L4
나무르 51–G1
나무춰 22–C2
나미브 40–C5
나미비아 40–D5
나바라 55–F1
나보이 61–K4
나브강 51–K2
나브사리 36–B4
나세르호 38–B4
나소 69–G2
나시리야 38–E2
나시크 37–B4
나오곶 55–G3
나와브샤 36–A3
나우공 36–F3
나우루 76–E3
나우셰라 36–B2
나이로비 41–E4
나이저델타 42–C4
나이지리아 40–C3
나일강 41–E2
나주 21–D8
나즈란 58–E5, 60–G4
나즈레트 43–F4
나지파바드 39–F2
나질리 57–M6
나카노섬 29–B10
나칼라 41–E4
나콘랏차시마 32–C4
나콘사완 30–B2
나콘시탐마라트 32–B5
나쿠루 41–E4
나투나 제도 34–B2
나폴리 56–F4
나하 23–F3
나홋카 59–N5
낙동강 21–F7
낙소스섬 57–K6
난닝 22–D3
난다데비산 36–C2
난데드 37–C5
난두르바르 37–B4
난디알 37–C5
난링 산맥 23–E3
난세이 제도 23–F3
난양 24–D3
난자바와봉 22–C3
난징 23–E2
난창 25–D4
난충 22–D2
난터우 27–B3
난퉁 24–F3
난판강 22–D3
난핑 23–E3
난후다산 27–C2
날루트 42–D1
날치크 58–E5
남섬 75–B4
남극 대륙 81–A14
남극 반도 81–B3
남극횡단 산맥 81–A21
남딘 22–D3
남부고지 48–F5
남서제도 해구 23–F3
남아프리카공화국 40–D5
남안다만섬 32–A4
남에게 57–L6
남중국해 23–E4
남포 20–C5
남풀라 41–E5
남한강 21–E6
남해도 21–F9
낭가파르바트산 36–B1
낭림산맥 20–E3
낭시 51–H2
낭트 50–D3
내몽골자치구 26–A3
내장산 21–D8
냐짱 32–D4
너허 26–C2
널라버 평원 76–B5
넝가오산남봉 27–C3
네곰보 37–C7
네그로강 70–C3
네그로스섬 33–C4
네덜란드 52–B2
네바다 63–G4
네브래스카 63–H4
네비트다그 61–H5
네빈노미스크 60–F4
네스호 48–F3
네우켄 71–C6
네이호 49–D5
네이메헌 52–B3
네이장 22–D3
네이피어 75–D2
넬로르 37–C6
넬슨 75–C3
넨칭탕구라봉 22–C2
노던 76–B4
노던쿡 제도 77–G3
노르웨이해 80–B3
노르웨이 47–D2
노르카프곶 46–G1
노르트라인베스트팔렌 52–C3
노르트뢰넬라그 46–D2
노르파드칼레 50–F1
노를란 46–D2
노리치 49–I6
노릴스크 58–I3
노바라 51–I4
노바스코샤 63–J3
노바야제믈랴섬 58–F2
노바이구아수 71–E5
노베오카 29–C8
노보로시스크 60–E4
노보시비르스크 제도 59–O2
노보시비르스크 58–I4
노보쿠즈네츠크 58–I4
노부암부르구 71–D5
노브고로드 58–D4
노비사드 57–H2
노샘프턴 49–H7
노스곶 67–B1
노스 해협 67–B1
노스다코타 63–H3
노스로나섬 48–E2
노스민치 해협 48–E3
노스서스캐처원강 62–G3
노스우이스트섬 48–D3
노스웨스트곶 78–A4
노스웨스트프런티어주 36–B2
노스캐롤라이나 63–I4
노스타라나키만 75–C2
노슬랜드 75–C1
노워크 66–C5
노팅엄 49–H6
노퍽섬 76–E4
노퍽 67–C3
노화도 21–D9
녹스빌 67–B4
논강 49–C6
논타부리 30–B2
뇌샤텔호 51–H3, 52–C5
누강 22–C3
누나부트 62–I2
누니바크섬 62–C2
누마즈 29–G7
누메아 76–E4
누벨칼레도니 76–E4
누비아 사막 41–E2
누사 가라바랏 35–E5
누사 가라티무르 35–F5
누아디브 42–A2
누악쇼트 40–A2
누에보라레도 63–H5
누쿠스 61–I4
누쿠알로파 77–F4
뉘른베르크 52–E4
뉘최핑 47–E4
뉴기니 31–F4
뉴델리 36–C3
뉴라나르크 48–F4
뉴멕시코 63–G4
뉴브런즈윅 63–J3
뉴브리튼 76–C3
뉴사우스웨일스 76–C5
뉴아일랜드 76–D3
뉴어크 67–D2
뉴올리언스 63–H5
뉴욕 63–I4
뉴저지 67–D2
뉴질랜드 75–C3
뉴캐슬 48–G5, 76–D5
뉴펀들랜드 63–K3
뉴펀들랜드·래브라도 63–K3
뉴포트 49–F7
뉴포트뉴스 63–I4
뉴플리머스 75–C2

뉴햄프셔 63-J4
뉴헤브리디스 76-E4
느그리슴셈빌란 34-A2
니가타 28-G6
니더외스터라이히 53-H4
니더작센 52-D2
니레지하조 53-J5
니마크 36-B4
니스 51-H5
니시 57-I3
니시노섬 29-H11
니아라 40-D3
니아메 40-C3
니자마바드 37-C5
니제르강 40-C3
니제르 40-C2
니주냐야퉁구스카강 59-I3
니즈네바르톱스크 58-H3
니즈니노브고로드호 58-E4
니즈니노브고로드 58-E4
니즈니타길 58-G4
니카라과호 68-E5
니카라과 68-F5
니코바르섬 32-A5
니코바르 제도 32-A5
니코시아 38-B1
니트라 53-I4
니피곤호 62-I3
닌빈 32-D2
님 51-G5
님바산 40-B3
닛코 28-G6
닝보 23-F3
닝샤후이쭈자치구 24-B2

ㄷ

다구판 33-C2
다낭 30-B2
다네가섬 29-C9
다뉴브강 57-J3
다두 39-I3
다두허 22-D3
다라트 30-B2
다롄 23-F2
다르다넬스 해협 57-K5
다르반드산 39-G2
다르방가 36-E3
다르에스살람 41-E4
다르질링 36-E3
다르한 22-D1
다름슈타트 52-D4
다리 30-B1
다리엔만 70-B2
다리엔 산맥 69-G6
다마르 38-D6
다마반드산 58-F6
다마스쿠스 38-C2
다만디우 37-B4
다만후르 38-B2
다바 산맥 24-C3
다방게레 37-C6
다볘 산맥 24-D4
다볼라 42-A3
다샨봉 41-E3
다쇼우즈 58-F5
다싱안링 산맥 26-B2
다안 23-F1
다우가프필스 60-C1
다울라기리산 36-D3
다윈허 24-E3
다이르아즈지우르 38-D1
다이세쓰산 28-I3
다자시 27-B2
다저우 22-D2
다칭 23-F1
다카 36-F4
다카르 40-A3
다카마쓰 29-E7
다카사키 29-G6
다카오카 28-F6
다퉁 23-E1
단다시 27-C3
단둥 23-F1
단바드 22-B3, 36-E4
단양 24-E4
달라르나 47-D3
달라크 제도 38-D5
달란자다가드 22-D1
달랏 32-D4
달로아 40-B3
담맘 38-F3
대구 21-F8
대니코바르섬 32-A5
대부도 21-D6
대서양 63-J5
대순다 열도 30-B4
대앤틸리스 제도 69-G4
대연평도 21-C6
대전 21-E7
대한 해협 23-F2
대한민국 23-F2
대흑산도 21-C9
댈러스 63-H4
댐피어 해협 31-E4
댜슈트강 39-H3
더그호 49-C6
더니든 75-B4
더럼 67-C3
더반 41-E5
더블린 49-D6
더비 49-H6
더양 22-D2
더우류 25-F6
더저우 24-E2
더후이 26-C3
덕유산 21-E8
덕적도 21-D6
던독 49-D5
던디 48-G4
던캔스비헤드 48-F2
데니즐리 60-C5
데라가지칸 36-B2
데라둔 36-C2
데라이스마일칸 36-B2
데르벤트 60-G4
데리 36-D4
데번섬 62-I1
데브레첸 53-J5
데이비스 해협 62-K2, 80-B7
데이비스 81-B13
데주강 54-C3
데즈풀 38-E2
데칸 고원 37-C5
덴마크 해협 80-B5
덴마크 47-C4
덴버 63-H4
덴파사르 34-D5
델라웨어강 67-D2
델라웨어만 67-D3
델라웨어 67-D3
델로스섬 57-K6
뎬지 32-C2
도고 29-D6
도네츠크 58-D5
도도가곶 28-I5
도도마 41-E4
도라두스 71-D5
도르도뉴강 50-E4
도르드레흐트 52-B3
도르트문트 52-C3
도미니카 연방 70-C1
도미니카공화국 69-I4
도버 해협 49-I7
도버 63-I4
도스에르마나스 54-D4
도쏘 42-C3
도야마 28-F6
도요타 29-F7
도요하시 29-F7
도우루강 54-B2
도젠 29-D6
도초도 21-C9
도치기 28-G6
도카라 열도 29-B10
도카치산 28-I3
도쿄 29-G7
도쿠노섬 29-B11
도쿠시마 29-E7
도쿠야마 29-E7
도하 39-F3
독도 21-I6
독일 52-E3
돈강 58-E5
돈드라곶 36-D7
돌산도 21-E9
돗토리 29-E7
동고츠 산맥 37-D5
동그랑데르그 사막 42-C1
동마케도니아 57-K4
동시베리아해 59-Q2
동시에라마드레 산맥 68-B3
동중국해 23-F3
동카르파티아 산맥 57-L2
동티모르 35-G5
동프리지안 제도 52-C2
동한만 20-F4
동해 23-G2
두강 51-H3
두가 56-C6
두기오토크섬 56-F2
두러스 57-H4
두류산 20-F2
두르가푸르 36-E4
두르미토르산 57-H3
두마게테 33-C4
두마란섬 33-B4
두마이 34-A2
두바이 39-G3
두샨베 58-G6, 61-K5
두에로강 54-D2
두왈라 40-C3
둔화 26-D4, 28-B3
둘레 37-B4
둥베이 평원 23-F1
둥사 군도 25-E6
둥양 25-F4
둥잉 23-E2
둥지여 27-A3
둥타이 24-F3
둥팅호 23-E3
뒤몽뒤르빌 기지 81-B17
듀랑스강 51-G5
드네스트르강 58-C5
드네프로페트로프스크 58-D5
드네프르강 58-D5
드라켄즈버그 산맥 40-D5
드람멘 47-C4
드러몬드섬 67-B1
드레스덴 51-K1
드레이크 해협 71-C8
드로베타투르누세베린 57-J2
드리니강 57-I3
들노시론스키에 53-H3
디강 48-G3
디나가트섬 33-D4
디레다와 41-E3
디모인 63-H4
디브루가르 22-C3
디새포인트멘트곶 66-A2
디스푸르 36-F3
디야르바커르 38-D1
디종 51-G3
디트로이트 63-I4
딘디굴 37-C6
딜리 35-G5
딩글만 49-B7
딩저우 24-D2

ㄹ

라곶 50-B2
라고스 40-C3
라도가호 58-D3
라돔 53-J3
라라체 54-C5
라로마나 69-I4
라로통가 77-G4
라르카나 39-I3
라리사 57-J5
라리오하 54-E1, 71-C5
라마디 38-D2
라몬만 33-C3
라미아 57-J5
라바 35-E5
라바트 40-B1
라발 67-D1
라베 42-A3
라벤나 51-K4
라부안섬 33-A5
라부안 33-A5
라세이바 68-E4
라슈트 38-E1
라스베이거스 63-G4
라시오 32-B2
라싸 22-C3
라싸허 36-F3
라야산 34-D3
라에 31-F4
라에바렐리 36-D3
라오스 22-D4
라오투딩산 20-B2
라오핑 25-E6
라오허커우 24-C3
라왈핀디 36-B2
라용 32-C4
라우르켈라 36-D4
라웃섬 35-E3
라이 43-D4
라이가르 36-D4
라이간지 36-E3
라이베리아 40-B3
라이아테아 77-G4
라이양 24-F2
라이우 24-E2
라이저우만 24-E2
라이추르 37-C5
라이푸르 37-D4
라이프치히 52-F3
라인강 52-C3
라인 제도 77-G2
라인란트팔츠 51-H2
라자스탄 36-B3
라자팔라이얌 37-C7
라장강 34-D2
라지기야 38-C1
라지난드가온 37-D4
라지샤히 36-E4
라지스 71-D5
라지코트 36-B4
라치오 51-K5
라카인 32-A3
라크세 협만 46-G1
라크이라 56-E3
라킴푸르 36-D3
라타크 제도 76-E2
라투르 37-C5
라트비아 58-C4
라틀람 36-C4
라티나 56-E4
라프산잔 39-G2
라플라타 71-D6
라피 46-G2
라호르 36-B2
라힘야르칸 36-B3
락샤드위프 37-B6
락자 30-B2
락카 38-C1
란사로테섬 42-A2
란양시 27-C2
란저우 22-D2
란창강 22-D3
란치 36-E4
랄릿푸르 36-C4
람가르 36-B3
람바레네 42-D5
람빵 22-C4
람풍 34-B4
랍테프해 59-M2
랑그도크 지방 55-H1
랑그도크루씨옹 50-F5
랑카과 71-B6
랑카위섬 32-B5
랑팡 23-E2
래브라도 반도 62-J3
래브라도해 62-K3
래슨산 66-B3
랜싱 63-I4
랭스 51-G2
랭커스터 66-C5
랴오닝성 23-F1
랴오둥 반도 23-F2
랴오둥만 24-F1
랴오양 24-F1
랴오위안 23-F1
랴오청 24-D2
랴오허 24-F1
랴잔 58-D4
러산 22-D3
러시아 59-K3
러크나우 36-D3
러페이엇 68-D1
런던 49-H7
럼섬 48-D3
렁수이장 23-E3
레섬 50-D3
레가스피 33-C3
레겐스부르크 52-F4
레나강 59-M2
레닌산 61-L5
레닌스크 58-I4, 61-O2
레딩 49-H7
레로스섬 57-J6
레리자누 55-G5
레만호 52-C5
레바논 38-C2
레바르덴 52-B2
레버쿠젠 51-H1
레분섬 28-H2
레비아히헤도 제도 63-G5
레소토 40-D5
레스보스섬 57-L5
레스터 49-H6
레시스텐시아 71-D5
레온 54-D1
레와 36-D4
레와리 36-C3
레위니옹섬 41-F5
레이리아 54-B3
레이양 23-E3
레이저우 반도 22-D3
레이캬비크 46-A1
레이테섬 33-D4
레조에밀리아 51-J4
레조칼라브리아 56-F5
레흐강 51-J2
레히트알르알프스 산맥 52-E5
렉싱턴 67-A3
렌 50-D2
렌즈엔드곶 49-E8
롄윈강 23-E2
로곤강 43-D3
로그로뇨 54-E1
로더럼 49-H6
로데스섬 57-L6
로도피 산맥 57-K4
로드아일랜드 63-J4
로드하우섬 76-D5
로렌 52-C4
로마 56-E4
로마미강 43-E4
로메 40-C3
로몬드호 48-E4
로바니에미 46-G2
로비투 40-C4
로사리오 71-C6
로스해 81-B19

로스앤젤레스 63-G4
로스테케스 69-I5
로스토크 52-F1
로스토프나도누 58-D5
로시오리데베데 57-K2
로어호 66-B3
로어노크강 67-C3
로어언호 49-C5
로얼 67-E2
로열티 제도 76-E4
로이틀링겐 52-D4
로잔 51-H3
로조 63-J5
로지 53-I3
로체스터 63-I4
로칸호 46-G2
로크세우마웨 32-B5
로키 산맥 62-G4
로테르담 52-B3
로트강 50-E4
로티섬 35-F5
로포텐 제도 46-D1
로하 70-B3
론강 51-G4
론만 48-D4
론알프 51-G4
롤란드 52-E1
롤리 63-I4
롬바르디아 51-I4
롬복섬 35-E5
롬복 해협 35-D5
롭손산 62-G3
롭초스크 61-N2
롱만 67-C4
롱 비치 63-G4
롱섬 69-G3
롱수옌 32-D4
롱스피크산 63-G4
뢰네 47-D5, 53-G1
루가 47-H4
루마니아 57-J1
루벨스키에 53-K3
루보모 42-D5
루붐바시 40-D4
루블린 53-K3
루비호 66-D3
루사카 40-D5
루세 57-K3
루세나 30-D2
루손섬 33-C2
루손 해협 23-F4
루스타비 60-G4
루아르강 50-D3
루아페후산 75-C2
루아하이네 산맥 75-D3
루안다 40-C4
루알라바강 40-D4
루앙 50-E2
루웬조리 산맥 43-F4
루이빌 63-I4
루이스곶 48-D2
루이스섬 48-D3
루이안 25-F5
루이지애나 63-H4
루저우 22-D3
루턴 49-H7
루트 사막 39-G2
루펑 25-D6
룩셈부르크 52-C4
룩소르 41-E2
룩아웃곶 67-C4
룰레오 46-F2
룹알할리 사막 38-F4
룽옌 23-E3
룽장 26-B3
뤄디 23-E3
뤄마호 24-E3
뤄양 23-E2
뤄허 24-D3
뤼겐섬 47-D5
뤼도 27-C4
뤼베크 52-E2
류블랴나 56-F1
류안 23-E2
류저우 22-D3, 30-B
류판 산맥 22-D2
류판수이 22-D3
류헝도 25-F4
르망 50-E3
르아브르 50-E2
르완다 40-D4
리가만 47-F4
리가 47-G4
리강 25-C5
리구리아해 56-C3
리구리아 56-C2
리나파칸섬 33-B4
리나파칸 해협 33-B4
리냐리스 70-E4
리노 66-C4
리마 70-B4
리마솔 38-B2, 60-D6
리모주 50-E4
리무쟁 50-E4
리미니 56-E2
리버사이드 66-C5
리베 47-C5
리베레츠 53-G3
리벵게 43-D4
리보르노 56-D3
리브니크 53-I3
리브르빌 40-C3
리비아 사막 40-D2
리비아 40-D2
리비프 53-L4
리빈스크호 58-D4
리빈스크 60-E1
리빙스턴 40-D5
리수이 25-E4
리스본 54-B3
리시리섬 28-H2
리아우 제도 30-B4, 34-B2
리야드 38-E4
리에주 51-G1, 52-B3
리예카 56-F2
리오그란데 63-H5
리오밤바 70-B3
리옹만 51-G5
리옹 51-G4
리우데자네이루 71-E5
리저드곶 49-E8
리즈 49-G6
리지아나 62-H3
리치먼드 63-I4
리카시 43-E6
리투아니아 60-C1
리틀록 63-H4
리틀민치해 48-D3
리틀베리어섬 75-C2
리파리섬 56-F5
리파리 제도 56-F5
리페강 52-C3
리페츠크 58-D4
리히텐슈타인 52-D5
린디 43-F6
린샤 22-D2
린이 23-E2
린촨 23-E3
린최핑 47-D4
린칭 24-D2
린펀 23-E2
린하이 25-F4
린허 22-D1
릴 50-F1
릴레함메르 46-C3
릴룽궤 41-E4
림만 49-G8
림 47-C4
림노스섬 57-K5
림니쿨빌체아 57-K2
림포포강 41-E5
링가 제도 30-B4
링가옌만 33-C2
링컨 63-H4
링쾨빙 47-C4

ㅁ

마가트강 33-C2
마게뢰야 46-G1
마겔랑 34-C4
마그니토고르스크 58-F4
마그달레나강 70-B1
마그데부르크 52-E2
마나과 68-E5
마나도 35-G2
마나르만 37-C7
마나슬루 36-D3
마나쓰호 22-B1
마나우스 70-C3
마누스섬 31-F4
마누카우 75-C2
마니사 57-L5
마니살레스 70-B2
마니히키 제도 77-G3
마닐라만 33-C3
마닐라 33-C3
마다가스카르 41-F5
마다라 기사상 57-L3
마데이라강 70-D3
마두라섬 34-D4
마두라 해협 34-D4
마두라 30-C4
마두라이 37-C7
마드리드 54-E2
마디운 34-C4
마라냥 70-E3
마라뇬강 70-B3
마라디 40-C3
마라바 70-E3
마라위 33-D5
마라조섬 70-E3
마라카이 70-C1
마라카이보호 70-B2
마라카이보 63-J6
마라케시 40-B1
마루가메 29-D7
마루아 42-D3
마르가리타섬 69-J5
마르단 36-B2
마르델플라타 71-D6
마르마라섬 57-L4
마르마라해 57-L4
마르베야 54-D4
마르세유 51-G5
마르카 43-G4
마르케 56-E3
마르키즈 제도 77-H3
마르타반만 30-A2
마르타푸라 30-C4
마리 39-H1
마리갈랑트섬 69-J4
마리아나 제도 76-C1
마리아나 해구 76-C1
마리우포리 60-E3
마리차강 57-L4
마모레강 70-C4
마무 42-A3
마사틀란 63-G5
마산 21-F8
마세루 40-D5
마세이오 70-F3
마셜 제도 76-E2
마슈하드 39-G1
마스강 52-B3
마스바테섬 33-C3
마스카렌 제도 41-F5
마스크 42-D5
마스트리히트 52-B3
마시라섬 39-G4
마쓰모토 29-F6
마쓰야마 29-D8
마쓰에 29-D7
마안산 24-E4
마야과나섬 69-H3
마에바시 28-G6
마옌강 50-D3
마오 43-D3
마오라런춰 22-B2
마오밍 23-E3
마오케 산맥 31-E4
마오터우산 32-C2
마요르카 55-H3
마요트섬 41-F4
마욘 화산 31-D2, 33-C3
마우나로아 77-G1
마우이 77-G1
마운트레이니어 62-F3
마워폴스키에 53-J4
마이두구리 40-C3
마이멘싱 36-F4
마이미오 32-B2
마이소르 37-C6
마이애미 63-I5
마이코프 58-E5
마이트리 기지 81-B8
마인츠 52-D3
마자르이샤리프 39-I1
마젤란 해협 71-B8
마조비에츠키에 53-J2
마주로 76-E2
마쭈 열도 25-E5
마찰라 70-B3
마칭 24-D4
마칠리파트남 37-D5
마카사르 해협 30-C4
마카사르 30-C4
마카에 71-E5
마카오 23-E3, 30-C1
마칼루산 36-E3
마케니 42-A4
마케도니아 57-I4
마쿠르디 40-C3
마타디 40-C4
마타람 30-C4
마타로 55-H2
마타모로스 63-H5
마타우투 77-F3
마탄사스 63-I5
마터호른산 56-B2, 66-C2
마투그로수두술 70-D4
마투라 36-C3
마투린 69-J6
마푸토 41-E5
마하나디강 37-D4
마하라슈트라 37-C4
마하바드 38-E1
마하장가 41-F5
마하치칼라 58-E5
마하캄강 35-E3
마헤사나 36-B4
만섬 49-E5
만달고비 22-D1
만달레이 22-C3
만드사우르 36-C4
만드야 37-C6
만리장성 24-D1
만사니요 69-G3
만하임 52-D4
말기란 61-L4
말라가 54-D4
말라바르 해안 37-B6
말라보 40-C3
말라예르 38-E2
말라위호 41-E4
말라위 41-E4
말라티아 38-C1
말란르 43-D5
말랑 30-C4
말레가온 36-B4
말레이 반도 30-B4
말레이시아 30-C4
말로로스 33-C3
말루쿠 제도 31-D4
말루쿠해 31-D4
말루쿠 35-G3
말리 40-B2
말뫼 47-D5
맛좌레호 51-I4
망갈로르 37-B6
매니툴린섬 67-B1
매디슨 63-I4
매사추세츠 63-J4
매켄지강 62-F2
매켄지킹섬 80-A11
매콰리섬 81-C18
매킨리산 62-D2
맥머도 기지 81-A19
맨체스터 49-G6
먀오리현 27-C2
먀오리 27-B2
머더웰 48-F4
머리강 76-C5
머치슨강 78-B5
멀섬 48-E4
메갈라야 36-F3
메노르카섬 55-H2
메단 32-B6
메데인 63-I6
메디나 38-C4
메디니푸르 36-E4
메라피산 30-B4
메루산 41-E4
메르귀 군도 30-A2
메르귀 30-A2
메르신 38-B1
메리다 54-C3, 68-E3
메리르섬 31-E4
메리언호 67-B4
메릭산 48-F5
메린호 71-D6
메스 51-H2
메시나 해협 56-F6
메시나 56-F5
메이사 66-E5
메이저우 23-E3, 30-C1
메이크틸라 22-C3
메이허커우 26-C4
메인강 51-I2
메인 63-J3
메인랜드섬 48-H1
메젠강 58-E3
메카 38-C4
메캄보 42-D4
메켈레 38-C6
메콩강 30-B2
메클렌부르크포어포메른 52-F2
메클렌브루크만 47-C5
메타를람 39-J2
메테오라 57-I5
멕시칼리 63-G4
멕시코 고원 63-H5
멕시코만 63-I5
멕시코 시티 68-C4
멕시코 63-H5
멘다와이강 34-D3
멘데레스강 57-L6
멘도사 71-C6
멘도시노곶 66-A3
멜리야 54-E5
멜리토폴 60-E3
멜버른 76-C5
멜빌 반도 62-I2
멜빌섬 62-G1
멤피스 63-H4
모가디슈 41-F3
모나코 56-B3
모나코 제도 48-C3
모노호 66-C4
모데나 51-J4
모라다바드 36-C3
모라바강 53-H4
모라투와 37-C7
모레만 48-F3
모레나 36-C3
모로만 33-C5
모로니 41-E4
모로코 40-B1
모론 22-D1, 71-D6

모르홍산 26-C4
모리셔스 41-F5
모리오카 28-H5
모리타니 40-B2
모바예 43-E4
모빌 63-I4
모소로 70-F3
모술 38-D1, 60-F5
모스크바 58-D4
모스타가넴 40-C1
모스톨레스 54-E2
모슨 기지 81-B12
모울메인 30-A2
모잠비크 해협 41-E5
모잠비크 41-E5
모젤강 51-H1
모하비 사막 66-C5
모호크강 67-D2
목포 21-D9
몬 32-B3, 52-F1
몬로비아 40-B3
몬유와 22-C3
몬차 56-C2
몬치스클라루스 70-E4
몬태나 62-G3
몬터레이만 66-B4
몬터벨로 제도 78-B4
몬테네그로 57-H3
몬테레이 63-H5
몬테리아 69-G6, 70-B2
몬테비데오 71-D6
몬테성 56-G4
몬트리올 63-J3
몬트필리어 63-J4
몰데 46-B3
몰도바 57-M1
몰도베아누산 57-K2
몰리세 56-F4
몰타 56-F7
몸바사 41-E4
몹티 40-B3
몽고메리 63-I4
몽골 22-D1
몽블랑 51-H4
몽펠리에 50-F5
뫼레오그롬스달 46-B3
뫼즈강 51-G1
묀헨글라트바흐 52-C3
묘향산 20-D4
무단장 23-F1
무라센산 54-E4
무레시강 53-J5
무로란 28-H3
무로토곶 29-E8
무루로아환초 77-H4
무르갑강 39-H1
무르만스크 58-D3
무르시아 55-F4
무르와라 36-D4
무살라산 57-J3
무수단 20-G3
무스카트 39-G4
무스타거산 22-A2
무스헤드호 67-E1
무아라에님 34-A3
무이산 25-E5
무자파르나가르 36-C3
무자파르푸르 36-E3
무칼라 38-E6
무코지마 열도 29-H11
무타레 41-E5
무티하리 36-D3
문게르 36-E3
문두 42-D4
문팅루파 33-C3
물탄 36-B2
뭄바이 37-B5
뭐리츠호 52-F2
뮌스터 52-C3
뮌헨 52-E4
뮐러 산맥 34-D2
뮐루즈 51-H3
므실라 55-I5
믄타와이 제도 30-A4
믈라카 해협 30-B4
믈라카 34-A2
미국 63-H4
미나스제라이스 70-E4
미나하사 35-G2
미네소타 63-H3
미뉴강 54-B1
미니애폴리스 63-H4
미니코이섬 37-B7
미델부르흐 52-A3
미도 23-H2
미드호 66-D4
미들즈브러 49-H5
미디 운하 50-E5
미디피레네 50-E5
미르니 기지 81-B14
미르자푸르 22-B3
미르푸르카스 36-A3
미리 34-D1
미슈콜츠 53-J4
미스라타 40-D1
미시간호 63-I4
미시간 63-I4
미시소가 67-C2
미시시피강 63-H4
미시시피 63-I4
미아스 61-J2
미야기 28-H5
미야자키 29-C9
미야코노쇼우 29-C9
미얀마 30-A1
미에 29-F7
미주리강 63-H4
미주리 63-H4
미즈호 기지 81-B10
미첼산 67-B4
미켈리 47-G3
미코노스섬 57-K6
미크로네시아 76-D2
미크로네시아연방 76-D2
미토 30-B2
미틸리니 57-L5
민가오라 39-J2
민강 25-B4
민나 42-C4
민도로섬 33-C3
민도로 해협 33-C3
민스크 58-C4
민지안 32-B2
밀라노 56-C2
밀로스섬 57-K6
밀워키 63-I4
밀크강 66-E1
밀호호 38-D2

ㅂ

바고 32-B3
바그다드 38-D2
바글란 36-A1, 61-K5
바기오 33-C2
바나바섬 76-E3
바냐루카 56-G2
바누아투 76-E4
바뉴왕이 30-C4, 34-D5
바덴뷔르템베르크 52-D4
바덴제이해 52-B2
바도다라 36-B4
바드 기지 81-A23
바드쇠 46-H1
바라섬 48-D4
바라나시 36-D3
바라오 43-E3
바라이크 36-D3
바랏푸르 36-C3
바랑게르 반도 46-H1
바랑게르 협만 46-H1
바랑카베르메하 69-H6
바랑키야 63-J6
바레인 39-F3
바레일리 36-C3
바레투스 71-E5
바렌츠해 58-D2
바루치 36-B4
바룬우르트 23-E1
바르나 57-L3
바르나울 58-I4
바르날라 36-C2
바르민스코마즈리스키에 53-J2
바르바세나 71-E5
바르샤바 53-J2
바르셀로나 55-H2, 70-C1
바르키시메토 70-C1
바르타강 53-G2
바리 56-G4
바리나스 70-B2
바리산 산맥 34-A3
바리살 22-C3, 36-F4
바리토강 34-D3
바리파다 36-E4
바마코 40-B3
바멘다 42-D4
바미얀 계곡 39-I2
바바르 31-D4
바베이도스 69-K5
바벨투아프 31-E4
바부얀섬 33-C2
바부얀 해협 33-C2
바뷰얀 제도 33-C2
바사 47-F3
바세인 22-C4
바스 해협 76-C5
바스노르망디 50-D2
바스라 38-E2
바스크 54-E1
바스테르 69-J4
바스티 36-D3
바실리카타 56-G4
바알벡 38-C2
바야돌리드 54-D2
바야모 69-G3
바얀홍고르 22-D1
바예두파르 70-B1
바옌카라 산맥 22-C2
바오딩 23-E2
바오지 22-D2
바오터우 23-E1
바우나가르 36-B4
바우루 71-E5
바우치 40-C3
바운티 제도 77-E6
바이호 33-C3
바이다보 43-G4
바이사도 27-A3
바이산 26-C4
바이아 제도 68-E4
바이아 70-E4
바이아마레 53-K5
바이아블랑카 71-C6
바이인 22-D2
바이청 23-F1
바이칼호 59-K4
바젤 52-C5
바커우 57-L1
바콜로드 33-C4
바쿠 58-E5
바쿠바 38-D2
바타스섬 33-B4
바탄섬 33-C1
바탄 제도 23-F3
바탐섬 34-B2
바탐방 30-B2, 32-C4
바투다나우 34-D1
바투미 58-E5
바투파핫 34-A2
바트나이외쿠틀 46-B1
바트남 38-D1
바티칸 56-E4
바프쌈 42-D4
바핑강 40-B3
바하마 제도 63-I5
바하마 69-G3
바하왈푸르 36-B3
바헤이라스 70-E4
바흐타란 38-E2
박리에우 32-D5
반호 38-D1
반 38-D1
반다해 31-D4
반다 36-D3
반다르스리브가완 30-C4
반다르아바스 39-G3
반다아체 32-B5
반둔두 43-D5
반둥 34-B4
반디르마 57-L4
반자르마신 30-C4
반줄 40-A3
반타 47-G3
반텐 34-B4
반포라 42-B3
발강 52-B3
발다이 구릉 58-D4
발데스 반도 71-C7
발디비아 71-B6
발라바크섬 33-B4
발라바크 해협 33-B5
발라코보 60-G2
발레다오스타 51-H4
발레라 70-B2
발레쉬와르 36-E4
발레아레스 제도 55-G3
발레아레스 55-H3
발레이오 66-B4
발레타 시가지 56-F7
발레타 56-F7
발렌시아만 55-G3
발렌시아 55-F3, 70-C1
발리섬 34-D5
발리해 34-E4
발리 30-C4
발리아 36-D3
발리케시르 57-L5
발릭파판 35-E3
발브지흐 53-H3
발스곶 31-E4
발칸 반도 57-K3
발트해 47-E4
발티 60-C3
발파라이소 71-B6
발하슈호 58-H5
발하슈 58-H5
밤바리 36-E4
밧카 58-E4
방가쓰 36-E4
방가이 군도 35-F3
방갈로르 37-C6
방갈푸르 22-B3, 36-E3
방게드 33-C2
방글라데시 22-C3
방기섬 33-B5
방기 40-D3
방카섬 30-B4
방카벨리퉁 30-B4
방콕 32-C4
방쿠라 36-E4
배로곶 62-D2
배로섬 78-B4
배로 80-B14
배서스트섬 62-H1
배스카통호 67-D1
배턴루지 63-H4, 68-D1
배핀만 62-J2
배핀섬 62-J2
백강 62-H2
백나일강 41-E2
백두산 20-F1
백령도 27-B6
백해 58-D3
밴쿠버섬 62-F3
밴쿠버 62-F3
밸러니 제도 81-B18
밸리캐슬 48-D5
뱅크스 반도 75-C3
뱅크스섬 62-F2
뱅크스호 66-C2
버몬트 63-J4
버뮤다 제도 63-J4
버밍엄 49-G7, 63-I4
버지니아 63-I4
버클리 66-B4
버펄로 67-C2
번시 23-F1
벙부 23-E2
베가오얀 47-C2
베구라섬 28-F6
베냉 40-C3
베네른호 47-D4
베네수엘라만 63-J6
베네수엘라 70-C2
베네치아 석호 56-E2
베네치아 56-E2
베누에강 40-C3
베니 43-E4
베니수에프 38-B3
베니얼호 26-A3
베닌시티 42-C4
베라강 52-E3
베라크루스 63-H5
베레즈니키 58-F4
베로나 56-D2
베르가모 51-I4
베르겐 47-B3
베르기나 유적 57-J4
베르기슈글라트바흐 52-C3
베르니나 51-I3
베르데곶 40-A3
베르베라 41-F3
베르사유 50-F2
베르투아 42-D4
베르호얀스크 산맥 59-N3
베른 51-H3
베를린 52-F2
베름란드 47-D4
베리 제도 69-G2
베링해 59-S3
베링 해협 59-S3
베샤르 40-B1
베스테로스 47-E4
베스테롤렌 제도 46-D1
베스테르노를란드 46-E3
베스테르보덴 46-E2
베스트라이타랑드 47-D4
베스트만란드 47-E4
베스트아그데르 47-B4
베스트폴 47-C4
베어호 66-E3
베오그라드 57-I2
베이가 46-C2
베이간탕도 25-E5
베이난주산 27-B3
베이다우산 27-B4
베이라 41-E5
베이류 32-E2
베이안 23-F1, 26-C2
베이와르 36-B3
베이질던 49-I7
베이징 23-E2
베이징스토크 49-H7
베이커섬 77-F2
베이커스필드 66-C5
베이퍄오 24-F1
베이하이 22-D3
베일라 42-B4
베자 54-C3
베자이아 55-I4
베저강 52-D2
베카시 34-B4
베케슈초보 53-J5
베테른호 47-D4
베트남 30-B2
베티아 36-D3
벡시외 47-D4
벤네비스산 48-E4
벤로워즈산 48-F4

벤리네스산 · · · 48-F3
벤맥두이산 · · · 48-F3
벤모어산 · · · · 48-E4
벤투라 · · · · · 66-C5
벨가움 · · · · · 37-B5
벨고로트 · · · · 58-D4
벨기에 · · · · · 52-B3
벨덴 · · · · · · 66-B3
벨라리 · · · · · 37-C5
벨라우스 · · · · 80-C2
벨렝 · · · · · · 70-E3
벨로루시 · · · · 58-C4
벨로르 · · · · · 37-C6
벨리즈 · · 63-I5, 68-E4
벨린초나 · · · · · 51-I3
벨모판 · · · · · 68-E4
벨파스트 · · · · 49-E5
벳푸 · · · · · · 29-C8
벵가지 · · · · · 40-D1
벵겔라 · · · · · · 40-C4
벵골만 · · · · · 37-E5
벽동 · · · · · · 20-C3
보 · · · · · · · 42-A4
보고르 · · · · · 30-B4
보고타 · · · · · 70-B2
보길도 · · · · · 21-D9
보네만 · · · · · 30-D4
보네르섬 · · · · · 69-I5
보니파시오 해협 56-C4
보덴섬 · · · · · 80-A11
보덴호 · · · · · · 51-I3
보라봉 · · · · · 66-D2
보령 · · · · · · · 21-D7
보로네 · · · · · 58-D4
보루제르드 · · · 38-E2
보르네오섬(칼리만탄) · · 30-C3
보르도 · · · · · 50-D4
보르지부아레리지 · 55-I4
보르쿰섬 · · · · 52-C2
보른홀름 해협 · 47-D5
보른홀름 · · · · 47-D5
보마 · · · · · · 42-D5
보보디울라소 · · 40-B3
보브루이스크 · · 60-C2
보산스키노비 · · 56-G2
보상고아 · · · · 43-D4
보스니아헤르체고비나 · · 57-H2
보스턴 · · · · · 63-J4
보스토크 기지 · 81-A15
보스포루스 해협 57-M4
보아비스타 · · · 70-C2
보우강 · · · · · 62-G3
보이보디나 평원 · 57-I2
보이시 · · · · · 63-G4
보저우 · · · · · 24-D3
보주 산맥 · · · 51-H2
보츠와나 · · · · 40-D5
보트니아만 · · · 47-E3
보퍼트해 · · · · 62-E2
보하이 해협 · · 24-F2
보하이 · · · · · 24-F2
보현산 · · · · · · 21-F7
보홀섬 · · · · · 33-D4
보홀해 · · · · · 33-D4
본곶 · · · · · · 56-D6
본 · · · · · · · 52-C3
본머스 · · · · · 49-G8
볼가강 · · · · · 60-G3
볼가탕가 · · · · 42-B3
볼고그라드 · · · 58-E5
볼고돈스크 · · · 60-F3
볼로그 58-D4, 60-E1
볼로냐 · · · · · · 51-J4
볼로뉴비양쿠르 · 50-F2
볼로톤호 · · · · 53-H5
볼리비아 · · · · 70-C4
볼시스키 · · · · 58-E5
볼타강 · · · · · 42-C4
볼타호 · · · · · 40-C3
볼턴 · · · · · · 49-G6
볼티모어 · · · · · 63-I4
볼프스부르크 · · 52-E2
봉고르 · · · · · 43-D3
부건빌섬 · · · · 76-D3
부니아 · · · · · 43-F4
부다운 · · · · · 36-C3
부다페스트 · · · · 53-I5
부라이다 · · · · 38-D3
부란푸르 · · · · 37-C4
부레야 · · · · · 26-D2
부루섬 · · · · · 31-D4
부룬디 · · · · · 40-D4
부르가스 · · · · 57-L3
부르겐란트 · · · 53-H5
부르고뉴 · · · · 51-G3
부르고스 · · · · 54-E1
부르사 · · · · · 57-M4
부르주 · · · · · 50-F3
부르키나파소 · · 40-B3
부른푸르 · · · · 36-E4
부리람 · · · · · 32-C4
부리아스섬 · · · 33-C3
부바네스와르 · · 37-E4
부사다 · · · · · · 55-I5
부산 · · · · · · 21-G8
부수앙가섬 · · · 33-C3
부스케루 · · · · 47-C3
부시르 · · · · · 39-F3
부아르 · · · · · 43-D4
부아케 · · · · · 40-B3
부에나벤투라 · · 70-B2
부에노스아이레스 71-D6
부온마투옷 · · · 30-B2
부원산 · · · · · · 24-F1
부이르호 · · · · · 23-E1
부저우 · · · · · 57-L2
부줌부라 · · · · 40-D4
부지 · · · · · · 36-A4
부천 · · · · · · 21-D6
부카라망가 · · · 63-J6
부카부 · · · · · 40-D4
부쿠레슈티 · · · 57-L2
부탄 · · · · · · 22-C3
부투안 · · · · · 31-D4
부트린티 · · · · · 57-I5
부퍼탈 · · · · · · 51-H1
부하라 · · 58-G6, 61-J5
북섬 · · · · · · 75-C2
북극점 · · · · · 80-A3
북극해 · · · · · 80-A16
북드비나강 · · · 58-E3
북마리아나 제도 76-C1
북서고지 · · · · 48-E3
북수백산 · · · · 20-E3
북수크섬 · · · · 33-B4
북스마트라 · · · 32-B6
북스포라데스 제도 57-J5
북아일랜드 · · · 49-D5
북안다만섬 · · · 32-A4
북에게 · · · · · 57-K5
북프리지아 제도 47-C5
북한산 · · · · · 21-D6
북해 · · · · · · 52-B1
불가리아 · · · · 57-K3
불라와요 · · · · 40-D5
붕따우 · · · · · 30-B2
뷔르츠부르크 · · 52-D4
뷰캐넌 · · · · · 42-A4
브라가 · · · · · 54-B2
브라간사 · · · · 54-C2
브라마푸르 · · · 37-D5
브라마푸트라강 · 36-E4
브라쇼브 · · · · 57-K2
브라운슈바이크 · 52-E2
브라이턴 · · · · 49-H8
브라자빌 40-D4, 43-D5
브라질 고원 · · 70-E4
브라질 · · · · · 70-D3
브라질리아 · · · 70-E4
브라츠크 · · · · 59-K4
브라치섬 · · · · 56-G3
브라티슬라바 · · 53-H4
브란겔랴섬 · · · 59-S2
브란덴부르크 · · 52-F2
브래드퍼드 · · · 49-G6
브랸스크 · · · · 58-D4
브러일라 · · · · 57-L2
브레겐츠 · · · · 52-D5
브레다 · · · · · 52-B3
브레머하펜 · · · 52-D2
브레멘 · · · · · 52-D2
브레스트 50-B2, 60-B2
브레시아 · · · · 56-D2
브레이다 협만 · 46-A1
브레타뉴 · · · · 50-C2
브렌네르 고개 · 52-E5
브로츨라프 · · · 53-H3
브로켄산 · · · · 52-E3
브루게 · · · · · 50-F1
브루나이 · · · · 30-C4
브루스 반도 · · · 67-B1
브뤼셀 · · · · · 52-B3
브르셀의라그랑플라스 · · · 51-G1
브리스틀만 · · · 62-D3
브리스틀 해협 · 49-F7
브리스틀 · · · · 49-G7
브리즈번 · · · · 76-D4
브리지타운 · · · 63-K6
브리지포트 · · · 67-D2
브리티시컬럼비아 62-F3
블라고베셴스크 · 59-M4
블라디미르 · · · 58-E4
블라디보스토크 · 59-N5
블랙록 사막 · · 66-C3
블랙번 · · · · · 49-G6
블랙풀 · · · · · 49-F6
블랜코곶 · · · · 66-A3
블랜타이어 · · · 41-E5
블랜헤임 · · · · 75-C3
블레킹에 · · · · 47-D4
블로츨라베크 · · · 53-I2
블루 산맥 · · · 66-C2
블루마운틴산 · · 69-G4
블룸폰테인 · · · 40-D5
붕쿨루 · · · · · 30-B4
비고 · · · · · · 54-B1
비금도 · · · · · 21-C9
비드고슈치 · · · · 53-I2
비라트나가르 · · 22-B3
비르 · · · · · · 37-C5
비르잔드 · · · · 39-G2
비르카와호브가르엔 · · · 47-E4
비마강 · · · · · 37-C5
비버섬 · · · · · 67-A1
비사얀해 · · · · 33-C4
비사우 · · · · · 40-A3
비샤카파트남 · · 37-D5
비세우 · · · · · 54-C2
비슈케크 · · · · 58-H5
비스마르크 제도 76-D3
비스마르크해 · · · 31-F4
비스바덴 · · · · 52-D3
비스뷔 · · · · · 47-E4
비스와강 · · · · 60-B2
비스케이만 · · · 50-C4
비스툴라강 · · · 53-J2
비슬리그 · · · · 33-D4
비아나두카스텔루 54-B2
비알리스토크 · · 60-B2
비야비센시오 · · 69-H7
비야아예스 · · · 73-B3
비야에르묘사 · · 68-D4
비에드마호 · · · · 71-B7
비에르셰바 · · · 38-B2
비엔강 · · · · · 50-E3
비엔티안 · · · · 22-D4
비엔호아 · · · · 30-B2
비엘스코비알라 · · 53-I4
비엘코폴스키에 · 53-H2
비오코섬 · · · · 42-C4
비와호 · · · · · 29-E7
비자야와다 · · · 37-D5
비제르테 · · · · 40-C1
비즈마크 · · · · 63-H3
비지아나그람 · · 36-D5
비차다강 · · · · · 69-I7
비첸차 · · · · · 56-D2
비치곶 · · · · · · 49-I8
비카네르 · · · · 36-B3
비키니섬 · · · · 76-E2
비킨 · · · · · · 26-E3
비터루트 산맥 · 66-D2
비토리아 · · · · 54-E1
비토리아다콩키스타 · · · 70-E4
비톰 · · · · · · · 53-I3
비퉁 · · · · · · 35-G2
비티레부섬 · · · 77-E4
비하르샤리프 · · 36-E3
비하리 · · · · · 39-J2
빅스모키밸리 · · 66-C4
빅토리아 랜드 · 81-B18
빅토리아산 · · · · 31-F4
빅토리아섬 · · · 62-G2
빅토리아호 · · · 41-E4
빅토리아 · 41-F4, 56-F6, 62-F3
빅토리아데라스투나스 · · 69-G3
빅파인 · · · · · 69-F3
빈 · · · · · · · 53-H4
빈니차 · · · · · 60-C3
빈롱 · · · · · · 32-D4
빈자이 · · · · · 32-B6
빈저우 · · · · · 24-E2
빈코브치 · · · · 57-H2
빈탄섬 · · · · · 34-B2
빈툴루 · · · · · 34-D2
빈트후크 · · · · 40-D5
빌뉴스 · · · · · 58-C4
빌라스푸르 · · · 36-D4
빌라헤알 · · · · 54-C2
빌렌느강 · · · · 50-D3
빌뢰르반 · · · · 51-G4
빌류이강 · · · · 59-M3
빌리톤섬 · · · · 30-B4
빌바오 · · · · · 54-E1
빌와라 · · · · · 36-B3
빌헬름산 · · · · · 31-F4
뻴래이꾸 · · · · 30-B2

ㅅ

사가 · · · · · · 29-C8
사가르 · · · · · 36-C4
사가잉 · · · · · 32-B1
사나에Ⅳ 기지 · · 81-B7
사난다지 · · · · 38-E1
사니치 · · · · · 66-B1
사도섬 · · · · · 28-G5
사도 해협 · · · 28-G6
사라고사 · · · · 55-F2
사라마티산 · · · 30-A1
사라예보 · · · · 57-H3
사라왁 · · · · · 34-D2
사라토프 · · · · 58-E4
사란가니만 · · · 33-D5
사란가니섬 · · · 33-D5
사란스크 · · · · 58-E4
사량도 · · · · · · 21-F9
사레마섬 · · · · 47-F4
사르 · · · · · · 43-D4
사르고다 · · · · 36-B2
사르데냐섬 · · · 56-C4
사르데냐 · · · · 56-C5
사르크섬 · · · · 50-C2
사르트강 · · · · 50-E2
사르프스보르 · · 47-C4
사리수강 · · · · 61-K3
사리원 · · · · · 20-C5
사마나키 · · · · 69-H3
사마라 · · · · · 58-F4
사마르섬 · · · · 31-D2
사마르칸트 · · · 58-G6
사마린다 · · · · 35-E3
사마와 · · · · · 38-E2
사모스섬 · · · · 57-L6
사모아 제도 · · 77-F3
사모아 · · · · · 77-F3
사모트라키섬 · · 57-K4
사무이섬 · · · · 32-C5
사뭇쁘라깐 · · · 32-C4
사밀란드 · · · · 46-G1
사바 · · · 35-E1, 43-D2
사바델 · · · · · 55-H2
사베강 · · · · · 55-G1
사부해 · · · · · 31-D4
사브제바르 · · · 39-G1
사사리 · · · · · 56-C4
사세보 · · · · · 29-B8
사쓰난 제도 · · 23-F3
사쓰마센다이 · · 29-C9
사얀 산맥 · · · 59-J4
사오관 · · · · · 23-E3
사오싱 · · · · · 23-F3
사오양 · · · · · 23-E3
사와이마도푸르 · 37-C3
사우디아라비아 · 38-D4
사우리모 · · · · 43-E5
사우바도르 · · · 70-F4
사우샘프턴섬 · · · 62-I2
사우샘프턴 · · · 49-H8
사우스다코타 · · 63-H4
사우스랜드 · · · 75-A4
사우스벤드 · · · 67-A2
사우스샌드위치 제도 · · · 81-C6
사우스샌드위치 해구 · · 81-C6
사우스서스캐처원강 · · · 62-G3
사우스셰틀랜드 제도 · · · 81-B3
사우스엔드온해 · · · · · · 49-I7
사우스오스트레일리아 · · 76-C4
사우스오크니 제도 81-B4
사우스이스트섬 · · 48-D3
사우스조지아 · · · 71-F8
사우스캐롤라이나 · 63-I4
사우스포트 · · · 49-F6
사우하지 · · · · 38-B3
사울라이 · · · · 47-F5
사이다 · · · · · 38-C2
사이드푸르 · · · 36-E3
사이마호 · · · · 47-G3
사이타마 · · · · 29-G7
사이판 · · · · · 76-C1
사카타 · · · · · 28-G5
사케즈 · · · · · 38-E1
사키시마 제도 · · 31-D1
사타라 · · · · · 37-B5
사투마레 · · · · 53-K5
사트나 · · · · · 36-D4
사프란볼루시 · · 60-D4
사피 · · · · · · 40-B1
사하라 사막 · · 40-C2
사하란푸르 · · · 36-C3
사할린섬 · · · · 23-H1
사할린 · · · · · 59-O4
사허 · · · · · · 24-D2
산다칸 · · · · · 33-B5
산둥 반도 · · · 23-F2
산둥성 · · · · · 23-E2
산라파엘 · · · · 71-C6
산루이스 · · · · 71-C6
산루이스오콜로라도 · · 66-D5
산루이스포토시 · 68-H5
산마리노 · · · · 56-E3
산마티아스만 · · · 71-C7
산미겔 · · · · · 68-E5
산미겔데투쿠만 · 71-C5
산미겔리토 · · · 69-G6
산살바도르섬 · · 69-H3
산살바도르 · · · 68-E5
산살바도르데후후이 · · · 71-C5
산세바스티안 · · · 55-F1
산시성 · · · · · 23-E2
산안토니오 · · · 68-C2
산웨이 · · · · · 25-D6
산카를로스 · · · 33-C3
산크리스토발 · · 69-H6, 70-B2
산타렝 54-B3, 70-D3
산타로사 · · · · 71-C6
산타루시아 산맥 66-B4
산타마르타 · · · 70-B1

산타마리아 71-D5
산타아나 68-E5
산타카타리나 71-D5
산타크루스 제도 76-E3
산타크루스 70-C4
산타클라라 69-G3
산타페 71-C6
산탄데르 54-E1
산터우 23-E3, 30-C1
산토도밍고 69-I4
산토안토니오 42-C4
산티강 67-C4
산티아고데로스카발레로스 69-H4
산티아고데콤포스텔라 54-B1
산티아고데쿠바 69-G3
산티아고델에스테로 71-C5
산파블로 30-D2
산페드로술라 68-E4
산페르난도 33-C2
산페르난도데아푸레 70-C2
산호해 76-D3
산호르헤만 71-C7
산호세 68-F6
산후안 69-I4
살라도강 68-B2
살라망카 54-D2
살라티가 34-C4
살랄라 39-F5
살랑 고개 39-I1
살레르노 56-F4
살렘 37-C6
살르우르파 60-E5
살리나스 66-B4
살윈강 30-A2
살타 71-C5
살토 71-D6
삼발푸르 37-D4
삼순 60-E4
삽시도 21-D7
삿포로 28-H3
상글리 37-B5
상라오 23-E3
상루이스 70-E3
상추 24-D3
상태도 21-D9
상투메섬 42-C4
상투메 40-C3
상투메프린시페 40-C3
상트르 50-E3
상트페테르부르크 58-D4
상파울루 71-E5
상프랑시스쿠강 70-F3
상하이 23-F2
상하이시 23-F2
새기노만 67-B2
새너제이 63-F4, 66-B4
새먼강 66-D2
새스커툰 62-G3
새크라멘토강 66-B4
새크라멘토 63-F4
샌데이섬 48-G2
샌디에이고 63-G4
샌러펠 산맥 66-C5
샌버나디노 66-C5
샌클러멘티섬 66-C5
샌클러멘티 66-C5
샌타로자섬 66-B5
샌타로자 66-B4
샌타바버라 해협 66-B5
샌타캐탈리나섬 66-C5
샌타크루즈섬 66-C5
샌타페이 63-G4
샌트럴 산맥 33-C2
샌프란시스코 63-F4
샌환강 66-E4
생드니 41-F5
생루이 42-A3
생말로만 50-C2
생테티엔 51-G4
샤랑트강 50-D4
샤르자 39-G3
샤르코르드 39-F2
샤를루아 51-G1
샤리강 43-D3
샤먼 23-E3
샤모니몽블랑 56-B2
샤알람 34-A2
샤오간 24-D4
샤오란여 27-C5
샤오우 23-E3
샤이엔 63-H4
샤자한푸르 36-C3
샤페코 71-D5
샨 32-B2
샬럿 63-I4
샬럿타운 63-J3
샬롱앙샹파뉴 51-G2, 52-B4
샹강 25-D5
샹탄 23-E3
샹파뉴 50-G2
샹파뉴아르덴 52-B4
샹판 23-E2, 24-D3
섀스타산 63-F4
섀스타호 66-B3
섐플레인호 67-D1
서고츠 산맥 37-B5
서그랑데르그 사막 42-C1
서그리스 57-I5
서니베일 66-B4
서던알프스 산맥 75-B3
서던쿡 제도 77-G4
서드베리 63-I3, 67-B1
서리 66-B1
서마케도니아 57-I4
서머싯섬 62-H2
서배너 63-I4, 68-F1
서사하라 40-B2
서산 21-D7
서스캐처원강 62-H3
서스캐처원 62-G3
서시베리아 저지 58-H3
서울 21-D6
서틀레지강 36-B3
서프리지아 제도 52-B2
선덜랜드 48-H5
선양 23-F1
선전 30-C1
설라이나섬 56-F5
설악산 20-F5
성남 21-E6
세게드 57-I1
세구 40-B3
세냐섬 46-E1
세네갈강 40-A2
세네갈 40-B3
세도나이카이 29-D8
세렘반 34-A2
세르강 50-E3
세르비아 57-I3
세르비아몬테네그로 57-I2
세르지페 70-F4
세르토겐보스 52-B3
세리포스섬 57-K6
세메이 58-I4
세바스토폴 60-D4
세번 산맥 50-F4
세베로드빈스크 58-D3
세베르나야제믈랴 제도 59-J1
세부섬 33-C4
세부 33-C4
세비야 54-D4
세이셸 41-F4
세인트로렌스 63-J3, 67-D1
세인트로렌스만 63-J3
세인트로렌스섬 62-C2
세인트루시아 63-J6, 70-C1
세인트루이스섬 42-A3
세인트루이스 63-H4
세인트빈센트그레나딘 69-J5
세인트조지 해협 49-D7
세인트조지스 69-J5
세인트존스 69-J4
세인트캐서린스 67-C2
세인트키츠네비스 69-J4
세인트킬다섬 49-C3
세인트폴 63-H4
세인트피터즈버그 68-F2
세인트헬레나섬 40-B5
세인트헬렌스 49-G6
세일럼 62-F4
세케슈페헤르바르 53-I5
세투발 54-B3
세틀먼트 34-B5
세티프 55-I4
세피크 76-C3
섹사르드 53-I5
센강 50-E2
센만 50-D2
센다이 28-H5
센카쿠 제도 23-F3
셀랑고르 34-A2
셀렘자강 26-D1
셀렝가강 22-D1
셀론강 62-H2
셀리프강 55-G4
셈난 39-F1
셰르기 염호 55-H5
셰틀랜드 제도 48-G1
센닝 25-D4
센양 22-D2
센타오 23-E2
셀란섬 47-C5
셀리프강 55-G4
소노라 사막 66-D5
소니코바르섬 32-A5
소니파트 36-C3
소로카바 71-E5
소롱 31-E4
소말리아 41-F3
소백산 21-F7
소백산맥 21-E7
소브라우 70-E3
소시에테 제도 77-G4
소안다만섬 32-A4
소앤틸리스 제도 69-J5
소야곶 28-H2
소야 해협 28-I2
소우후암 29-H10
소치 58-D5
소코데 42-C4
소코로섬 63-G5
소코토 40-C3
소피아 57-J3
소흑산도 21-C9
속리산 21-E7
손강 36-D4, 51-G3
손소롤 제도 31-E4
솔로강 34-D4
솔로몬 제도 76-D3
솔리캄스크 58-F4
솔웨이만 49-F5
솔턴호 66-D5
솔트레이크시티 63-G4
솜보텔리 53-H5
송게아 43-F6
송나피오르덴 협만 47-B3
송노피오라네 47-B3
송다강 30-B1
송림 20-C5
송위안 23-F1
송클라 32-C5
송야산 26-D3
송청 26-C3
쇠데르만란드 47-E4
쇠뢰위아섬 46-F1
쇠르트뢰넬라그 46-C3
쇼숀 산맥 66-C4
쇼와 기지 81-B10
숄고토랸 53-I4
숄라푸르 37-C5
수누라지디바루미니 56-C5
수단 40-E3
수라바야 30-C4
수라카르타 30-C4
수라타니 32-B5
수라트 37-B4
수르구트 58-H3
수르트 43-D1
수리남 70-D2
수마트라섬 30-B4, 32-B6
수마트라슬라탄 34-B3
수미 60-D2
수바 77-E4
수보티차 57-H1
수스 56-D7
수에즈만 38-B3
수에즈 운하 38-B2
수에즈 38-B3
수원 21-E6
수카부미 34-B4
수쿠르 36-A3
수크레 70-C4
수크아라스 56-B6
수폴스 63-H4
수하르 39-G4
순다 해협 30-B4
순위도 21-C6
순천 21-E9
술라웨시섬 35-F3
술라웨시해 31-D4
술라웨시 30-D4
술라웨시슬라탄 35-E3
술라웨시우타라 35-F2
술라웨시 가라 35-F3
술라웨시아 35-F3
술라이마니야 38-E1
술라이만 산맥 36-A3
술루 제도 33-C5
술루해 33-C4
숨바섬 35-E5
숨바와섬 30-C4
쉐산 산맥 27-C2
쉐산 27-C2
쉬안청 24-E4
쉬안화 24-D1
쉬저우 23-E2
쉬창 23-E2
쉰강 23-E3
슈구란산 27-C3
슈난 29-C7
슈리브포트 63-H4
슈바르츠발트 51-I2
슈바비셰알프 산맥 52-D4
슈반도르프 51-K2
슈베린 52-E2
슈비드니차 53-H3
슈체친 53-G2
슈코더르호 57-H3
슈쿰비니강 57-H4
슈타른베르거호 52-E5
슈타이어마르크 53-G5
슈투트가르트 52-D4
슈피리어호 63-I3
스구르모어산 48-E3
스내펠산 49-F5
스네이크강 62-G3
스노든산 49-F6
스뇌헤타산 47-C3
스니온 57-K6
스라산 해협 34-C2
스람섬 31-D4
스랑 30-B4
스레드니 산맥 59-P4
스리나가르 37-B2
스리랑카 37-D7
스리자야와르데네푸라 37-C7
스리카쿨람 37-D5
스마랑 30-C4
스메루산 34-D5
스모키 산맥 66-D3
스몰렌스크 58-D4
스발바르 제도 58-C2
스서우 25-D4
스스 25-E5
스엔 23-E2
스와니강 67-B5
스와질란드 41-E5
스완지 49-F7
스웨덴 47-D3
스위스 51-I3
스윈던 49-G7
스자좡 23-E2
스즈곶 28-F6
스쭈이산 24-B2
스카버러섬 33-B3
스카이섬 48-D3
스칸디나비아 반도 46-E2
스켈리그마이켈 49-A7
스코트 기지 81-A19
스코틀랜드 48-F4
스코페 57-I4
스코펠산 49-F5
스코펠로스섬 57-J5
스키로스섬 57-K5
스키아토스섬 57-J5
스킥다 56-B6
스타노보이 산맥 59-M4
스타라자고라 57-K3
스타르가르트슈체치니스키 53-G2
스타리오스콜 60-E2
스타방게르 47-B4
스타벅섬 77-G3
스타브로폴 60-F3
스타트곶 49-F8
스탐퍼드 67-D2
스테를리타마크 61-I2
스테펀슨섬 62-G2
스토크온트렌트 49-G6
스톡턴 49-H5
스톡포트 49-G6
스톡홀름 47-E4
스톤턴 67-C3
스튜어트섬 75-A4
스트라스부르 52-C4
스트론세이섬 48-G2
스트롬니스 48-F2
스트롬볼리산 56-F5
스트롬볼리섬 56-F5
스팍스 40-C1
스페이강 48-F3
스포캔 62-G3
스프링필드 63-I4
스플리트 56-G3
스화네르 산지 34-D3
슬라우 49-H7
슬레이브강 62-G2
슬로바키아 53-I4
시가 29-F7
시강 30-C1
시나이 반도 38-B3
시닝 22-D2
시더래피스 63-H4
시드니 76-D5
시드라만 40-D1
시디벨아베스 55-F5
시라즈 39-F3
시라카미 산지 28-H4
시라쿠사 56-F6
시랴오허 26-B4
시레토코곶 28-J2
시레토코 28-J3
시레트강 57-L1
시론스키에 53-I3
시르다리야강 58-G5
시르사 36-C3
시리아 사막 38-C2
시리아 60-E5
시린하오터 23-E1
시마네 29-D7
시모가 37-C6
시모노세키 29-C8
시미섬 57-L6
시바스 60-E5
시베레크 38-C1
시보쓰섬 28-K3
시부 34-C2
시부얀섬 33-C3
시부트 43-D4

시브푸리 · · · · 36-C3
시비우 · · · · · 57-K2
시샤 군도 · · · 30-C2
시샤팡마봉 · · · 36-E3
시아르가오섬 · · 33-D4
시안 · · 22-D2, 24-C3
시알코트 · · · · 36-B2
시애틀 · · · · · 62-F3
시에고데아빌라 · 69-G3
시에라네바다 산맥 54-E4, 66-B4
시에라데가타 산맥 54-C2
시에라데과다라마 산맥 · · 54-E2
시에라리온 · · · 40-B3
시에라모레나 산맥 54-D3
시엔푸에고스 · · 69-F3
시오노곶 · · · 29-E8
시우다드과야나 69-J6, 70-C2
시우다드델리시아스 · · · 68-A2
시우다드델카르멘 68-D4
시우다드볼리바르 70-C2
시우다드빅토리아 68-H5
시우다드오브레곤 63-G5
시우다드후아레스 63-G4
시이르트 · · · · 38-D1
시장강 · · · · · 25-D6
시즈란 · · · · · 60-G2
시즈오카 · · · · 29-G7
시짱자치구 · · · 22-B2
시창 · · · · · · 22-D3
시칠리아섬 · · · 56-E5
시칠리아 해협 · 56-E6
시칠리아 · · · · 56-E6
시카고 · · · · · 63-I4
시카르 · · · · · 36-C3
시카르푸르 · · · 36-A3
시카소 · · · · · 40-B3
시코단섬 · · · · 23-H1
시코쿠 · · · · · 29-D8
시키노스섬 · · · 57-K5
시킴 · · · · · · 36-E3
시타푸르 · · · · 36-D3
시텐무산 · · · · 25-E4
시트웨 · · · · · 22-C3
시프노스섬 · · · 57-K6
시호테알린 산맥 23-G1
시호테알린 · · · 28-E2
식팁카르 58-F3, 80-B24
신미도 · · · · · 20-B4
신샹 · · · · · · 23-E2
신셀레호 · · · · 70-B2
신시내티 · · · · 63-I4
신양 · · · · · · 23-E2
신의주 · · · · · 20-B3
신장웨이우얼자치구 22-B1
신저우 · · · · · 24-D2
신주 · · · · · · 23-F3
신주현 · · · · · 27-C2
신지 · · · · · · 24-D2
신지도 · · · · · 21-D9
신타이 · · · · · 24-E3
신후이 · · · · · 25-D6
실롱 · · · 22-C3, 32-A1
실리 제도 · · · 49-D8
실리구리 · · · · 22-B3
실리안호 · · · · 47-D3
실차르 · · · · · 22-C3
실카강 · · · · · 59-L4
실헤트 · · · · · 36-F4
심라 · · · · · · 22-A2
심코호 · · · · · 67-C1
심페로폴 · · · · 60-D4
심플론 고개 · · 56-C1
싱가포르 · · · · 30-B4
싱구강 · · · · · 70-D3
싱이 · · · · · · 22-D3
싱청 · · · · · · 26-B4
싱카왕 · · · · · 34-C2
싱카이호 · · · · 26-E3
싱타이 · · · · · 23-E2
싱화 · · · · · · 24-E3
싼댜오자오 · · · 27-C1
싼먼만 · · · · · 25-F4
싼먼샤 · · · · · 23-E2
싼밍 · · · · · · 23-E3
싼수이 · · · · · 25-D6
싼야 · · · · · · 22-D4
써린춰 · · · · · 22-B2
쑤이닝 · · · · · 22-D2
쑤이셴 · · · · · 23-E2
쑤이저우 · · · · 24-D4
쑤이화 · · · · · 23-F1
쑤자툰 · · · · · 20-A2
쑤저우 · · · · · 24-E3
쑤첸 · · · · · · 24-E3
쑹화강 · · · · · 23-F1
쓰 · · · · · · · 29-F7
쓰가루 해협 · · 28-H4
쓰루오카 · · · · 28-G5
쓰시마섬 · · · · 29-B7
쓰야마 · · · · · 29-E7
쓰찬성 · · · · · 22-D2
쓰치우라 · · · · 29-H6
쓰핑 · · · · · · 26-C4

ㅇ

아가냐 · · · · · · 31-F2
아가디르 · · · · 40-B1
아가르탈라 · · · 36-F4
아가테스 · · · · 42-C3
아구산강 · · · · 33-D4
아궁산 · · · · · 34-D5
아그라 · · · · · 36-C3
아그리한섬 · · · 31-F2
아나더한 · · · · 31-F2
아나폴리스 67-C3, 70-E4
아난타푸르 · · · 37-C6
아남바스 제도 · 34-B2
아넘곶 · · · · · 76-C3
아넘랜드 · · · · 76-B3
아네토산 · · · · 55-G1
아니마칭봉 · · · 22-C2
아다나 · · · · · 60-E5
아다파자리 · · · 60-D4
아덴 · · · · · · 38-E6
아도니 · · · · · 37-C5
아도에키티 · · · 42-C4
아두르강 · · · · 55-F1
아두르 · · · · · 50-D5
아드리아해 · · · 56-F3
아드리아 · · · · 51-K4
아디스아바바 · · 41-E3
아디야만 · · · · 38-C1
아디제강 · · · · 56-D2
아딜라바드 · · · 37-C5
아라 · · 22-B3, 36-D3
아라곤 · · · · · 55-F2
아라구아이나 · · 70-E3
아라구아이아강 · 70-E3
아라드 · · 53-J5, 57-I1
아라라트산 · · · 60-F5
아라비아해 · · · 39-H5
아라비아반도 · · 38-D4
아라샤투바 · · · 71-D5
아라스강 · · · · 38-E1
아라우카강 · · · 69-I6
아라카주 · · · · 70-F4
아라칸 산맥 · · 22-C3
아라크 · · · · · 38-E2
아라푸라해 · · · 31-E4
아라피라카 · · · 70-F3
아랄해 · · · · · 58-F5
아랍에미리트 · · 39-F4
아랜섬 · · · · · 49-E4
아러타이 · · · · 22-B1
아레강 · · · · · 52-C5
아레키파 · · · · 70-B4
아렌달 · · · · · 47-C4
아루 제도 · · · 31-E4
아루나찰프라데쉬 22-C3
아루샤 · · · · · 43-F5
아르군강 · · · · 59-L4
아르노강 · · · · 56-D3
아르데빌 · · · · 38-E1
아르마비르 · · · 60-F4
아르메니아 · · · 58-E5, 70-B2
아르코나곶 · · · 52-F1
아르한겔스크 · · 58-E3
아르험 · · · · · 52-B3
아르헨티나 · · · 71-C6
아를 · · · · · · 51-G5
아리산 산맥 · · 27-B3
아리카 · · · · · 70-B4
아마다바드 · · · 36-B4
아마드나가르 · · 37-B5
아마드푸르이스트 36-B3
아마라 · · · · · 38-E2
아마미 · · · · · 23-F3
아마조나스강 · · 70-D3
아마조나스 · · · 70-C3
아마쿠사 제도 · 29-C8
아마쿠사 · · · · 29-C8
아마파 · · · · · 70-D2
아말피타나 해안 56-F4
아모르고스섬 · · 57-K6
아무다리야 58-F5, 61-I4
아문센만 · · · · 62-F2, 80-B12
아문센해 · · · · 81-B24
아문센스코트 기지 81-A9
아미란테 제도 · 41-F4
아미앵 · · · · · 50-F2
아바 · · · · · · 42-C4
아바나 · · · · · 68-F3
아바단 · · · · · 38-E2
아바야호 · · · · 43-F4
아바즈 · · · · · 38-E2
아바칸 · · · · · 58-J4
아베난마 제도 · 47-F3
아베셰 · · · · · 43-E3
아베이루 · · · · 54-B2
아보롤란 · · · · 33-B4
아보타바드 · · · 36-B2
아보하르 · · · · 36-B2
아부다비 · · · · 39-F4
아부자 · · · · · 40-C3
아브루초 · · · · 56-F3
아브하 · · · · · 38-D5
아비장 · · · · · 40-B3
아사다바드 · · · 36-B2
아사히카와 · · · 28-I3
아산만 · · · · · 21-D7
아삼 · · · · · · 36-F3
아선 · · · · · · 52-C2
아소산 · · · · · 29-C8
아수에로 반도 · 69-F6
아순시온 · · · · 71-D5
아슈르 · · · · · 38-D1
아슈하바트 · · · 58-F6
아스마라 · · · · 41-E2
아스완 · · · · · 41-E2
아스타나 · · · · 58-H4
아스트라한 · · · 58-E5
아스피링산 · · · 75-B4
아시우트 · · · · 41-E2
아시카가 · · · · 29-G6
아야쿠초 · · · · 70-B4
아얼진 산맥 · · 22-B2
아오모리 · · · · 28-H4
아오스타 · · · · 51-H4
아와지섬 · · · · 29-E7
아우랑가바드 · · 37-C5
아우바리 · · · · 42-D2
아우크스부르크 · 52-E4
아우터헤브리디스 48-C3
아이다호 · · · · 63-G4
아이딘 · · · · · 57-L6
아이르 고원 · · 42-C3
아이슬란드 · · · 46-B1
아이언브리지 계곡 49-G6
아이오와 · · · · 63-H4
아이자울 · · · · 22-C3
아이젠슈타트 · · 53-H5
아이즈와카마쓰 · 28-G6
아이치 · · · · · 29-F7
아이티 · · · · · 69-H4
아일랜드만 · · · 33-B4
아일랜드섬 · · · 49-C6
아일랜드 · · · · 49-C6
아일레섬 · · · · 48-D4
아잠가르 · · · · 36-D3
아제르바이잔 · · 58-E5
아조프해 · · · · 60-E3
아지다비야 · · · 43-E1
아지메르 · · · · 36-B3
아칭 · · · · · · 23-F1
아체 · · · · · · 32-B6
아치커쿠러호 · · 36-E1
아친스크 · · · · 58-J4
아카바만 · · · · 38-B3
아카테펙트데모렐로스 · · 68-C4
아카풀코데후아레스 · · 68-C4
아칸소강 · · · · 63-H4
아칸소 · · · · · 63-H4
아커메이치터 · · 36-C1
아커쑤 · · · · · 22-B1
아케르스후스 · · 47-C4
아콜라 · · · · · 37-C4
아콩카과산 · · · 71-B6
아쿠레 · · · · · 42-C4
아크라 · · · · · 40-B3
아크리 · · · · · 70-B3
아크주지트 · · · 42-A3
아크타우 · · · · 60-H4
아크테베 · · · · 58-F4
아클린스섬 · · · 69-H3
아키타 · · · · · 28-H5
아키텐 · · · · · 50-D4
아타라우 · · · · 58-F5
아타르 · · · · · 42-A2
아테네 · · · · · 57-J6
아테네의 아크로폴리스 · · 57-J6
아토스산 · · · · 57-K4
아트레크강 · · · 39-G1
아틀라스 산맥 · 40-B1
아티 · · · · · · 43-D3
아티카 · · · · · 57-J5
아펜니노 산맥 · · 51-J5, 56-D3
아펠도른 · · · · 52-B2
아포산 · · · · · 33-D5
아푸리막강 · · · 70-B4
아프가니스탄 · · 39-I2
아피아 · · · · · 77-F3
아하가르 고원 · 40-C2
아헨 · · · · · · 52-C3
악사라이 · · · · 38-B1
안가라스크 · · · 59-K4
안나바 · · · · · 40-C1
안나자프 · · · · 38-D2
안나푸르나봉 · · 22-B3
안남 산맥 · · · 32-D3
안닝 · · · · · · 22-D3
안다 · · · · · · 26-C3
안다만 제도 · · 30-A2
안다만해 · · · · 30-A2
안달루시아 · · · 54-D4
안데스 산맥 · · 71-C5
안도라 · · · · · 55-G1
안도라라베야 · · 55-G1
안동 · · · · · · 21-F7
안동호 · · · · · 21-F7
안되이 · · · · · 46-D1
안드로스섬 · · · 57-K6, 69-G3
안디잔 · · · · · 61-L4
안디키디라섬 · · 57-J7
안마도 · · · · · 21-D8
안면도 · · · · · 21-D7
안산 · · · · · · 21-D6
안순 · · · · · · 22-D3
안주 · · · · · · 20-C4
안추 · · · · · · 24-E2
안치라베 · · · · 41-F5
안칭 · · · · · · 23-E2
안캉 · · · · · · 22-D2
안코나 · · · · · 56-E3
안타나나리보 · · 41-F5
안타키아 · · · · 38-C1
안탈리아 · · · · 60-D5
안토파가스타 · · 71-B5
안티과섬 · · · · 69-J4
안티구아시 · · · 68-D5
안후이성 · · · · 23-E2
알다브라섬 · · · 41-F4
알단강 · · · · · 59-N3
알단 고원 · · · 59-N4
알라고아스 · · · 70-F4
알라지오나스 · · 70-F4
알라하바드 · · · 36-D3
알라후엘라 · · · 68-F6
알래스카만 · · · 62-E3
알래스카 반도 · 62-D3
알래스카 산맥 · 62-D2
알래스카 · · · · 62-D2
알러강 · · · · · 52-D2
알레포 · · · · · 60-E5
알레피 · · · · · 37-C7
알렉산더섬 · · · 81-B3
알렉산더 제도 · 62-F3
알렉산드리아 · · 40-D1
알로르세타르 · · 32-C5
알류샨 열도 · · 62-C3
알리가르 · · · · 36-C3
알리칸테 · · · · 55-F3
알마티 · · · · · 61-M4
알만수라 · · · · 38-B2
알메리아만 · · · 54-E4
알메리아 · · · · 54-E4
알무바라즈 · · · 38-E3
알미나곶 · · · · 54-D5
알미니아 · · · · 38-B3
알바니아 · · · · 57-I4
알바세테 · · · · 55-F3
알베로벨로의 트룰리 · · · 56-G4
알보랑섬 · · · · 54-E5
알아인 · · · · · 39-G4
알와르 · · · · · 36-C3
알자스 · · · · · 51-H2
알자우프 · · · · 43-E2
알제 · · · · · · 40-C1
알제리아 · · · · 56-B7
알주네이나 · · · 43-E3
알주바일 · · · · 38-E3
알카미즐리 · · · 38-D1
알칼라데에나레스 54-E2
알코르곤 · · · · 54-E2
알쿠트 · · · · · 38-E2
알타이 산맥 · · 22-C1
알타이 · · · · · 22-C1
알파시르 · · · · 40-D3
알파이윰 · · · · 38-B3
알팔루자 · · · · 38-D2
알프스 산맥 · · 51-J3
알하자카 · · · · 60-F5
알헤시라스 · · · 54-D4
알후푸프 · · · · 38-E3
알힐라 · · · · · 38-D2
암라바티 · · · · 37-C4
암리차르 · · · · 36-B2
암만 · · · · · · 38-C2
암바토 · · · · · 70-B3
암발라 · · · · · 36-C2
암본 · · · · · · 31-D4
암브레곶 · · · · 41-F4
암스테르담 · · · 52-B2
암태도 · · · · · 21-D9
암티만 · · · · · 43-E3
압록강 · · · · · 26-C4
앗바라강 · · · · 38-B5
앗바라 · · · · · 41-E2
앗타이프 · · · · 38-D4
앙가라강 · · · · 59-J4
앙골라 · · · · · 40-D4
앙그렌 · · · · · 61-L4
앙글렘산 · · · · 75-A4
앙길라섬 · · · · 60-J4
앙제 · · · · · · 50-D3
앙카라 · · · · · 60-D5
앙헬레스 · · · · 33-C3

애들레이드 76-C5
애란 제도 49-B6
애리조나 63-G4
애머릴로 63-H4
애버딘 48-G3
애서배스카강 62-G3
애서배스카호 62-G3
애선스 67-B4
애크런 67-B2
애투섬 62-B3
애틀랜타 63-I4
애팔래치만 68-F2
애팔래치아 산맥 67-C3
애팔래치콜라강 67-A5
앤아버 67-B2
앤트워프 52-B3
앤티가바부다 69-J4
앤티코스티섬 63-J3
앨라배마 63-I4
앨런타운 67-D2
앨버커키 63-G4
앨버타 62-G3
앨버트 나일강 43-F4
앨버트산 63-G4
앵강 51-G3, 52-B5
앵글시섬 49-F6
앵커리지 62-E2
야나강 59-N2
야렌 76-E3
야로슬라블 58-D4
야루짱부강 22-C3
야마가타 28-H5
야마구치 29-C7
야마나시 29-G7
야말 반도 58-H2
야무나강 36-D3
야무나나가르 36-C2
야무수크로 40-B3
야블로노비 산맥 59-L4
야쓰시로 29-C8
야안 22-D3
야에야마 열도 23-F3
야운데 40-C3
야커스 23-F1, 26-B2
야쿠시마섬 29-C9
야쿠츠크 59-M3, 80-B19
야프 31-E2
얀마옌섬 80-B4
얌비오 43-E4
양강도 20-F2
양곤 22-C4
양메이 27-C2
양장 30-C1
양저우 23-E2
양저우융취 22-C3
양춘 25-C6
양취안 23-E2
어날래스카섬 62-C3
어란비 25-F6
어링호 22-C2
어센션섬 40-B4
어얼둬쓰 22-D2
어저우 25-D4
어청도 21-C7
어퍼호 66-B3
어퍼클래머스호 66-B3
얼다오강 26-C4
에가디 제도 56-E5
에게해 57-K5
에게르 53-J5
에그먼트곶 75-C2
에네디 고원 43-E3
에누구 40-C3
에니웨탁 환초 76-E2
에데아 42-D4
에드먼턴 62-G3
에디르네 57-L4
에로드 37-C6
에르모시요 63-G5
에르주룸 60-F5
에르진잔 60-E5
에르츠 산맥 52-F3
에를랑겐 52-E4
에리모미곶 28-I4
에리트레아 41-E2
에미쿠시산 40-D2
에밀리아로마냐 56-D2
에베레스트산 22-B3
에센 52-C3
에스메랄다스 70-B2
에스컨디도 66-C5
에스키민 22-B1
에스키셰히르 60-D5
에스토니아 47-G4
에스파냐 54-E2
에스파한 39-F2
에어호 76-C4
에어푸르트 52-E3
에올리아섬 56-F5
에우스트아그데르 47-C4
에이셀호 52-B2
에인트호번 52-B3
에잇디그리 해협 37-B7
에타와 36-C3
에토로후섬 59-O5
에트나산 56-F5
에티오피아 41-E3
에히메 29-D8
엑서터 49-F8
엑스앙프로방스 51-G5
엑스트레마두라 54-C3
엔강 50-F2
엔다비 랜드 81-B11
엘도레트 43-F5
엘라지 38-C1
엘루루 37-D5
엘리스타 60-F3
엘바섬 56-D3
엘베강 52-E2
엘부르즈 산맥 39-F1
엘브루스산 58-E5
엘블롱그 53-I1
엘살바도르 68-E5
엘아이운 40-B2
엘오베이드 41-E3
엘즈미어섬 62-I1
엘체 55-F3
엘티그레 70-C2
엘호드나호 55-I5
엠스강 52-C2
여서도 21-D10
여수 21-E9
영국 48-G5
영국해협 49-F8
영종도 21-D6
영주 21-F7
영흥도 21-D6
예니세이강 58-I3
예레반 58-E5
예루살렘 38-C2
예멘 38-E5
예블레보리 47-E3
예이다 55-G2
예즈드 39-F2
예카테린부르크 58-G4
예키바스투스 61-M2
예테보리 47-C4
옌겔스 58-E4
옌안 24-C2
옌지 23-F1
옌청 23-F2
옌타이 23-F2
옐섬 48-H1
옐레츠 60-E2
옐로나이프 62-G2
옐로스톤호 66-E2
옘틀란드 46-D3
오가사하라 제도 29-H11
오거스타 63-J4
오그곶 50-D2
오그보모쇼 42-C4
오네가강 58-D3
오네가호 58-D3
오노미치 29-D7
오논강 23-E1
오니차 42-C4
오다와라 29-G7
오대산 21-F6
오데르강 53-G2
오데사 58-D5
오덴세 47-C5
오디엔 42-B4
오라데아 53-J5
오라이 36-C3
오란 40-B1
오랄 58-F4
오렌부르크 58-F4
오렌지강 40-D5
오룔 58-D4
오루로 70-C4
오르모크 31-D2
오르스크 58-F4
오르차 계곡 56-D3
오르테갈곶 54-C1
오르혼강 22-D1
오르후스 47-C4
오른강 50-D2
오를레앙 50-E3
오리건 62-F4
오리노코강 70-C2
오리사바 68-C4
오마에곶 29-G7
오마하 63-H4
오만만 39-G4
오만 39-G4
오무타 21-H10
오버외스터라이히 52-F4
오베르뉴 50-F4
오보 43-E4
오브라치나야산 23-G1
오비 강 58-G3, 61-N1
오비만 58-H3
오비 31-D4
오비히로 28-I3
오사카 29-E7
오샤와 67-C2
오션사이드 66-C5
오소리노산 71-B7
오소르노 71-B7
오쇼그보 42-C4
오슈 61-L4
오스나브뤼크 52-D2
오스마니예 60-E5
오스미 제도 29-C9
오스트라바 53-I4
오스트레일리아 76-C4
오스트리아 56-F1
오스틴 63-H4
오슬로 협만 47-C4
오슬로 80-C3
오시마섬 29-B10
오쓰 29-E7
오아후 77-G1
오악사카데후아레스 68-C4
오에노섬 77-I4
오엠 42-D4
오울루 46-G2
오워 42-C4
오위히강 66-C3
오이타 29-C8
오카라 36-B2
오카반고강 40-D5
오카야마 29-D7
오쿠시리섬 28-G3
오크니 제도 48-G2
오클라호마 시티 63-H4
오클라호마 63-H4
오클랜드 제도 76-E6
오클랜드 75-C2
오키 제도 29-D6
오키나와섬 29-B11
오키노에라부섬 29-B11
오키초비호 69-F2
오타와 63-I3
오트노르망디 50-E2
오트란토 해협 57-H4
오펜바흐 52-D3
오폴레 53-H3
오플란 47-C3
오하이오강 63-I4
오하이오 63-I4
오호츠크해 59-P4
오흐리드 지역 57-I4
오흐리드스코호 57-I4
옥스퍼드 49-H7
온두라스 68-E5
온슐로만 67-C4
온타리오호 63-I4
온타리오 63-I3
올긴 69-G3
올더니섬 50-C2
올덤 49-G6
올덴부르크 52-D2
올란드 제도 47-E3
올랜도 69-F2
올레뇨크강 59-L3
올레롱 섬 50-D4
올로모우츠 53-H4
올롱가포 33-C3
올림포스산 57-J4
올림푸스산 66-B2
올림피아 62-F3
올마릭 61-K4
올버니강 62-I3
올버니 63-J4
올슈틴 53-J2
올트강 57-K2
옴두르만 41-E2
옴스크 58-H4
옹골 37-D5
와 36-B2
와가두구 40-B3
와나카호 75-B4
와단 42-D2
와드 메다니 41-E3
와랑갈 37-C5
와우 43-E4
와이구야 42-B3
와이싼딩저우 27-B3
와이오밍 66-E3
와이타키강 75-B4
와이트섬 49-H8
와카야마 29-E7
와카티푸호 75-B4
와팡뎬 26-B5
완다 산맥 26-D3
완도 21-D9
왓퍼드 49-H7
외나로도 21-E9
외레브로 47-D4
외스트폴 47-C4
욀란드섬 47-E4
요나고 29-D7
요나구니섬 23-F3
요론섬 29-B11
요르단 38-C2
요시카르올라 58-E4
요코스카 29-G7
요코테 28-H5
요코하마 29-G7
요크곶 76-C3
요크 49-H6
요하네스버그 40-D5
욕야카르타 30-C4
욕지도 21-F9
욧카이치 29-F7
용인 21-E6
용커스 67-D2
우간다 41-E3
우나이자 38-D3
우다이푸르 36-B4
우돈타니 22-D4
우디피 37-B6
우란우라호 36-F2
우란하오터 23-F1
우랄강 60-H3
우랄 산맥 58-F3
우루과이 71-D6
우루과이강 71-D6
우루과이아나 71-D5
우루무치 22-B1, 58-I5
우르겐치 61-J4
우르미아 38-E1
우마우카 협곡 71-C5
우메강 46-E2
우메오 46-F3
우방기강 40-D3
우베 21-I10
우베라다 70-E4
우베를란지아 70-E4
우본랏차타니 30-B2
우브수호 22-C1
우브수호 분지 58-J4
우수리강 23-G1
우수리강 59-N5
우수리스크 23-G1
우쉐 25-D4
우스터 67-E2
우스티나드라벰 53-G3
우스티유르트 고원 58-F5
우스티카섬 56-E5
우시 23-F2
우쓰노미야 28-G6
우아누코 70-B3
우아즈강 50-F2
우암보 40-D4
우앙카요 70-B4
우엘레강 40-D3
우엘바 54-C4
우웨이 22-D2
우이 산맥 25-E5
우이도 21-C9
우자인 36-C4
우저우 23-E3
우즈베키스탄 58-G5
우즈산 32-E3
우즈호로드 53-K4
우창 26-C3, 28-A2
우카얄리강 70-B3
우크라이나 58-C5
우타란찰 36-C2
우타르프라데시 36-D3
우타이산 24-D2
우파 58-F4
우하이 24-B2
우한 23-E2
우후 23-E2
우흐타 58-F3
울란바토르 22-D1
울란우데 59-K4
울런공 76-D5
울름 51-I2
울릉도 21-H6
울리아스타이 22-C1
울리야놉스크 58-E4
울마 55-I4
울버햄프턴 49-G6
울산 21-G8
움브리아 56-E3
움에르라사스 38-C2
웁살라 47-E4
워딩 49-H8
워딩턴산 62-F3
워시만 49-I6
워싱턴산 67-E1
워싱턴 63-I4
워커호 66-C4
워터베리 67-D2
원덩 24-F2
원산 20-E4
원저우 23-F3
원주 21-E6
월리스푸투나 제도 77-F3
월솔 49-G6
월악산 21-F7
월출산 21-D9
웨들해 81-B5
웨소 42-D4
웨스턴오스트레일리아 76-B4
웨스트레이섬 49-F2

웨스트버지니아 · · 63-I4
웨스트코스트 · · 75-B3
웨양 · · · · · · 23-E3
웨이난 · · · · · 24-C3
웨이산호 · · · · 24-E3
웨이코 · · · · · 68-C1
웨이크섬 · · · · · 76-E1
웨이팡 · · · · · 23-E2
웨이하이 · · · · 24-F2
웨일스 · · · · · 49-F6
웨타르섬 · · · · 35-G4
웨타르 · · · · · 31-D4
웰링턴섬 · · · · 71-B7
웰링턴 · · · · · 75-C3
위강 · · · · · · 25-C6
위니퍼고시스호 · 62-H3
위니펙호 · · · · 62-H3
위니펙 · · · · · 62-H3
위도 · · · · · · 21-D8
위룽쉐산 · · · · 32-C1
위린 · · 25-C6, 32-E2
위산 산맥 · · · 27-B3
위산 · · · · · · 27-B3
위수 · · · · · · 22-C2
위안강 · · · · · 22-D3
위야오 · · · · · 23-F2
위제 · · · · · · 43-D5
위치토 · · · · · 63-H4
위트레흐트 · · · 52-B2
윈난성 · · · · · 22-D3
윈드강 · · · · · 66-E3
윈드워드 해협 · 69-H4
윈스턴세일럼 · · 67-B3
윈청 · · · · · · 24-C3
윌래멋강 · · · · 66-B2
윌크스 랜드 · · 81-B15
유강 · · · · · · 32-E2
유이봉 · · · · · 22-B1
유즈노사할린스크 23-H1
유진 · · · · · · 62-F4
유카탄 반도 · · 68-E4
유카탄 해협 · · 68-E3
유콘강 · · · · · 62-D2
유타호 · · · · · 66-E3
유타 · · · · · · 63-G4
유프라테스강 · · 38-D2
융안 · · · · · · 25-E5
융캉 · · · · · · 27-B3
융프라우산 · · · 51-H3
은구루 · · · · · 40-C3
은델레 · · · · · 43-E4
은자메나 · · · · 40-D3
은제레코레 · · · 42-B4
음바바네 · · · · 41-E5
음바이키 · · · · 43-D4
음반다카 · · · · 40-D3
음반자콩고 · · · 42-D5
음베야 · · · · · 41-E4
음부지마이 · · · 40-D4
음완자 · · · · · 41-E4
음웨루호 · · · · 40-D4
음트와라 · · · · 43-G6
응가운데레 · · · 40-C3
의정부 · · · · · 21-E6
이나리호 · · · · 46-G1
이남바네 · · · · 41-E5
이누보곶 · · · · 29-H7
이니리다강 · · · 69-I7
이닝 · · · · · · 22-B1
이다 · · · · · · 29-F7
이드푸 · · · · · 38-B4
이라와디강 · · · 32-B3
이라와디 · · · · 32-A3
이라크 · · · · · 38-D2
이라클리온 · · · 57-K7
이란 · · · · · · 39-F2
이람 · · · · · · 38-E2
이르비드 · · · · 38-C2
이르빌 · · · · · 38-D1
이르쿠츠크 · · · 59-K4
이르티시강 · · · 58-G3
이리호 · · · · · 63-I4
이리 · · · · · · 67-B2
이링가 · · · · · 43-F5
이마바리 · · · · 29-D7
이바노보 · · · · 60-F1
이바노프란코프스크 · · · 60-B3
이바단 · · · · · 40-C3
이바라키 · · · · 28-H6
이브리 · · · · · 39-G4
이비사섬 · · · · 55-G3
이비자섬 · · · · 55-G3
이빈 · · 22-D3, 25-B4
이사하야 · · · · 29-C8
이세 · · · · · · 29-F7
이스라엘 · · · · 38-B2
이스마일리아 · · 38-B2
이스켄데룬 · · · 60-E5
이스키아섬 · · · 56-F4
이스탄불 · · · · 57-M4
이스트라 · · · · 56-E2
이스트런던 · · · 40-D6
이스트메인강 · · 62-J3
이스트본 · · · · 49-I8
이스파르타 · · · 38-B1
이스피리투산투 · 71-F4
이슬라마바드 · · 36-B2
이시가키 · · · · 23-F3
이시노마키 · · · 28-H5
이시로 · · · · · 40-D3
이시카와 · · · · 28-F6
이시크쿨호 · · · 22-A1
이심강 · · · · · 58-G4
이양 · · · · · · 23-E3
이오니아 제도 · · 57-I5
이오니아해 · · · 57-H5
이오스섬 · · · · 57-K6
이오안니나 · · · 57-I5
이와쿠니 · · · · 29-D7
이와키 · · · · · 28-H6
이와테 · · · · · 28-H5
이정 · · · · · · 24-E3
이제르강 · · · · 51-G4
이젭스크 · · · · 58-F4
이즈 제도 · · · 29-G7
이즈모 · · · · · 29-D7
이즈미르 · · · · 57-L5
이집트 · · · · · 40-D2
이찬칼라 · · · · 61-J4
이창 · · · · · · 23-E2
이춘 · · · · · · 26-D3
이츠쿠시마 신사 29-D7
이치노세키 · · · 28-H5
이카 · · · · · · 70-B4
이카르이트 · · · 80-B8
이카리아섬 · · · 57-L6
이키섬 · · · · · 29-B8
이키 수도 · · · 21-G10
이키케 · · · · · 71-B5
이키토스 · · · · 70-B3
이타부나 · · · · 70-F4
이타자이 · · · · 71-E5
이타키섬 · · · · 57-I5
이탈리아 · · · · 56-D3
이파칭가 · · · · 70-E4
이포 · · · · · · 30-B4
이피로스 · · · · 57-I5
이화원 · · · · · 24-E2
익산 · · · · · · 21-D8
인강 · · · · · · 52-F4
인너헤브리디스 · 48-D4
인달스강 · · · · 46-E3
인더스강 · · · · 39-I4
인도 · · · · · · 36-C4
인도네시아 · · · 30-C4
인도르 · · · · · 36-C4
인도양 · · · · · 39-I6
인도차이나 · · · 30-B2
인디기르카강 · · 59-O2
인디애나 · · · · 63-I4
인디애나폴리스 · · 63-I4
인버카길 · · · · 75-B4
인스브루크 · · · 52-E5
인천 · · · · · · 21-D6
인찬 · · · · · · 22-D2
일강 · · · · · · 66-A3
일드프랑스 · · · 50-F2
일러강 · · · · · 52-E4
일레보 · · · · · 40-D4
일로린 · · · · · 40-C3
일로일로 · · · · 31-D2
일루서라섬 · · · 69-G2
일리강 · · · · · 22-A1
일리노이 · · · · 63-I4
일본 · · · · · · 29-F7
일본 해구 · · · 29-I9
임자도 · · · · · 21-D8
임진강 · · · · · 21-D6
임팔 · · · · · · 22-C3
임페라트리스 · · 70-E3
입브 · · · · · · 38-D6
입스위치 · · · · 49-I7
잉골슈타트 · · · 52-E4
잉청 · · · · · · 24-D4
잉커우 · · · · · 23-F1
잉탄 · · · · · · 25-E4

ㅈ

자가지그 · · · · 38-B2
자강도 · · · · · 20-D3
자그레브 · · · · 56-F2
자그로스 산맥 · 39-F2
자금성 · · · · · 24-E2
자란툰 · · · · · 23-F1
자롱 · · · · · · 39-F3
자르브뤼켄 · · · 52-C4
자리아 · · · · · 42-C3
자링강 · · · · · 22-D2
자마메 · · · · · 41-E3
자메이카 · · · · 69-G4
자무쓰 · · · · · 23-G1
자발푸르 · · · · 36-C4
자볼 · · · · · · 39-H2
자싱 · · · · · · 23-F2
자야산 · · · · · 31-E4
자오둥 · · · · · 26-C3
자오위안 · · · · 24-F2
자오저우 · · · · 24-F2
자오쭤 · · · · · 23-E2
자오칭 · · · · · 25-D6
자오퉁 · · · · · 22-D3
자오허 · · · · · 26-C4
자와섬 · · · · · 30-B4
자와해 · · · · · 30-B4
자와바랏 · · · · 34-B4
자와아 · · · · · 34-C4
자와티무르 · · · 34-D5
자운푸르 · · · · 36-D3
자은도 · · · · · 21-D9
자이 · · · · · · 23-F3
자이산호 · · · · 22-B1
자이푸르 · · · · 36-C3
자이현 · · · · · 27-B3
자카르타 · · · · 30-B4
자코바바드 · · · 36-A3
자킨토스섬 · · · 57-I6
자포로제 · · · · 58-D5
자푸라강 · · · · 70-C3
자프나 · · · · · 37-D7
자헤단 · · · · · 39-H3
자호드노포모르스키에 · · 53-G2
작센 · · · · · · 52-F3
잔시 · · · · · · 36-C3
잔잔 · · · · · · 38-E1
잔장 · · · · · · 23-E3
잔지바르섬 · · · 43-F5
잔지바르 · · · · 41-E4
잘가온 · · · · · 37-C4
잘란다르 · · · · 36-C2
잘랄라바드 · · · 36-B2
잘러우 · · · · · 53-K5
잘레강 · · · · · 52-E3
잘루이트섬 · · · 76-E2
잘츠기터 · · · · 52-E2
잘츠부르크 · · · 52-F5
잠나가르 · · · · 36-B4
잠무 · · · · · · 36-B2
잠무카슈미르 · · 36-C2
잠베즈강 · · · · 41-E5
잠비 · · · · · · 30-B4
잠비아 40-D4, 43-E6
잠셰드푸르 · · · 36-E4
장먼 · · · · · · 25-D6
장사다르 · · · · 36-B2
장산곶 · · · · · 20-B5
장시성 · · · · · 23-E3
장쑤성 · · · · · 23-E2
장유 · · · · · · 22-D2
장인 · · · · · · 24-F4
장자커우 · · · · 23-E1
장저우 · · · · · 23-E3
장진강 · · · · · 20-E2
장진호 · · · · · 20-E3
장추 · · · · · · 24-E2
장화 · · · · · · 23-F3
잭슨 · · · · · · 63-H4
잭슨빌 · · · · · 63-I4
저우커우 · · · · 24-D3
저장성 · · · · · 23-F3
저지섬 · · · · · 50-C2
적도기니아 · · · 42-D4
전라남도 · · · · 21-E9
전라북도 · · · · 21-E8
전장 · · · · · · 23-E2
전주 · · · · · · 21-E8
절룽 · · · · · · 76-C5
정읍 · · · · · · 21-D8
정저우 · · · · · 23-E2
제너럴산토스 · · 33-D5
제노바 · · · · · 51-I4
제니차 · · · · · 57-G2
제믈랴프란차이오시파 제도 58-F1
제서우 · · · · · 24-D3
제야강 · · · · · 26-D1
제임스만 · · · · 62-I3
제주 · · · · · · 21-D10
제주도 · · · · · 21-D10
제주해협 · · · · 21-D10
제천 · · · · · · 21-F6
제키에 · · · · · 70-E4
제퍼슨 시티 · · 63-H4
젠리 · · · · · · 25-D4
젤룸 · · · · · · 36-B2
젬베르 · · · · · 34-D5
젯푸르 · · · · · 36-B4
조드푸르 · · · · 36-B3
조스 · · · · · · 42-C4
조에쓰 · · · · · 28-G6
조인빌리 · · · · 71-E5
조지 타운 · · · 32-C5
조지아 · · · · · 63-I4
조지아 · · · · · 60-F4
조지아만 · · · · 67-B1
조지타운 · · · · 70-D2
조호르 · · · · · 34-A2
조호르바루 · · · 34-A2
존데이강 · · · · 66-C2
존스턴환초 · · · 77-F1
졸로에게르세그 · 53-H5
졸링겐 · · · · · 52-C3
종굴다크 · · · · 60-D4
주나가드 · · · · 36-B4
주네브 · · · · · 51-H3
주노 · · · · · · 62-F3
주루아강 · · · · 70-C3
주마뎬 · · · · · 23-E2
주바강 · · · · · 41-E3
주바 · · · · · · 41-E3
주아제이루두노르치 · · · 70-F3
주앙페소아 · · · 70-F3
주왕산 · · · · · 21-G7
주이스데포라 · · 71-E5
주장강 · · · · · 25-D6
주장 · · · · · · 23-E3
주저우 · · · · · 23-E3
주지 · · · · · · 25-F4
주청 · · · · · · 24-E3
주타이 · · · · · 23-F1
주하이 · · · · · 23-E3
준지후눈 · · · · 36-C3
중국 · · · · · · 22-D2
중상 · · · · · · 24-D4
중안다만섬 · · · 32-A4
중앙고지 · · · · 50-F4
중앙그리스 · · · 57-J5
중앙마케도니아 · 57-J4
중앙시베리아 고원 59-K3
중앙아메리카 해구 68-D5
중앙아프리카공화국 · · · 40-D3
중앙 산맥 · · · 27-C3
줘저우 · · · · · 24-D2
쥐라 산맥 · · · 51-H3
쥐라섬 · · · · · 48-D4
쥐리히호 · · · · 51-I3
즈번주산 · · · · 27-B4
즈볼러 · · · · · 52-C2
즐라토우스트 · · 58-F4
지갱쇼르 · · · · 42-A3
지난 · · · · · · 23-E2
지닝 · · · · · · 23-E2
지다 · · · · · · 38-C4
지도 · · · · · · 21-D8
지룽드강 · · · · 50-D4
지룽 · · · · · · 23-F3
지룽허 · · · · · 27-C1
지르잔 · · · · · 39-G3
지리산 · · · · · 21-E8
지린 · · · · · · 23-F1
지린성 · · · · · 23-F1
지마 · · · · · · 43-F4
지바 · · · · · · 29-H7
지베이도 · · · · 27-A3
지부티 · · · · · 41-E3
지브롤터 해협 · 54-D4
지브롤터 · · · · 54-D4
지서우 · · · · · 22-D3
지시 · · · · · · 23-G1
지안 · · · · · · 25-D5
지에양 · · · · · 23-E3
지엘로나고라 · · 53-G3
지오그래프만 · · 78-A6
지외르 · · · · · 53-H5
지자프 · · · · · 61-K4
지젤 · · · · · · 55-I4
지중해 · · · · · 57-H6
지치지마 열도 · 29-I11
지토미르 · · · · 60-C2
지파라나 · · · · 70-C4
진데르 · · · · · 40-C3
진도 · · · · · · 21-D9
진드 · · · · · · 37-C3
진먼도 · · · · · 25-E5
진사강 · · · · · 22-C3
진시황릉 · · · · 24-C3
진저우 · · · · · 23-F1
진주 · · · · · · 21-F8
진중 · · · · · · 23-E2
진창 · · · · · · 22-D2
진청 · · · · · · 24-D3
진해 · · · · · · 21-F8
진화 · · · · · · 25-E4
질리나 · · · · · 53-I4
질트섬 · · · · · 52-D1
짐바브웨 · · · · 40-D5
짐피르 · · · · · 39-I3
징더전 · · · · · 23-E3
징먼 · · · · · · 23-E2
징보호 · · · · · 28-B3
징저우 23-E2, 25-D4
징허 · · · · · · 24-C3
짜오양 · · · · · 23-E2
짜오장 · · · · · 23-E2
쩌우청 · · · · · 24-E3
쩡청 · · · · · · 25-D6
쩡펑산 · · · · · 26-D4
쭌이 · · · · · · 22-D3
쯔궁 · · · · · · 22-D3
쯔보 · · · · · · 23-E2

ㅊ

차고스 제도 · · 41-G4
차드호 · · · · · 40-C3
차드 · · · · · · 40-D2
차리카르 · · · · 36-A1
차오양 · · 24-F1, 25-E6, 26-B4
차오저우 · · · · 25-E6
차오호 · · · · · 24-E4
차이다무 분지 · 22-C2
차이야품 · · · · 32-C3
차티스가르 · · · 36-D4
차파리나스 제도 54-E5
차프라 · · · · · 36-D3
찬드라푸르 · · · 37-C5
찬디가르 · · · · 36-C2
찰스곶 · · · · · 67-D3
찰스턴 · · · · · · 63-I4
창강 · · · · · · 22-D3
창더 · · · · · · 23-E3
창사 · · · · · · 23-E3
창산 군도 · · · 26-B5
창수 · · · · · · 24-F4
창원 · · · · · · · 21-F8
창저우 · · · · · 23-E2
창즈 · · · · · · 24-D2
창춘 · · · · · · 26-C4
채널 제도 49-F9, 50-C2, 66-C5
채터후치강 · · · 67-A5
채텀 제도 · · · 77-F5
채티누가 · · · · · 63-I4
챠챠산 · · · · · 28-K2
처칠강 · · · · · 62-H3
천단 · · · · · · 24-E2
천안 · · · · · · · 21-E7
천저우 · · · · · 25-D5
청나일강 · · · · · 41-E2
청더 · · · · · · · 23-E1
청두 · · · · · · 22-D2
청산도 · · · · · 21-D9
청산자오 · · · · 23-F2
청주 · · · · · · · 21-E7
청진 · · · · · · 20-G2
청천강 · · · · · 20-C4
체나브강 · · · · 36-B2
체두바섬 · · · · 32-A3
체레포베츠 · · · 60-E1
체르니히브 · · · 60-D2
체르스코고 산맥 59-O3
체르케스크 · · · 58-E5
체복사리 · · · · 60-G1
체비오트 구릉 · 48-G5
체서피크만 · · · 67-C3
체서피크 · · · · 67-C3
체스케부데요비체 53-G4
체체르렉 · · · · 22-D1
체코 · · · · · · 53-G4
체투말 · · · · · 68-E4
첸강 · · · · · · 25-C6
첸궈 · · · · · · 26-C3
첸나이 · · · · · 37-D6
첸산 산맥 · · · · 24-F1
첸장 · · · · · · 25-D4
첸탕강 · · · · · 25-F4
첼랴빈스크 · · · 58-G4
첼름스퍼드 · · · · 49-I7
첼스토호바 · · · · 53-I3
초노스 제도 · · · 71-B7
초를루 · · · · · 57-L4
촌부리 30-B2, 32-C4
추그슈피체산 · · 52-E5
추도군도 · · · · 21-D10
추드스코예호 · · 60-C1
추루 · · · · · · 36-B3
추저우 · · · · · 24-E3
축치 반도 · · · 59-S3
축치해 · · · · · 59-S2
춘천 · · · · · · · 21-E6
충주 · · · · · · · 21-E7
충주호 · · · · · · 21-F7
충청남도 · · · · · 21-E7
충칭 · · · · · · 22-D3
충칭시 · · · · · 22-D3
취리히 · · · · · · 51-I3
취안저우 · · · · 25-E5
취징 · · · · · · 22-D3
츠레스섬 · · · · 56-F2
츠비 · · · · · · 25-D4
츠비카우 · · · · 52-F3
츠저우 · · · · · 24-E4
츠커산 · · · · · 27-C2
츠펑 · · · · · · · 23-E1
츤드라와시만 · · 31-E4
치니오트 · · · · 36-B2
치라이주산 북봉 27-C2
치렌 산맥 · · · 22-C2
치롄산 · · · · · 22-C2
치르본 · · · · · 30-B4
치르치크 · · · · 61-K4
치마히 · · · · · 34-B4
치메이여 · · · · 27-A3
치스티안만디 · · 36-B3
치악산 · · · · · · 21-F6
치안주르 · · · · 34-B4
치앙 마이 · · · 22-C4
치얀 · · · · · · · 71-B6
치와와 · · · · · 63-G5
치치하얼 · · · · 26-B3
치카파 · · · · · 40-D4
치타 · · · · · · 59-L4
치타공 22-C3, 30-A1
치타이허 · · · · 26-D3
치토르가르 · · · 36-B4
치투르 · · · · · 37-C6
치트라두르가 · · 37-C6
친 · · · · · · · 32-A2
친드와라 · · · · 36-C4
친링 산맥 · · · 22-D2
친허 · · · · · · 24-D3
친황다오 · · · · 24-E2
칠갑산 · · · · · · 21-D7
칠레 · · · · · · · 71-B6
칠로에섬 · · · · · 71-B7
칠리찹 · · · · · 30-B4
침보라소산 · · · 70-B3
침보테 · · · · · 70-B3
침켄트 58-G5, 61-K4
칭강 · · · · · · 25-C4
칭다오 · · · · · 23-F2
칭위안 · · · · · 25-D6
칭저우 · · · · · 24-E2
칭하이성 · · · · 22-C2
칭하이호 · · · · 22-D2

ㅋ

카가반도로 · · · 43-D4
카가얀 제도 · · 33-C4
카가얀데오로 · · 33-D4
카나리아 제도 · 42-A2
카낭가 · · · · · 40-D4
카노 · · · · · · 40-C3
카닌 반도 · · · 58-E3
카두나 40-C3, 42-C3
카디건만 · · · · 49-F7
카디리프 · · · · 38-C6
카디스만 · · · · 54-C4
카디스 · · · · · 54-C4
카디프 · · · · · 49-F7
카라해 · · · · · 58-G2
카라 해협 · · · 58-F2
카라간다 · · · · 58-H5
카라그푸르 · · · 36-E4
카라만 · · · · · 38-B1
카라미아만 · · · 75-B3
카라뷔크 · · · · 60-D4
카라왕 · · · · · 34-B4
카라지 · · · · · · 39-F1
카라치 · · · · · · 39-I4
카라카스 · · · · 70-C1
카라코람 산맥 · 22-A2
카라쿰 사막 · · 58-F5
카라쿰 운하 · · 39-H1
카로니강 · · · · 70-C2
카르날 · · · · · 36-C3
카르발라 · · · · 38-D2
카르시 · · · · · 61-K5
카르카손 · · · · 50-F5
카르타헤나 · · · · 55-F4, 70-B1
카르파토스섬 · · 57-L7
카르피티아 산맥 53-K4
카를로비바리 · · 52-F3
카를스루에 · · · 52-D4
카를스크로나 · · 47-D4
카를스타 · · · · 47-D4
카리브해 · · · · 69-H4
카림나가르 · · · 37-C5
카마강 · · · · · 58-F4
카마구에이 · · · 69-G3
카말리아 · · · · 36-B2
카메룬산 · · · · 42-C4
카메룬 · · · · · 40-C3
카메트산 · · · · 36-C2
카멘스크우랄스키 58-G4
카모테스해 · · · 33-D4
카미긴섬 · · · · 33-C2
카미신 · · · · · 60-G2
카바나투안 · · · 33-C3
카발레 · · · · · 43-E5
카보베르데 · · · 40-A2
카불강 · · · · · 39-J2
카불 · · · · · · · 39-I2
카브레라섬 · · · 55-H3
카비마스 · · · · 69-H5
카빈다 · · · · · 40-C4
카사블랑카 · · · 40-B1
카사이강 · · · · 40-D4
카산드라 반도 · · 57-J4
카살라 · · · · · · 41-E2
카샨 · · · · · · 39-F2
카세일곶 · · · · · 41-F3
카셀 · · · · · · 52-D3
카소스섬 · · · · 57-L7
카쇼에이루지이타페미링 · · 71-E5
카슈미르 · · · · 61-M6
카스 · · · · · · 22-A2
카스타냐우 · · · 70-E3
카스테욘데라플라나 · · · 55-F3
카스텔로브랑쿠 · 54-C3
카스티야라만차 · 54-D3
카스티야레온 · · 54-D1
카스피해 58-F5, 60-H4
카슨 시티 · · · 63-G4
카시아스 · · · · 70-E3
카시아스두술 · · 71-D5
카야 · · 32-B3, 42-B3
카야오 · · · · · 70-B4
카에디 · · · · · 42-A3
카올라크 · · · · 42-A3
카우나스 · 47-F5, 53-K1
카우아이 · · · · · 77-G1
카이 제도 · · · 31-E4
카이달 · · · · · 36-C3
카이라완 · · · · 56-D7
카이로 · · · · · · 41-E1
카이리 · · · · · 22-D3
카이세리 · · · · 38-C1
카이위안 · · · · 22-D3
카이펑 · · · · · 23-E2
카인 · · · · · · 32-B3
카일라스산 · · · 22-B2
카임샤할 · · · · · 39-F1
카자흐스탄 · · · 22-A1
카잔 · · · · · · 58-E4
카잘레의 빌라로마나 · · · 56-F6
카치나 · · · · · 42-C3
카친 · · · · · · 32-B1
카카보라지산 · · 22-C3
카케타강 · · · · 70-B3
카키나다 · · · · 37-D5
카타니아 · · · · 56-F6
카타라 분지 · · 38-A2
카타르 · · · · · 39-F3
카타마르카 · · · 71-C5
카탄두아네스 섬 33-D3
카탄차로 · · · · 56-G5
카토비체 · · · · · 53-I3
카툰 강 · · · · · 58-I4
카트만두 계곡 · 36-E3
카트만두 · · · · 22-B3
카티아와르 반도 36-B4
카펀테리아 만 · 76-C3
카프리 섬 · · · 56-F4
카프아이시앵 · · 69-H4
카하마르카 · · · 70-B3
칸다하르 · · · · · 39-I2
칸드와 · · · · · 36-C4
칸첸중가 산 · · 22-B3
칸치푸람 · · · · 37-C6
칸쿤 · · · · · · · 68-I5
칸타브리아 · · · 54-E1
칸타브리안 산맥 54-D1
칸푸르 · · · · · 36-B3
칼라미안 제도 · 30-C2
칼라바르 · · · · 42-C4
칼라보스 · · · · · 69-I6
칼라브리아 · · · 56-G5
칼라얀 · · · · · 37-B5
칼라하리 사막 · 40-D5
칼람바 · · · · · 33-C3
칼레미 · · · · · 40-D4
칼로오칸 · · · · 33-C3
칼루가 · · · · · 58-D4
칼리 · · 69-G7, 70-B2
칼리닌그라드 · · · 53-J1
칼리닌그라드 · · 58-C4
칼리만탄바랏 · · 34-D3
칼리만탄슬라탄 · 34-D3
칼리만탄 아 · · 34-D3
칼리만탄티무르 · 35-E2
칼리시 · · · · · · 53-I3
칼리아리 · · · · 56-C5
칼바요그 · · · · 31-D2
캄보디아 · · · · 30-B2
캄차카 반도 · · 59-Q4
캄파니아 · · · · 56-F4
캄팔라 · · · · · 41-E3
캄페체 만 · · · 68-D4
캄페체 · · · · · 68-D4
캄푸그란지 · · · 71-D5
캄푸스 · · · · · · 71-E5
캇치 · · · · · · 36-A4
캉 · · · · · · · 50-D2
캉칸 · · · · · · 40-B3
캐나다 · · · · · 62-H2
캐롤라인 제도 · 76-C2
캐스트리스 · · · 69-J5
캔디 · · · · · · 37-D7
캔버라 · · · · · 76-C5
캔자스 시티 · · 63-H4
캔자스 · · · · · 63-H4
캔터베리 · · · · 75-B3
캘리포니아 만 · 63-G5
캘리포니아 · · · 63-G4
캠벌 곶 · · · · 75-C3
캠벌 섬 · · · · 76-E6
캥거루 섬 · · · 76-C5
커라마이 · · · · · 22-B1
커먼 · · · · · · 39-G2
커커시리호 · · · · 36-F1
컬럼비아 강 · · 62-F3
컬럼비아 · · · · · 63-I4
컴벌랜드 섬 · · 67-B5
케나 · · · · · · · 41-E2
케나 산 · · · · 41-E4
케디리 · · · · · 30-C4
케레타로 · · · · 68-H5
케룰렌 강 · · · · 23-E1
케르겔렌 제도 · 81-C12
케르마데크 해구 77-F4
케르마데크 제도 77-E5
케르만 · · · · · 58-F6
케르치 · · · · · 60-E3
케르키라 섬 · · 57-H5
케른텐 · · · · · 52-F5
케메로보 · · · · · 58-I4
케살테낭고 · · · 68-D5
케손 시티 · · · 30-D2
케스 · · · · · · 42-A3
케언스 · · · · · 76-C4
케이맨 해구 · · 69-G4
케이멘 제도 · · 69-G4
케이시 기지 · · 81-B15
케이프요크 반도 76-C3
케이프커내버럴 · · 63-I5
케이프코드 · · · 67-E2
케이프코스트 · · 42-B4
케이프타운 · · · 40-D6
K2봉 · · · · · 22-A2
케임브리지 49-I7, 75-C2
케치케메트 · · · · 53-I5
켄다리 · · · · · 35-F3
켄세라 · · · · · 56-B7
켄터키 · · · · · · 63-I4
켄터키강 · · · · 67-A3
켈 · · · · · · · 52-C4
켈란탄 · · · · · 34-A1
켈루앙 · · · · · 34-A2
켈리마네 · · · · 41-E5
켈트해 · · · · · 49-E8
켐니츠 · · · · · 52-F3
코나크리 · · · · 40-B3
코네티컷강 · · · 67-D2
코네티컷 · · · · 67-D2
코니아 · · · · · 38-B1
코디액섬 · · · · 62-D3
코라트 고원 · · 30-B2
코로 항구 · · · · 69-I5
코로르 · · 31-E4,69-I5
코로만델 반도 · 75-D2
코르도바 · 54-D4, 71-C6
코르스곶 · · · · · 51-I5
코르스 · · · · · 56-C3
코르시카섬 · · · 56-C3
코리엔테스 · · · 71-D5
코모호 · · · · · 56-C1
코모도섬 · · · · 35-E5
코모도로리바다비아71-C7
코모로 · · · · · 41-E4
코모린곶 · · · · 37-C7
코모티네 · · · · 57-K4
코밀라 · · · · · 36-F4
코번트리 · · · · 49-G7
코브로프 · · · · 60-F1
코블렌츠 · · · · 52-C3
코샬린 · · · · · 53-H1
코소보자치주 · · · 57-I3
코수멜섬 · · · · 68-E3
코스섬 · · · · · 57-L6
코스타리카 · · · 68-F6
코스트 산맥 · · 62-F3
코스트로마 · · · 58-E4
코스티 · · · · · 38-B6
코시체 · · · · · 53-J4
코아트사코알코스 68-D4
코우타마코우 · · 42-C3
코이두 · · · · · 42-A4
코이바섬 · · · · 68-F6
코임바토르 · · · 37-C6
코임브라 · · · · 54-B2
코자니 · · · · · · 57-I4
코지어스코산 · · 76-C5
코차밤바 · · · · 70-C4
코친 · · · · · · 37-C6
코코스섬 · · · · 68-E6
코콘 · · · · · · 58-H5
코크 · · · · · · 49-C7
코킴보 · · · · · · 71-B5
코타 · · · · · · 36-C3
코타바토 · · · · 33-D5
코타바하루 · · · 32-C5
코타키나발루 · · 30-C4
코텐틴 반도 · · 50-D2
코토누 · · · · · 42-C4
코투이강 · · · · 59-K2
코트디부아르 · · 40-B3
코퍼마인 · · · · 62-G2
코퍼스크리스티 · 68-C2
코펜하겐 · · · · 47-D5

코포리두아 42-B4
코포슈바르 53-H5
코피아포 71-B5
코하트 36-B2
콕체타프 58-G4
콕크스바자르 36-F4
콘깬 32-C3
콘도즈 39-I1
콘두즈강 39-I1
콘셉시온 71-B6
콘스탄차 57-M2
콘웨리스섬 62-H1
콘초스강 68-C2
콜섬 48-D4
콜구예프섬 58-E3
콜라 반도 58-D3
콜라르 37-C6
콜라치나 70-E4
콜람 37-C7
콜럼버스 63-I4
콜로라도강 63-G4, 68-C1, 71-C6
콜로라도 고원 63-G4
콜로라도 사막 66-D5
콜로라도 63-G4
콜론세이섬 48-D4
콜롬나 58-D4
콜롬보 37-C7
콜롬비아 70-B2
콜리마강 80-B17
콜리마 산맥 59-Q3
콜웨지 43-E6
콜체스터 49-I7
콜카타 36-E4
콤소몰레츠섬 59-J1
콤소몰스크 59-N4
콧부스 53-G3
콩고강 40-D4
콩고 40-D4
콩고민주공화국 40-D4
콩스탕틴 40-C1
콩코드 63-J4
콰다사 계곡 38-C2
쾨세그 53-H5
쾰른 52-C3
쿠다파 37-C6
쿠달로르 37-C6
쿠두스 34-C4
쿠라사우섬 70-C1
쿠루사 42-B3
쿠르간 58-G4
쿠르눌 37-C5
쿠르스크 58-D4
쿠마나 70-C1
쿠마노보 57-I3
쿠마시 40-B3
쿠바 69-G3
쿠스코 70-B4
쿠스타나이 58-G4
쿠안탄 32-C6
쿠알라룸푸르 30-B4
쿠알라트랭가누 32-C5
쿠아후스코포모르스키에 53-I2
쿠얼러 22-B1
쿠에르나바카 68-C4
쿠엥카 54-E2, 70-B3
쿠요 제도 33-C4
쿠웨이트 38-E3
쿠유니강 69-J6
쿠이아바 70-D4
쿠이툰 22-B1
쿠즈다르 39-I3
쿠칭 34-C2
쿠쿠타 70-B2
쿠타이시 60-F4
쿠타크 37-E4
쿠팡 31-D5
쿠펠라 42-B3
쿡산 75-B3
쿡 제도 77-G4
쿡 해협 75-C3
쿤밍 22-D3
쿤산 24-F4
쿨나 22-B3
쿨라 캉그리 36-F3
쿨리아칸 63-G5
쿨리온섬 33-B4
쿰 39-F2
쿰바코남 37-C6
퀘벡 62-J3
퀘타 39-I2
퀴타히아 60-C5
퀸모드 랜드 81-B8
퀸샬럿 제도 62-F3
퀸엘리자베스 제도 62-H1
퀸즐랜드 76-C4
크라구예바츠 57-I2
크라스노다르 58-D5
크라스노야르스크 58-J4
크라이스트처치 75-C3
크라이오바 57-J2
크라카타우섬 34-B4
크라코프 53-I3
크레우스곶 55-H1
크레타해 57-K7
크레터호 66-B3
크레테 57-K7
크레테섬 57-K7
크레펠트 52-C3
크로노베리 47-D4
크로니안스피트 47-F5
크로아티아 56-G2
크루커드섬 69-H3
크르크섬 56-F2
크리보이로크 58-D5
크리슈나강 37-D5
크리슈나가르 36-E4
크리스마스섬 77-G2
크리스토발콜론산 70-B1
크리스티안산 47-C4
크릴리온곶 28-I2
크림반도 45-H4, 60-D3
클라이페다 47-F5
클래머스 산맥 66-B3
클레르몽페랑 50-F4
클루지나포카 53-K5
클리블랜드 63-I4
클리어호 66-B4
클리어워터 68-F2
키갈리 41-E4
키고마 41-D4
키나바탕안강 35-E1
키나발루산 33-B5
키네이드곶 48-G3
키르기스스탄 58-H5
키르쿠크 38-D1
키르터르 산맥 39-I3
키상가니 40-D3
키상가르 36-B3
키수무 41-E4
키슈쿤펠레지하조 57-H1
키스마요 41-E4
키스카섬 62-B3
키시네프 58-C5
키엘체 53-J3
키예프 58-D4
키임호 51-K3
키질 59-J4
키질오르다 58-G5
키질이르마크 60-D4
키질쿰 사막 58-G5
키치너 67-B2
키클라데스 제도 57-K6
키트노스섬 57-K6
키티라섬 57-J6
키프로스 38-B1
킥위트 40-D4
킨두 40-D4
킨디아 42-A3
킨샤사 40-D4
킨예티산 43-F4
킨타이어 반도 48-E4
킬 47-C5
킬만 47-C5
킬 운하 52-D1
킬리만자로산 41-E4
킴벌리 고원 76-B4
킴벌리 40-D5
킹섬 76-C5
킹먼초 77-G2
킹스타운 69-J5
킹스턴 63-I5
킹스턴어펀홀 49-H6
킹스피크 66-E3

ㅌ

타간로크 58-D5
타굼 33-D5
타나호 41-E3
타네 37-B5
타니안 23-E2
타님바르 제도 31-E4
타라고나 55-G2
타라나키산 75-C2
타라나키 75-C2
타라와 76-E2
타라즈 61-L4
타란토만 56-G4
타란토 56-G4
타르 사막 36-B3
타르투 47-G4
타르투스 38-C2
타른 50-F4
타리무 분지 58-I5
타리무허 22-B1
타만라세트 40-C2
타만산 27-C2
타말레 40-B3
타밀나두 37-C6
타보라 41-E4
타보이 30-A2
타부아에란 77-G2
타부크 38-C3
타브리즈 38-E1
타소스섬 57-K4
타슈켄트 58-G5
타식말라야 30-B4
타실리 나제르 42-C2
타야바스만 33-C3
타오난 26-B3
타오위안 25-F5
타오위안현 27-C2
타올라나로 41-F5
타와우 35-E1
타우랑가 75-D2
타우아 42-C3
타우포호 75-C2
타운즈빌 76-C4
타웅지 22-C3
타워타워섬 33-C5
타이 22-C4
타이난 23-F3
타이둥 23-F3
타이리섬 48-D4
타이바이산 24-B3
타이베이 27-C1
타이베이현 27-C1
타이산 25-D6
타이완섬 27-C3
타이완 해협 27-B2
타이완 23-F3
타이위안 23-E2
타이응우옌 22-D3
타이저우만 25-F4
타이저우 23-F3
타이중 27-B2, 30-D1
타이중현 27-B2
타이즈 38-D6
타이타이만 33-B4
타이핑령 26-B3
타이호 24-F4
타인호아 32-D3
타일랜드만 30-B2
타지키스탄 58-H6
타코마 66-B2
타크나 70-B4
타클라마칸 사막 58-I6
타클로반 33-D4
타타르 해협 59-O4
타톤 22-C4
타파조스강 70-D3
타파출라 68-D5
타풀 제도 33-C5
타피강 36-C4
타피안티나 제도 33-C5
타하트산 40-C2
타한산 32-C6
타호강 54-B3
타호트슐레이만 38-E1
타히티섬 77-H4
탄갈리 36-E4
탄딜 71-D6
탄자니아 41-E4
탄자부르 37-C6
탄중피낭 30-B4, 34-B2
탄타 38-B2
탈 36-B2
탈호 33-C3
탈디 쿠르간 61-M3
탈라라 70-A3
탈린 58-C4
탈카 71-B6
탈카우아노 71-B6
탐바람 37-D6
탐바쿤다 42-A3
탐보라 화산 35-E5
탐보프 58-E4
탐페레 47-F3
탐피코 68-H5
탕가니카호 40-D4
탕구라 산맥 36-E2
탕산 23-E2
탕헤르 40-B1
태백산 21-F6
태백산맥 21-F6
태산 24-E2
태즈먼만 75-C3
태즈먼해 76-D5
태즈먼 75-C3
태즈메이니아 76-C5
태평양 31-E2
탤러해시 63-I4
탬파 63-I5
털사 63-H4
텅거리 사막 24-B2
텅저우 23-E2
테갈 34-C4
테구시갈파 68-E5
테날리 37-D5
테네시강 63-I4
테네시 63-I4
테레지나 70-E3
테르니 51-K5
테르미즈 61-K5
테무코 71-B6
테미르타우 61-L2
테베사 40-C1
테빙팅기 32-B6
테살로니키 57-J4
테살리아 57-J5
테오필루오토니 70-E4
테우아칸 68-C4
테우안테펙만 68-D4
테울라다곶 56-C5
테이만 48-F4
테키르다 57-L4
테투안 54-D5
테트 41-E5
테픽 68-H5
테헤란 39-F1
테호호 66-B4
텍사스 63-H4
텐디그리 해협 30-A2
텔레마르크 47-C4
텔아비브 38-B2
텔아비브화이트시 38-B2
텔아틀라스 산맥 55-H4
테리 26-D3
테링 24-F1
텐먼 23-E2
텐산 산맥 58-I5
텐수이 22-D2
텐진 23-E2, 24-E2
텐진시 23-E2
토고 40-C3
토기안 제도 35-F3
토러스 해협 31-F5
토런스 66-C5
토레온 68-H5
토로스 산맥 60-D5
토론토 63-I4
토루니 53-I2
토리노 56-B2
토리아라 41-E5
토바고섬 70-C1
토볼강 58-G4
토브루크 40-D1
토스카나 56-D3
토아마시나 41-F5
토칸칭스강 70-E3
토칸칭스 70-E3
토켈라우 제도 77-F3
토피카 63-H4
톤레사프호 30-B2, 32-C4
톨레도 54-D3, 63-I4
톨로만 35-F3
톨루즈 50-E5
톨루카 68-C4
톨리아티 60-G2
톰스크 58-I4
통가 제도 77-F4
통가 해구 77-F4
통가 77-F4
통랴오 23-F1
통부크투 42-B3
통영 21-F9
통크 36-C3
통킹만 22-D3
퇸스베르 47-C4
투게가라오 23-F4
투르 50-E3
투르구틀루 57-L5
투르카나호 41-E3
투르쿠 47-F3
투르크메니스탄 58-F6
투발루 77-E3
투부아이섬 77-H4
투부아이 제도 77-H4
투산 63-G4
투아모투 제도 77-H4
투즐라 57-H2
투칭 27-C2
투티코린 37-C7
투풍가토산 71-C6
툭스틀라구티에레스 68-D4
툰하 70-B2
툴라 58-D4
툴롱 51-G5
툴루아 70-B2
툼베스 70-A3
툼쿠르 37-C6
퉁가바드라강 37-C5
퉁찬 24-C3
퉁톈허 22-C2
퉁화 23-F1
튀니스 40-C1
튀니지 40-C1
튀르키예 57-M5
튜멘 58-G4
트라브존 60-E4
트라팔가곶 54-C4
트란실바니아 산맥 57-J2
트레친 53-I4
트렌턴 63-J4
트렌토 56-D1
트렐레우 71-C7
트렝가누 34-A1
트로와리비에이르 67-D1
트론헤임 46-C3

트론헤임스피오르텐 협만 · 46-C3
트롬쇠 · 46-E1
트롬스 · 46-E1
트루히요 · 70-B3
트르나바 · 53-H4
트르나테 · 31-D4
트리글라브산 · 56-E1
트리니다드토바고 63-J6
트리니티 산맥 · 66-C3
트리수르 · 37-C6
트리어 · 52-C4
트리에스테만 · 56-E2
트리에스테 · 56-E2
트리폴리 · 40-C1
트리폴리스 · 57-J6
트림 · 49-D6
트베리 · 58-D4
트빌리시 · 58-E5
틀락스칼라 · 68-C4
티그리스강 · 38-D1
티기나 · 60-C3
티노스섬 · 57-K6
티니안섬 · 31-F2
티라섬 · 57-K6
티라나 · 57-H4
티레 · 57-L5
티레니아해 · 56-E5
티롤 · 51-J3
티루넬벨리 · 37-C7
티루바난타푸람 · 37-C7
티루치라팔리 · 37-C6
티루파티 · 37-C6
티루푸르 · 37-C6
티르구무레시 · 57-K1
티리치미르산 · 36-B1
티모르섬 · 31-D4
티모르해 · 35-G5
티미쇼아라 · 57-I2
티베스티 고원 · 43-D2
티사강 · 60-B3
티소강 · 53-J5
티스강 · 49-H5
티아레트 · 55-G5
티에스 · 42-A3
티지 우주 · 55-I4
티티카카호 · 70-C4
티후아나 · 66-C5
티히 · 53-I3
틸라버리 · 42-C3
틸로스 섬 · 57-L6
틸부르흐 · 52-B3
팀부 · 36-E3
팀북투 · 42-B3

ㅍ

파간섬 · 31-F2
파나마만 · 69-G6
파나마 운하 · 70-A2
파나마 · 69-G6
파나이만 · 33-C4
파나이섬 · 33-C4
파네베지스 · 60-B1
파노섬 · 47-C5
파니파트 · 36-C3
파당 · 30-B4
파더보른 · 52-D3
파도바 · 56-D2
파두츠 · 51-I3
파라과이강 · 71-D5
파라과이 · 71-D5
파라나강 · 71-D6
파라나 · 42-A3, 71-D5
파라나구아 · 71-E5
파라나이바강 · 70-E3
파라마리보 · 70-D2
파라이바 · 70-F3
파라쿠 · 42-C4
파레파레 · 30-C4
파로호 · 20-E5
파루카바드 · 36-C3
파르나쑤스산 · 57-J5
파르두비체 · 53-G3
파르마 · 56-D2
파르바니 · 37-C5
파르벨곶 · 62-L3
파리 · 50-F2
파리냐스곶 · 70-A3
파리다바드 · 36-C3
파리아만 · 69-J5
파머 기지 · 81-B3
파머스턴노스 · 75-C3
파미르 고원 · 58-H6
파브나 · 36-E4
파블로다르 · 58-H4
파사르가다에 · 39-F2
파수루안 · 34-D4
파수푼두 · 71-D5
파스토 · 70-B2
파야라르죠 · 43-D3
파우마스 · 70-E4
파울윈드곶 · 75-B3
파월호 · 66-E4
파이살라바드 · 36-B2
파이자바드 · 36-D3
파인곶 · 76-B3
파인만 · 48-E4
파주 · 21-D6
파코쿠 · 22-C3
파크 해협 · 37-C6
파키스탄 · 39-I3
파타고니아 고원 · 71-C7
파테푸르 · 36-D3
파투스호 · 71-D6
파트나 · 36-E3
파트레 · 57-I5
파트모스섬 · 57-L6
파페에테 · 77-H4
파푸아만 · 31-F4
파푸아뉴기니 · 76-C3
파항강 · 34-A2
파항 · 34-A2
팍사플로이만 · 46-A1
팍파탄 · 36-B2
판즈화 · 30-B1
판진 · 26-B4
판텔레리아섬 · 56-E6
판티엣 · 30-B2
팔가트 · 37-C6
팔라완 해협 · 33-B4
팔라우 · 31-E4
팔란푸르 · 36-B4
팔랑카라야 · 30-C4
팔레르모 · 56-E5
팔렘방 · 30-B4
팔로스곶 · 55-F4
팔루 · 30-C4
팔룬 · 47-D3
팔리키르 · 76-D2
팔마스곶 · 42-B4
팔미라섬 · 77-G2
팔미라 · 70-B2
팔스테르섬 · 47-C5
팜데일 · 66-C5
팜플로나 · 55-F1
팡구타란섬 · 33-C5
팡칼피낭 · 30-B4
패서디나 · 68-C2
팰리서곶 · 75-C3
퍼노 제도 · 76-C5
퍼스 · 78-B6
펀자브 · 36-C2
펑수이산 · 26-B1
펑청 · 26-C4
펑후 수도 · 27-A3
펑후 열도 · 25-E6
펑후도 · 27-A3
페가서스만 · 75-C3
페구 · 22-C4
페나인 산맥 · 49-G5
페라라 · 56-D2
페레이라 · 70-B2
페로 제도 · 80-B4
페루 · 70-B3
페루자 · 56-E3
페르가나 · 58-H5
페르남부쿠 · 70-F3
페르시아만 · 39-F3
페르피냥 · 50-F5
페름 · 58-F4
페리본카강 · 63-J3
페마른섬 · 52-E1
페샤와르 · 36-B2
페스 · 40-B1
페스카라 · 56-F3
페어섬 · 48-G2
페어웰곶 · 75-C3
페어필드 · 66-B4
페이드라루아르 · 50-D3
페이라지산타나 · 70-F4
페이얀네호 · 47-G3
페이어트빌 · 67-C4
페이자바드 · 39-J1
페이커스강 · 68-B1
페치 · 57-H1
페칸바루 · 34-A2
페트라섬 · 48-H1
페트로자보츠스크 58-D3
페트로파블로프스크 · 58-G4
페트로파블롭스크캄차츠키 59-P4
페트롤리나 · 70-E3
펜실베이니아 · 63-I4
펜자 · 58-E4
펜틀랜드만 · 48-F2
펠로타스 · 71-D6
펠로폰네소스 · 57-J6
펠트베르크산 · 52-D5
펨바섬 · 43-F5
펨바 · 41-E4
평성 · 23-F2
평안남도 · 20-D4
평안북도 · 20-C3
평양 · 20-C4
평택 · 21-E7
포강 · 56-D2
포드고리차 · 57-H3
포들라스키에 · 53-K2
포라섬 · 48-G1
포르모사 · 71-D5
포르반다르 · 36-A4
포르장티 · 42-C5
포르츠하임 · 52-D4
포르탈레그르 · 54-C3
포르탈레자 · 70-F3
포르토노보 · 40-C3
포르토비에호 · 70-A3
포르토프랭스 · 69-H4
포르투 · 54-B2
포르투갈 · 54-B3
포르투벨류 · 70-C3
포르투알레그리 · 71-D6
포를리 · 56-E2
포모르스키에 · 53-H1
포보 해협 · 75-A4
포사다스 · 71-D5
포산 · 25-D6
포수스지카우다스 · 71-E5
포스만 · 48-F4
포스두이구아수 · 71-D5
포양호 · 23-E3
포어아를베르크 · 52-D5
포일만 · 48-D5
포자 · 56-F4
포츠담 · 52-F2
포츠머스 · 49-H8
포카라 · 36-D3
포클랜드 제도 · 71-D8
포텐차 · 56-F4
포토맥강 · 67-C3
포토시 · 70-C4
포트루이스 · 41-F5
포트모르즈비 · 76-C3
포트블레어 · 30-A2, 32-A4
포트빌라 · 76-E4
포트사이드 · 41-E1
포트수단 · 41-E2
포트엘리자베스 · 40-D6
포트오브스페인 · 63-J5
포트워스 · 63-H4
포트웨인 · 67-A2
포트유콘 · 80-B13
포트하커트 · 40-C3
포틀랜드 · 62-F3
포파얀 · 70-B2
포포카테페틀산 · 68-H5
포항 · 21-G7
폭샤니 · 57-L2
폰세 · 69-I4
폰타그로사 · 71-D5
폰티아낙 · 30-B4
폰페이섬 · 76-D2
폴란드 · 53-I2
폴리네시아 · 77-F3
폴타바 · 60-D3
퐁디셰리 · 37-C6
표트르대제만 · 28-C3
푸가섬 · 33-C2
푸껫섬 · 32-B5
푸나푸티 · 77-E3
푸네 · 37-B5
푸노 · 70-B4
푸란덴 · 24-F2
푸루스강 · 70-C3
푸룰리아 · 36-E4
푸르니아 · 36-E3
푸리 · 37-E5
푸순 · 23-F1
푸신 · 23-F1
푸아티에 · 50-E3
푸앵트 누아르 · 40-C4
푸양 · 23-E2
푸에고섬 · 71-C8
푸에르토리코 해구 69-I4
푸에르토리코 · 69-I4
푸에르토몬토 · 71-B7
푸에르토프린세사 33-B4
푸에블라 · 68-C4
푸에블로 · 63-H4
푸저우 · 23-E3
푸젠성 · 23-E3, 27-A1
푸카이파 · 70-B3
푸텐 · 25-E5
푼타아레나스 · 71-B8
풀 · 49-G8
풀다강 · 52-D3
풀리아 · 56-G4
풔드상시산 · 50-F4
풔르트 · 51-J2
프놈펜 · 30-B2
프라이아 · 40-A3
프라토 · 56-D3
프라하 · 53-G3
프랑슈콩테 · 51-H3
프랑스 · 50-E3
프랑스령기아나 · 70-D2
프랑스령폴리네시아 · 77-H4
프랑크퍼트 · 63-I4
프랑크푸르트마인 52-D3
프랑크푸르트암마인 51-I1
프랭키셰르알프 산맥 · 52-E4
프레더릭턴 · 63-J3
프레쇼프 · 53-J4
프레스턴 · 49-G6
프레스파호 · 57-I4
프레즈노 · 66-C4
프레지덴치프루덴치71-D5
프로다투르 · 37-C6
프로블링고 · 34-D4
프로비던스 · 63-J4
프로비덴시아섬 · 70-A1
프로코피엡스크 · 58-I4
프롬 · 22-C4
프루트강 · 57-M1
프리맨틀 · 76-A5
프리모르스키 · 28-D2
프리몬트 · 66-B4
프리슈티나 · 57-I3
프리울리베네치아줄리아 · 51-K3
프리즈렌 · 57-I3
프리타운 · 40-B3
프리토리아 · 40-D5
프린스오브웨일스곶 · 62-C2
프린스오브웨일스섬 · 62-H2
프린스패트릭섬 · 62-G1
프린시페섬 · 42-C4
프말랑 · 34-C4
프사라섬 · 57-K5
프스코프 · 47-H4
프아투샤랑트 · 50-D3
프칼롱안 · 34-C4
플래터리곶 · 66-A1
플램버러곶 · 49-H5
플랫헤드호 · 66-D2
플레벤 · 57-K3
플렌티만 · 75-D2
플로레스섬 · 35-F5
플로레스해 · 30-D4
플로레스 · 31-D4
플로렌시아 · 70-B2
플로리다 반도 · 63-I5
플로리다 해협 · 63-I5
플로리다 · 63-I5
플로리아노폴리스 · 71-E5
플로브디프 · 57-K3
플로이에슈티 · 57-L2
플로츠크 · 53-I2
플리머스 · 49-F8
플린더스 · 76-C4
플린트 · 67-B2
플제니 · 52-F4
피나르델리오 · 68-F3
피나투보산 · 30-D2
피낭섬 · 32-C5
피낭 · 32-C5
피닉스 제도 · 77-F3
피닉스 · 63-G4
피두루탈라갈라산 37-D7
피라미드호 · 66-C3
피레네 산맥 · 55-G1
피렌체 · 56-D2
피스강 · 62-G3
피아나란초아 · 41-F5
피아베 · 56-E1
피아트라네암츠 · 57-L1
피어곶 · 67-C4
피어 · 63-H4
피에드라스네그라스 · 68-H5
피에몬테 · 56-B2
피엘리넨호 · 46-H3
피우라 · 70-A3
피지 제도 · 77-E4
피츠로이 · 76-B4
피츠버그 · 63-I4
피카르디 · 50-F2
피터버러 · 49-H6
피터즈버그 · 40-D5
피테슈티 · 57-K2
피톤 관리지역 · 69-J5
핀섬 · 47-C5
핀도스 산맥 · 57-I5
핀란드만 · 47-G4
핀란드 · 58-C3
핀마르크 · 46-G1
필라델피아 · 63-I4
필리비트 · 36-C3
필리핀해 · 31-E2
필리핀 해구 · 31-D2
필리핀 · 23-F4
핌프리 · 37-B5
핏사눌룩 · 32-C3
핏케언섬 · 77-I4
핑둥 · 25-F6
핑딩산 · 24-D3
핑량 · 22-D2
핑샹 · 23-E3
핑전 · 27-C2

ㅎ

하겐 · · · · · · 52-C3
하나마키 · · · · 28-H5
하나오지 · · · · 29-G7
하남 · · · · · · · 21-E6
하노버 · · · · · 52-D2
하노이 · · · · · 22-D3
하니 분지 · · · 66-B3
하니호 · · · · · 66-C3
하라레 · · · · · 41-E5
하르게이사 · · · 41-E3, 43-G4
하르키브 · · · · 58-D5
하르툼 · · · · · · 41-E2
하를럼 · · · · · 52-B2
하리강 · · · · · 34-A3
하리드와르 · · · 36-C3
하리루드강 · · · 39-H2
하마 · · · · · · 38-C1
하마단 · · · · · 38-E2
하마르 · · · · · 47-C3
하마마쓰 · · · · 29-F7
하미 · · · · · · 22-C1
하미스무샤이트 · 38-D5
하바롭스크 · · · 59-N5
하보마이 제도 · 28-K3
하사뷰르트 · · · 60-G4
하얼빈 · · · · · · 23-F1
하엔 · · · · · · 54-E4
하오라 · · · · · 22-B3
하와이 제도 · · · 77-G1
하와이 · · · · · · 77-G1
하우게순 · · · · 47-B4
하우라키만 · · · 75-C2
하웨라 · · · · · 75-C2
하이난도 · · · · 23-E4
하이난성 · · · · 22-D4
하이데라바드 · · · 39-I3
하이델베르크 · · 52-D4
하이룬 · · · · · 26-C3
하이안 산맥 · · 27-C3
하이저우만 · · · 24-F3
하이청 · · · · · 26-B4
하이커우 · · · · 23-E3
하이코스트 · · · 46-E3
하이파 · · · · · 38-B2
하이퐁 · · · · · 32-D2
하일 · · · · · · 38-D3
하일랜드산 · · · 66-D4
하일브론 · · · · 52-D4
하자리바그 · · · 36-E4
하조도 · · · · · 21-D9
하치노헤 · · · · 28-H4
하치조섬 · · · · 29-G8
하코다테 · · · · 28-H4
하탕가강 · · · · 59-K2
하태도 · · · · · 21-C9
하트라 · · · · · 38-D1
하트야이 · · · · 32-C5
하트퍼드 · · · · 63-J4
하하지마 열도 · · 29-I11
한가이 산맥 · · 22-C1
한강 · · · · · · · 21-E6
한단 · · · · · · 23-E2
한라산 · · · · · 21-D10
한수이 · · · · · 24-D4
한중 · · · · · · 22-D2
한카호 · · · · · 23-G1
할란드 · · · · · 47-D4
할롱 만 · · · · 32-E2
할리우드 · · · · 69-F2
할마헤라섬 · · · 31-D3
할마헤라해 · · · 31-D4
함 · · · · · · · 52-C3
함경남도 · · · · 20-E3
함경산맥 · · · · 20-E3
함마메트 만 · · 56-D6
함부르크 · · · · 52-E2
함흥 · · · · · · 20-E4
항저우 · · · · · 23-F2
항저우만 · · · · 24-F4
해리스버그 · · · · 63-I4
해밀턴 · · · · · · 63-I4
해주 · · · · · · 20-C5
해터라스곶 · · · 67-D4
해터라스 · · · · 67-D4
핼리팩스 · · · · 63-J4
햄프턴 · · · · · 67-C3
허강 · · · · · · 23-G1
허난성 · · · · · 23-E2
허니호 · · · · · 66-B3
허더스필드 · · · 49-G6
허드섬 · · · · · 81-C12
허드슨강 · · · · 67-D2
허드슨만 · · · · · 62-I3
허드슨 해협 · · 62-J2
허베이성 · · · · 23-E2
허비 · · · · · · 24-D3
허쩌 · · · · · · 23-E2
허츠 · · · · · · 32-E2
허톈 · · · · · · 36-C1
허페이 · · · · · 23-E2
헌팅턴비치 · · · 66-C5
험버강 · · · · · 49-H6
험볼트강 · · · · 66-C3
헝가리 · · · · · · 53-I5
헝수이 · · · · · 24-D2
헝양 · · · · · · 23-E3
헤드마르크 · · · 47-D3
헤라트 · · · · · 39-H2
헤레스데라프론테라 · · · 54-C4
헤르뇌산드 · · · 47-E3
헤멘린나 · · · · 47-G3
헤브리디스 제도 48-D3
헤브리디스해 · · 48-D4
헤시피 · · · · · 70-F3
헤이그 · · · · · 52-B2
헤이룽강 · · · · 26-C1
헤이룽장성 · · · · 23-F1
헤이마에이 · · · 46-A2
헤이허 · · · · · 26-C2
헤클라 화산 · · 46-B1
헤타페 · · · · · 54-E2
헨더슨섬 · · · · 77-I4
헨자다 · · · · · 22-C4
헬골란트만 · · · 47-C5
헬골란트섬 · · · 47-B5
헬레나 · · · · · 62-G3
헬름스데일 · · · 48-F3
헬만드강 · · · · 39-H2
헬싱키 · · · · · 47-G3
혜산 · · · · · · 20-F2
호놀룰루 · · · · · 77-G1
호니아라 · · · · 76-D3
호데이다 · · · · 38-D6
호라이마산 · · · 70-C2
호르무즈 해협 · 39-G3
호바트 · · · · · 76-C5
호브드 · · · · · 22-C1
호샹가바드 · · · 36-C4
호스페트 · · · · 37-C5
호시아르푸르 · · 36-C2
호아빈 · · · · · 32-D2
호이섬 · · · · · 48-F2
호조프 · · · · · · 53-I3
호찌민 · · · · · 30-B2
호카곶 · · · · · 54-B3
호크만 · · · · · 75-D2
호타카산 · · · · 29-F6
호턴호 · · · · · 67-A1
호후 · · · · · · · 21-I9
혼가이 · · · · · 22-D3
혼도노폴리스 · · 70-D4
혼슈 · · · · · · 29-F7
홀로섬 · · · · · 33-C5
홀리크로스 · · · 80-B14
홈스 · · · · · · 38-C2
홋카이도 · · · · 28-H3
홍도 · · · · · · 21-C9
홍수이허 · · · · 22-D3
홍콩 · · · · · · 23-E3
홍해 · · · · · · 38-C4
화뎬 · · · · · · · 23-F1
화롄 · · · · · · 23-F3
화롄시 · · · · · 27-C3
화롄현 · · · · · 27-C3
화이난 · · · · · 23-E2
화이베이 · · · · 23-E2
화이안 · · · · · 24-E3
화이트섬 · · · · 75-D2
화이트니산 · · · 63-G4
화이허 · · · · · 24-D3
화이화 · · · · · 25-C5
환드퓨카 해협 · 66-A1
황강 · · · · · · · 21-F8
황강산 · · · · · 25-E5
황거레이 · · · · 75-C1
황금해안 · · · · 76-D4
황산 · · · · · · 25-E4
황수이 · · · · · 24-A2
황스 · · · · · · 23-E2
황해 · · · · · · 23-F2
황해남도 · · · · 20-C5
황해북도 · · · · 20-D5
황허 · · · · · · 23-E2
효고 · · · · · · 29-E7
후난성 · · · · · 23-E3
후드산 · · · · · 62-F3
후란 · · · · · · 26-C3
후루다오 · · · · 26-B4
후룬베이얼 · · · · 23-E1
후룬호 · · · · · · 23-E1
후베이성 · · · · 23-E2
후블리 · · · · · 37-C5
후스크바르나 · · 47-D4
후안 페르난데스 군도 · · · 71-B6
후에 · · · · · · 30-B2
후이저우 · · · · 25-D6
후잘드 · · · · · 61-K4
후저우 · · · · · 23-F2
후지산 · · · · · 29-G7
후쿠시마 · · · · 28-H6
후쿠야마 · · · · 29-D7
후쿠오카 · · · · 29-C8
후쿠이 · · · · · 29-F6
후허하오터 · · · · 23-E1
훈허 · · · · · · 26-B4
훙쩌호 · · · · · 24-E3
훙후 · · · · · · 25-D4
휴나만 · · · · · 46-A1
휴런호 · · · · · · 63-I4
휴스턴 · · · · · 63-H5
휴타운 · · · · · 49-D8
흐라데츠크랄로베 53-G3
흐멜니츠키 · · · 60-C3
흐바르섬 · · · · 56-G3
흐보이 · · · · · 38-D1
흑해 · · · · · · 58-D5
흥남 · · · · · · 20-E4
희망봉 · · · · · 40-D6
히라도 · · · · · 21-G10
히라르도트 · · · 69-H7
히로사키 · · · · 28-H4
히로시마 · · · · 29-D7
히말라야 산맥 · 22-B3
히메지 · · · · · 29-E7
히베이랑푸레투 · · 71-E5
히사르 · · · · · 36-C3
히우그란지 · · · 71-D6
히우그란지두노르치 · · 70-F3
히우그란지두술 · 71-D5
히우마섬 · · · · 47-F4
히우브랑쿠 · · · 70-C3
히우클라루 · · · · 71-E5
히타치 · · · · · 28-H6
히트라섬 · · · · 46-C3
힌두쿠시 산맥 · · 39-J1
힌두푸르 · · · · 37-C6
힐데스하임 · · · 52-D2
힐라강 · · · · · 66-D5
힐즈버러 · · · · 68-C1
힐즈윅 · · · · · 48-H1

The World Map

글로벌 감각을 익히는

세계 지도

개정 1판 1쇄 2011년 8월 3일
개정 1판 16쇄 2024년 3월 27일

지도 제작 동아지도

발행인 양원석
편집장 차선화
편집 김재연
월드 트래블 가이드 취재 · 사진 (아시아) 유철상, 고현진, 박준, 김슬기, 민병규, 전명윤
(유럽) 정기범, 박현숙, 홍수연, 세명투어 (아프리카) 인터아프리카
(북아메리카) 박선영, 이정아 (오세아니아) 박선영 (남아메리카) 이여진, 조형익
디자인 최승원
영업 마케팅 윤우성, 박소정, 이현주

펴낸곳 (주)알에이치코리아
주소 서울시 금천구 가산디지털2로 53 한라시그마밸리 20층
편집 문의 02-6443-8861 **도서 문의** 02-6443-8800
홈페이지 http://rhk.co.kr
등록 2004년 1월 15일 제2-3726호

ISBN 978-89-255-4392-5 (13980)